创新型人才培养"十二五"规划教材

单片机原理、应用与 PROTEUS 仿真

（第 3 版）

张靖武　周灵彬　皇甫勇兵　王　开　编著

U0344878

电子工业出版社

Publishing House of Electronics Industry

北京·BEIJING

内 容 简 介

本书根据教育部委托高职高专教学指导委员会制定并于 2012 年 11 月出版的"高等职业学校专业教学标准"并结合作者近十年的教学改革成果编写，强调实践实用。

本书以单片机应用产品或其功能部件为项目，并按研发、生产过程安排内容，是实施从"项目分析→电路与程序设计→仿真与调试→实际制作"的项目驱动教学的精品教材。

本书将 PROTEUS EDA 作为教学内容与手段融合于书中，是实施"理论、实验（训）、仿真有机融合"、"教、学、做一体化"新型教学模式的特色教材。书中有丰富的 PROTEUS 设计、实时仿真、仿真调试的实例和项目。

本书以 AT89C51/S51 为主体讲述了单片机硬件结构基础，汇编语言指令系统和程序设计，I/O 口、中断系统、定时器/计数器等原理、功能及其应用，各种接口技术和单片机应用系统项目。其内容适用于与 MCS－51 兼容的单片机（如 STC89C51、P87C51 等），并可作为学习其他类型单片机的基础。

本书内容精练、实用、新颖，可作为高职高专院校电子信息类、电气控制类、机电类等相关专业"单片机原理与应用"课程的教材，也可作为电子工程师、相关专业大学生、单片机应用爱好者的参考书。

图书在版编目（CIP）数据

单片机原理、应用与 PROTEUS 仿真/张靖武等编著 . —3 版 . —北京：电子工业出版社，2014.6

创新型人才培养"十二五"规划教材

ISBN 978-7-121-23062-2

Ⅰ. ①单… Ⅱ. ①张… Ⅲ. ①单片微型计算机 - 系统仿真 - 应用软件 - 高等学校 - 教材

Ⅳ. ①TP368.1

中国版本图书馆 CIP 数据核字（2014）第 081949 号

策划编辑：柴　燕
责任编辑：王凌燕
印　　刷：三河市兴达印务有限公司
装　　订：三河市兴达印务有限公司
出版发行：电子工业出版社
　　　　　北京市海淀区万寿路 173 信箱　邮编 100036
开　　本：787×1 092　1/16　印张：16　字数：410 千字
版　　次：2008 年 8 月第 1 版
　　　　　2014 年 6 月第 3 版
印　　次：2016 年 2 月第 2 次印刷
印　　数：1 000 册　定价：35.00 元

前　言

单片机就是"微控制器"，是嵌入式系统中重要的组成部分。将它嵌入到应用对象中，成为众多产品、设备的智能化核心。单片机在国民经济各领域中获得了广泛的应用。"单片机原理及应用"课程已成为高职高专院校许多专业的专业基础课程或专业核心课程。

本书第 1 版于 2008 年 8 月出版，2011 年 12 月出版了第 2 版。不少学校采用此书作为"单片机原理与应用"类课程教材，受到众多教师、学生和读者的欢迎。第 3 版（高职高专版）在第 1、2 版的基础上进行了较大的修订充实。

第 3 版修订充实的依据是：教育部委托高职高专教学指导委员会研究制定并于 2012 年 11 月出版的"高等职业学校专业教学标准"[1]。此标准的前言中指出："高等职业学校专业教学标准是高等职业学校进行教学基本建设和专业建设的基本标准，适用于独立设置的高等职业学校（含高等专科学校）"。

第 3 版完全符合该标准对本课程的教学内容及教学要求，即掌握单片机硬件系统构建、汇编指令系统、汇编应用程序编制与调试；熟悉单片机电子产品的开发流程；能较熟练地使用开发仿真工具进行应用程序调试；能设计并调试简单的智能电子产品中的功能模块；能熟练使用 PROTEUS 等软件平台等。

第 3 版坚持第 1 版、第 2 版"理论知识够用"、"突出实践实用"、"项目驱动教学"、"强化仿真教学"的编著原则。特别充实了培养学生指令功能仿真认知、程序仿真调试、硬软件联合仿真调试及实际制作能力的内容。

本书主要特点是：

1. 紧跟现代信息技术发展，将先进的 PROTEUS EDA 既作为课程内容又作为教学手段深度融合于书中。PROTEUS 是英国 Labcenter Electronics 公司研发的 EDA（电子产品设计自动化）。它是单片机（AT89C51/S51、PIC、MSP430 等）应用系统先进的设计与仿真平台。它真正实现了在计算机上完成从原理图设计与电路设计、程序设计与仿真调试、系统硬软件联合实时仿真与功能验证直至 PCB 设计的完整的 EDA 过程[2~4]。将 PROTEUS 深度融合于"单片机原理与应用"课程，使课程内容、教学模式等发生了成功的革命性变化。八年的教学实践证明：本书是实现"理论教学、实验（训）教学、仿真教学有机融合"、"课堂、实验室、实训室一体化"教学改革的成功范例。本书于 2014 年荣获省高等教育教学成果奖。

2. 选用单片机电子产品或其功能模块（实例和项目）作为本书的主要内容，并以其开发流程作为阐述主线。其中有些就是编著者为企业研发并生产的智能电子产品的功能模块。八年的教学实践证明：本书为实施从"基础理论（知识）→电路仿真设计→程序仿真设计与调试→硬软件系统实时仿真与功能验证直到实际制作的项目驱动教学"和"教、学、做一体化"教学提供了教材保证。

3. 本书的实例和项目均由学生进行了设计、仿真到实际制作的验证。学生最后完成的二十余项实际作品的照片已录入本书中。

本书有 11 章和 4 个附录。第 1~6 章主要讲述单片机硬件系统构造，I/O 口功能及应用，汇编语言指令系统、程序设计，中断系统及其应用，定时器/计数器及应用；第 7~10 章以项目形式较全面地讲述了接口技术；第 11 章以项目形式讲述了单片机的实际应用。PROTEUS 应用基础、电路仿真设计、指令功能仿真验证、程序设计与仿真调试、硬软件联合实时仿真与调试等分别融合于相应章节及项目中。

本书实例及项目都经过了编著者及学生的实践验证。

本书以 AT89C51/S51 单片机为主体来讲述单片机原理及应用，其内容适用于与 MCS－51 兼容的单片机（如 STC89C51、P87C51 等），并可作为学习其他类型单片机的基础。

本书为省级高等教育"单片机原理与应用"重点教材，省级精品课程"单片机原理与应用"精品教材，省级特色专业应用电子技术专业特色教材。

本书有丰富的项目（含实例），在编著中既尊重项目及项目间的知识体系和连续性，又特别注重项目间的相对独立性；教师可根据学校专业的课时要求挑选项目的数量，以满足课时时数从 48 到 72 之间的不同要求。

本书可作为高等职业学校和高等专科学校电子信息类、电气控制类、机电类、计算机应用类等相关专业"单片机原理与应用"类课程的教材，也可作为电子工程师、相关专业大学生、单片机应用爱好者的参考书。

本书第 1~3 章由张靖武编写，第 4、10、11 章由周灵彬编写，第 5~7 章由皇甫勇兵编写，第 8、9 章和附录由王开编写。全书由张靖武策划、统稿和定稿。参加本书编写的还有疏晓宇、诸成成、朱嘉、屠俞炳、陈敏杰、李臻、陈伟鹏、吴世敏、黄文众、李守帅、干星雨。

衷心感谢广州市风标电子技术有限公司（PROTEUS 中国总代理 http://www. windway. cn）匡载华总经理的大力支持与帮助。

电子工业出版社柴燕同志在编辑出版此书过程中做了大量细致的工作，特此表示由衷感谢。

由于编著者水平有限，书中难免有不妥甚至错误之处，恳请读者批评指正。

本书免费提供电子授课多媒体课件、PROTEUS 仿真设计及习题参考答案。

编著者

目　　录

目录

第1章 概　　论

1.1　嵌入式系统、单片机、AT89C51 单片机

1.1.1　嵌入式系统、单片机

1. 嵌入式系统

现代计算机系统有两大分支：通用计算机系统和嵌入式计算机系统（简称嵌入式系统）。前者是人类的"智力平台"；后者是人类工具的"智力嵌入"。

嵌入式系统是嵌入到应用对象中的微型计算机系统，是硬件、软件结合的智力系统。例如，嵌入式微控制器、嵌入式微处理器、SOC 等。其中"嵌入式微控制器"简称为"微控制器（Microcontroller Unit，MCU）"。

2. 单片机（微控制器）

单片机就是微控制器，它是嵌入式系统中重要且发展迅速的组成部分。微控制器是面向应用对象、突出控制功能的芯片。在该芯片中集成了中央处理器（CPU）、存储器（ROM、RAM）、I/O 口等主要功能部件及连接它们的总线。国内早期称其为"单片机"，一直沿用至今。但应将"单片机"理解为"微控制器（MCU）"。单片机接上振荡元件（或振荡源）、复位电路和接口电路，载入软件后，可以构成单片机应用系统。将它嵌入到形形色色的应用系统中，就成为众多产品、设备的智能化核心。所以，生产企业称单片机为"微电脑"。单片机的种类很多、型号也很多。若依"位"来分类，有 4 位、8 位、16 位、32 位、64 位等单片机。目前仍应用很广的 8 位单片机型号就很多，如 MCS - 51、AT89C、AT89S、P87C、W7851、STC、GMS90、HT、PIC、AVR、68HC11、MB8900 等系列。其中，2~7 种是采用 MCS -51 系列（基本型为 80C51）单片机内核的兼容机，且指令系统相同。图 1-1 列出了几种常用单片机照片。图 1-2 为 MCS -51 系列单片机中

图 1-1　AT89C51/S51、PIC、AVR、ARM 等

80C51 的内部结构原理示意框图。

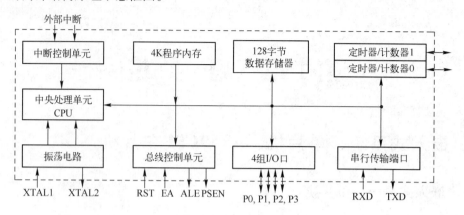

图 1-2　MCS-51 系列单片机中 80C51 的内部结构原理示意框图

3. 单片机特点

单片机除具有体积小、灵活性强、可靠性高、用途广、价格低等优点外，还具有许多特点。

（1）突出控制功能

单片机结构、功能和指令系统都突出了控制功能。故对外部信息能及时采集，对被控制对象能实时控制。

（2）ROM 和 RAM 分开

ROM 用来固化调试好的程序、常数、数据表格等；RAM 只存放运行中的临时数据、变量、结果等。ROM 和 RAM 分开，可使系统运行可靠，即使掉电也能确保程序、常数、数据表格等的安全。

（3）单片机资源具有广泛的通用性

同一种单片机可用于不同的对象系统中，只要固化不同的应用程序即可。

（4）易于扩展外部 ROM、RAM、定时器/计数器、中断源等资源

单片机的资源（ROM、RAM、定时器/计数器、中断源等）能满足一般应用系统的要求。若应用系统大，单片机本身的资源可能不够，就需扩展资源。单片机有便于扩展的结构及控制引脚。利用它们容易构成各种规模的单片机应用系统。

值得注意的是：目前有许多单片机（如 STC 系列）分别扩充了 ROM、RAM、中断、定时器、A/D、D/A、PWM 等资源，使用更加方便有效。

1.1.2　单片机发展概况

1. 单片机发展简要历程

1975 年美国得克萨斯仪器公司发明了世界上第一台 4 位单片机 TMS-1000。

1976 年 Intel 公司推出 8 位单片机 MCS-48 系列单片机。

1980 年 Intel 公司推出 8 位单片机 MCS-51 系列单片机。

1982 年 Intel 公司推出 16 位单片机 MCS－96 系列单片机。

近年来，ARM 等公司推出了各种型号的 32 位单片机，并获得了迅速发展。例如，ST 公司基于 ARM9 内核的 32 位 STR91x 系列产品，该产品是包含以太网、CAN、USB 和 DSP 功能的 Flash MCU。64 位 MCU 也开始走向市场，如东芝 64 位单片机 TX99/H4 系列。

2. 我国单片机发展简况

自 1986 年来，我国单片机已走过近 30 年。经历了从单片机独立发展到嵌入式系统全面发展的时期。其中，8 位单片机仍占据国内单片机市场的重要地位。以 MCS－51 内核为内核的功能更强的兼容单片机不断推出，产量大，应用广。国内近几年获得广泛应用的 STC 系列单片机就是典型的实例。8 位单片机系列多，型号多。表 1-1 列出了几种以 MCS－51 内核为内核的兼容单片机的主要配置，它们也有相互兼容的封装，应用广泛。

表 1-1　几种常用 8 位单片机的主要配置

型　　号	存　储　器					定时器/计数器个数	I/O 口引脚数	串口数	中断源	最高晶振频率
	ROM	OTP	EPROM	Flash	RAM					
Intel 80C51	4KB				128B	2	32	1	5	12MHz
AT89C51				4KB	128B	2	32	1	5	24MHz
AT89S51				4KB	128B	2	32	1	5	24MHz
AT89S53				12KB	256B	3	32	1	9	24MHz
P87C51		4KB			128B	2	32	1	5	33MHz
W78E51			4KB		128B	2	32	1	5	40MHz
STC89C51 RC				4KB	512B	3	35	2	8	80MHz

1.1.3　应用广泛的 AT89 系列单片机

1. AT89 系列机

AT89 系列机是 ATMEL 公司将先进的 Flash 存储器（快闪擦写存储器）技术和 MCS－51 系列单片机内核相结合的单片机系列，是目前应用广泛的 8 位主流机型之一。AT89 系列机包含 AT89C51/52/53/54/55/58……，AT89S51/52/53/54/55/58……。

本书涉及的 AT89C51/52 还与许多 MCS－51 兼容机（AT89S51/52、STC89C51/52 等）的引脚兼容，可直接进行代换。低档型的 AT89C1051、AT89C2051、AT89S1051、AT89S2051 应用也较广。

2. AT89C51 单片机

AT89C51 单片机是 AT89 系列机的标准型单片机，是低功耗高性能的 8 位单片机，使用最高晶振频率为 24MHz。它除具有 MCS－51 单片机的优点外，还具有下列优点。

（1）片内 ROM 是 Flash 存储器（快闪擦写存储器）

由于片内 ROM 是 Flash 存储器，电擦、电写都很方便，且可重复擦写许多次。所以，错误编程之后可擦除重新编程。明显缩短了单片机应用系统的开发周期和开发成本。

（2）与 MCS - 51 兼容

AT89C51 单片机不仅可取代 MCS - 51 单片机，还可取代与 MCS - 51 兼容的其他型号的单片机。

（3）静态逻辑设计

由于采用静态逻辑设计，可进行低至 0Hz 频率的静态逻辑操作，并支持两种由软件（程序）选择的省电工作模式，即空闲模式和掉电模式。

3. AT89S51 单片机

AT89S51 单片机的基本功能、基本优点、引脚等与 AT89C51 相同，但增加了 ISP 在系统编程、看门狗、双 DPTR 等功能。AT89S51 是 AT89C51 的增强型，它正取代 AT89C51。所以本书对 AT89S51 增加的功能也做了叙述。

由于 AT89C51/S51 单片机功能、性能优越，应用广泛并有着众多的兼容单片机；所以本书以 AT89C51 为主体兼顾 AT89S51 来讲述。其指令系统和主要内容适用于众多与其兼容（包括增强型）的单片机。本书所述例子或应用项目均可在 AT89C52、AT89S51/S52、STC89C51 /52、P87C51、W78E51 等兼容（包括增强型）单片机上直接运行。实际上本书二十多个项目（实训）分别用了 AT89C51/52、AT89S51/S52、STC89C51 /52 等单片机。

本书可作为学习应用上述众多兼容单片机（包括增强型）的原理和实际应用指导；也可作为学习应用其他不同类型单片机的基本原理基础和实际应用参考。

1.2 单片机应用系统及其应用领域

1.2.1 单片机最小系统和单片机应用系统

以上讨论的单片机，实际上是一块芯片。使用单片机时要外接元器件、接口电路，还要设计载入相应的应用软件（程序）。

1. 单片机最小系统

单片机最小系统是系统中单片机载入软件、接通电源后就能工作的最小电路配置。它与单片机类型有关。AT89C51/S51 单片机最小系统是 AT89C51/S51 接上时钟电路、复位电路，并将 EA 引脚接电源引脚的最小电路配置。

2. 单片机应用系统

单片机应用系统是满足嵌入式对象要求的包括全部电路和应用软件的系统。其全部电路是指在单片机最小系统基础上配置必要的扩展电路和面向应用对象的接口电路。其中接口电路可分类如下。

（1）人机交互通道接口电路

人机交互通道接口电路包括键盘、拨码盘、显示器、打印机等输入/输出接口电路。

（2）后向通道接口电路

后向通道接口电路是应用系统面向控制对象的输出接口，通常有 D/A（数/模）转换器、开关量输出、功率驱动接口等。

（3）前向通道接口电路

前向通道接口电路是应用系统面向检测对象的输入接口，通常由各种传感器（如温度传感器、压电传感器）、A/D（模/数）转换器等组成。

（4）串行通信通道接口电路

串行通信通道接口电路是满足数据通信或构成多机网络系统的接口电路。

1.2.2 单片机应用领域

单片机广泛应用于工业、农业、国防、科技、教育、金融、家庭等领域。

1. 工业控制智能化

工业过程控制、过程监测、机电一体化控制、机器人等系统是多以单片机为核心的单机或多机网络系统。

2. 智能化仪器、仪表

目前，各种电工、电气、电子科技测量仪器、仪表普遍采用以单片机为核心的系统，使测量系统具有智能功能，如存储、数据处理、查找、判断、联网和语言功能等。

3. 智能化通信产品

现代通信设备基本采用嵌入式系统（含单片机）智能控制，如手机、电话机、小型程控交换机、楼宇自动通信呼叫系统、列车无线通信系统等。

4. 智能化家用电器

国内外家用电器已普遍采用单片机智能化控制系统，如洗衣机、电冰箱、空调器。

5. 智能化汽车电子系统

单片机已应用到汽车电子系统中。例如，BMW 745i 轿车就使用了 60 多个 8 位单片机。

总之，单片机是各种产品智能化的重要手段。图 1-3 ～图 1-8 列举了本书作者为企业研发或参与研发的以单片机为核心的部分产品。

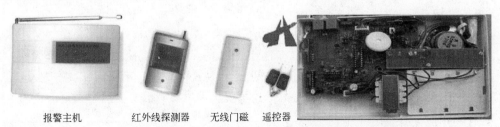

报警主机　　　红外线探测器　　无线门磁　遥控器

图 1-3　HH-168 微电脑防盗报警器（浙江宁波横河门业有限公司研发生产）

图 1-4　纯水机微电脑控制板（浙江绍兴海德数码电子有限公司研发生产）

图 1-5　全自动洗衣机控制板（浙江
慈溪迈思特电子科技公司研发生产）

图 1-6　微电脑自动开盖垃圾筒（浙江
慈溪迈思特电子科技公司研发生产）

图 1-7　微电脑多功能饮料机（浙江省慈溪迈思特电子科技公司研发生产）

图 1-8　LED 条幅型大屏幕（浙江省慈溪迈思特电子科技公司研发生产）

1.2.3　单片机应用系统中单片机类型的选择

1. 选型原则

单片机种类多、型号多。

根据数据总线宽度，有 4 位、8 位、16 位、32 位和 64 位单片机。32 位、64 位单片机用于复杂处理的场合（如智能手机、高档机器人等），一般都使用嵌入式操作系统。

若以型号分就有数千种之多。如何选呢？建议从产品要求、市场需求、本人及团队现况、性/价比及可持续发展等多角度考虑。这里提出仅供参考的主要选型原则。

（1）合适性原则

选择单片机不要盲目追求高、尖、新。要从产品要求角度选单片机，"合适就好"。

若开发生产一般智能玩具、较低档次家用电器等，只要 4 位机就可做到功能够用、性能稳定、安全可靠，且价格很低。例如，采用东芝 4 位机 TLCS 和 TMP47C 系列就不错。

若开发生产高档智能玩具、中档智能家用电器、一般工业控制等，选用 8 位机就可以了。我们为企业开发生产的 HH168 微电脑家用报警器、净水机、全自动洗衣机、自动开盖垃圾筒、LED 大条屏就是选用 8 位单片机，分别为 AT89C51、AT89C2051、PIC16C57、PIC16C54、STC89C54；实践证明：其功能够用、性能可靠、性/价比高、有升级空间。

若开发生产高档门禁系统、考勤系统、中档机器人等，可选用 16 位单片机。例如，MSP430 就不错；也可选用 AVR、STC 等增强型 8 位单片机，如图 1-7 所示的多功能饮料机。

若开发智能手机、高档机器人等，就得选用 32 位、64 位单片机。

总之，各类型单片机都有自己存在与发展的空间。只要能满足产品对功能、性能要求（并略有扩展空间）就好。选择单片机"没有最好，合适就好"，这就是合适性原则。

（2）技术性原则

技术性是指单片机的功能强不强、性能好不好。这是选型中必须考虑的。功能一般指 ROM、RAM、中断源、定时器/计数器、I/O 口、通信接口、扩展能力等基本功能和 A/D、PWM、SPI、ISP、WDT、I2C、E2PROM、LCD 驱动等扩展功能。性能一般指速度、抗干扰、功耗、稳定可靠性、适应的环境（温度、湿度、尘埃）等。

例如，我们开发 LED 条幅电子屏要求有大容量又能电擦写的数据存储器，所以选用有大容量 E^2PROM 的 STC 系列单片机。我们开发的全自动洗衣机，因它们工作时电动机频繁开断，电磁干扰较大，所以选择抗电磁干扰能力较强的 PIC 系列单片机。

（3）实用性原则

一指单片机应用系统在其使用环境下工作可靠稳定、操作方便。例如，若产品的使用环境是室外，温度变化范围大就要考虑选用工业级单片机；若是军事使用环境，则要选用军用级。若是便携式仪器仪表中单片机，则要选用电压低、功耗低、体积小的单片机。

二指便于维护、便于程序升级。若考虑程序升级方便宜采用具有 ISP 在系统编程功能的单片机（如 AT89S 系列）。

三指单片机供应渠道、开发工具、技术支持等。在同等条件下，要选用有信誉、有保障的知名厂家、公司、企业，有利于缩短开发周期，有利于产品稳定和持续发展。

2. 部分知名公司及生产的单片机简介（重点 8 位单片机）

（1）ATMEL 公司

AT89 系列单片机本章 1.1.3 节已做介绍。

AVR 单片机：8 位单片机有 ATmega16、ATmega64、ATmega128 等。增强型 RISC 的 Flash 单片机，集成有 A/D、PWM、SPI、DTMF、FS、LCD 驱动等，可以实现在系统编程。

（2）STC（宏晶）科技公司

有 STC89、STC12 等系列单片机，是内核为 MCS－51 内核的增强型兼容机。特色是扩展功能多、抗干扰能力强、宽电压宽温度范围、低功耗、在系统编程、性/价比高、加密好、封装多，是近几年国内应用发展较快的 8 位单片机。例如，STC89C54RD＋单片机时钟频率 5V 时为 0～80MHz、16K FLASH ROM、512RAM、1280 字节 E^2PROM、ISP、看门狗、双数据指针、6 个中断源、3 个计数器/定时器、……有 PDIP－40、PLCC－44、LQFP－44、PQFP－44 封装，后 3 种还增加 P4 口。该公司开发的 32 点阵 LED 条形大屏幕就是采用该型单片机。

（3）东芝公司

东芝单片机门类齐全，从 4 位机到 64 位机。4 位机在家电领域仍有较大的市场。8 位机主要有 870 系列、90 系列等，该类单片机允许使用慢模式，采用 32K 时钟时功耗降至 $10\mu A$ 数量级。CPU 内部多组寄存器的使用，使得中断响应与处理更加快捷。东芝的 32 位单片机采用 MIPS 3000A RISC 的 CPU 结构，面向 VCD、数字相机、图像处理等市场。

（4）华邦公司

华邦公司的 W77、W78 系列 8 位单片机的引脚和指令集与 8051 兼容，但每条指令周期只需要 4 个时钟周期，速度提高了 3 倍，工作频率最高可达 40MHz。同时增加了看门狗、6 组外部中断源、2 组 UART、2 组 Data pointer 及 Waitstate control－pin。FLASH 容量从 4KB 到 64KB，有 ISP 功能。W741 系列的 4 位单片机带液晶驱动，在线烧录，保密性高，低操作电压（1.2～1.8V），是不错的 4 位机。

（5）Microchip 公司

Microchip 单片机是市场份额增长最快的单片机。它的主要产品是 16C 系列 8 位单片机，CPU 采用 RISC 结构，仅 33 条指令，运行速度快，且以低价位著称，一般单片机价格都在 1 美元以下。抗电磁干扰能力较强。其中 PIC16F87X 子系列是中级单片机中很有特色的，有 FLASH ROM，128X8 的 E2PROM。

（6）Motorola 公司

该公司是世界上最大的单片机厂商。其特点是品种全、选择余地大、新产品多，在 8 位机方面有 68HC05 和升级产品 68HC08，有三十多个系列，二百多个品种，产量已超过 20 亿片。8 位增强型单片机 68HC11 有三十多个品种，年产量在 1 亿片以上。16 位机 68HC16 有十多个品种。32 位单片机的 683XX 系列有几十个品种。Motorola 单片机特点之一是在同样速度下所用的时钟频率较 Intel 类单片机低很多，因而使得高频噪声低，抗干扰能力强，更适合用于工控领域及恶劣的环境（如汽车）。

（7）三星公司

三星单片机有 KS51 和 KS57 系列 4 位单片机、KS86 和 KS88 系列 8 位单片机、KS17 系列 16 位单片机和 KS32 系列 32 位单片机。三星公司在单片机技术上以引进消化发达国家的技术，生产与之兼容的产品，然后以价格优势取胜。例如，在 4 位机上采用 NEC 的技术，8 位机上引进 Zilog 公司 Z8 的技术，在 32 位机上购买 ARM7 内核，还有 DEC 的技术、东芝的技术等。其单片机裸片的价格相当有竞争力。

（8）LG 公司

LG 公司生产 GMS90 系列单片机，与 MCS – 51 兼容，高达 40MHz 的时钟频率，应用于多功能电话、智能传感器、电度表、工业控制、防盗报警装置、各种计费器、各种 IC 卡装置。

1.3　单片机应用研发工具和教学实验装置

1.3.1　单片机软件调试仿真器

单片机软件调试仿真器有多种，如 Keil、WAVE。如图 1-9 所示为 Keil 软件调试仿真器进入工作界面情况。将 Keil 安装到计算机中，启动后进入工作状态。Keil 支持汇编语言和 C51 语言。

图 1-9　Keil 软件调试仿真器界面

1.3.2　单片机仿真器

单片机仿真器又称单片机硬件仿真器，型号很多，图 1-10 所示的是万利 52P 型仿真器。使用时先要将其软件安装到计算机中，再将通信插口与计算机并行口相连，最后将对应单片机型号的仿真头与单片机开发应用板的单片机插座对插。使用该仿真器可对用户设计的单片机应用系统进行实时仿真，还可采用设置断点等方式进行调试。

图 1-10　万利 52P 型单片机仿真器

1.3.3　编程器和 ISP 在系统编程

编程器完成将单片机目标代码编程（也称固化、烧入）到单片机 ROM 中的任务。编程器型号很多，如图 1-11 左侧所示的是 WH – 500 型编程器，使用时要通过串口与计算机相连。该编程器可对许多型号的单片机进行编程操作，使用方便。

有些 Flash ROM 存储器（快闪擦写存储器）的单片机（如 AT89S51/52）可进行 ISP 在系统编程，简称 ISP 下载。即使单片机已装配在 PCB 上也能进行 ISP 编程，使用非常方便。图 1-11 右侧所示的是 AT89S51 单片机的 ISP 在系统编程下载线照片。

图 1-11　编程器和 ISP 在系统编程

1.3.4　PROTEUS EDA（电子设计自动化）

　　PROTEUS 是英国 Labcenter Electronics 公司研发的 EDA（以下简称 PROTEUS）。PRO-TEUS 不仅是模拟电路、数字电路、模数混合电路的设计与仿真平台，更是目前世界上最先进、最完整的多种型号单片机（微控制器）应用系统的设计与仿真平台。它真正实现了在计算机上完成从原理图设计与电路设计、电路分析与仿真、单片机代码级调试与仿真、系统测试与功能验证到形成 PCB 的完整的电子产品研发自动化过程。其结构体系如图 1-12 所示，主要由 ISIS 电路设计与仿真平台、ProSPICE 混合模式仿真器、VSM 单片机系统协同仿真和 ARES PCB 设计构成。PROTEUS 还有众多的虚拟仪器（示波器、逻辑分析仪等）、信号源；还有高级图表仿真 ASF。它们提供了检测、调试、分析的手段。

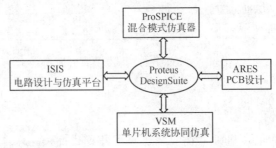

图 1-12　PROTEUS 基本结构体系

　　注：ISIS（Intelligent Schematic Input System）：智能原理图输入系统；VSM（Virtual System Model-ling）：PROTEUS 虚拟系统模型；PROSPICE ：混合模型仿真器；ARES（Advanced Routing and Editing Software）：高级布线编辑软件；PCB（Printed Circuit Board）：印制电路板。

　　本书使用 PROTEUS7.10 版。它既是课程重要内容，又是先进的教学方法与手段。

1.3.5　单片机课程教学实验装置

1. MCS-51 单片机教学实验箱

　　单片机课程教学实验装置类型多种多样。如图 1-13 所示的"MCS-51 单片机实验箱"是广州风标电子技术有限公司生产的基于 PROTEUS 的实验箱，可完成 30 个大学单片机课程实验。其特点是将 PROTEUS 设计、仿真实践同实际单片机课程实验有机结合。

2. 单片机课程教学实验板

　　如图 1-14 所示的是本书作者设计的单片机课程教学实验板，采用插接式操作，可做二十多个基础实验。单片机可使用 AT89C51/52、AT89S51/52 及其兼容机（如 STC、P87C、W7851 等）。可采用编程器进行源程序的目标代码编程。若使用 89S51/52 单片机则可进行源程序目标代码的 ISP 在系统编程，实验板左上方是 ISP 在系统编程（下载）接口，右上方是通过 PC 的 USB 接口供电的接插器。

图 1-13　MCS-51 单片机实验箱 　　　图 1-14　单片机课程教学实验板

1.4　PROTEUS ISIS 电路设计基础（1）

1.4.1　PROTEUS ISIS 窗口

在计算机中安装好 PROTEUS 后，单击"开始→程序→Proteus 7 Professional→ ISIS 7 Professional"，启动 ISIS，进入 ISIS 窗口，如图 1-15 所示。窗口中蓝色方框内的区域为编辑区；它是电路设计（包括单片机应用系统）、仿真、调试的平台。

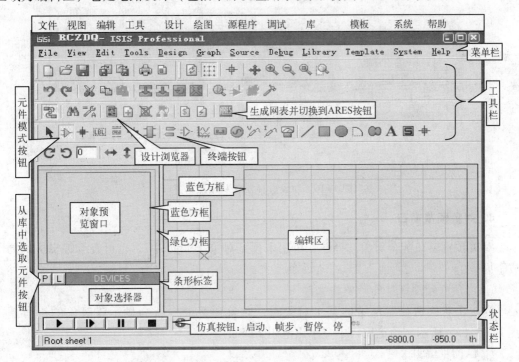

图 1-15　ISIS 窗口

1. 菜单栏

菜单栏中 File、View、Edit、Tools、Design、Graph、Source、Debug、Library、Template、System、Help，分别对应为文件、视图、编辑、工具、设计、绘图、源程序、调试、库、模板、系统、帮助。当鼠标移至它们时，都会弹出下级菜单。

2. 编辑区

窗口中的蓝色方框为图纸边界，其内为编辑区。在编辑区中可编辑设计电路（包括单片机系统电路），并能进行 PROTEUS 仿真与调试。

3. 对象选择器

对象选择器用来选择放置操作对象。在不同操作模式下，"对象"类型也不同。在元件模式下，"对象"类型为从库中选取的元件；在终端模式下，"对象"类型为电源、地等；在虚拟仪器模式下，"对象"类型为示波器、逻辑分析仪等。对象选择器的上方带有一个条形标签，其内容表明当前所处的模式及其下所列的对象类型。如图 1-15 所示，当前为元件模式，所以对象选择器上方的标签为 DEVICES。该条形标签的左角有 P L，其中 "P" 为对象选择按钮，"L" 为库管理按钮。单击 "P"（或在对象选择器中双击）则可从库中选取元件，并将所选元件对象的名称一一列于此对象选择器中。可单击其中某个元件，则该元件出现蓝色背景条，表示该元件被选中作为操作对象。图 1-16 表示出元件电阻 RES 被选中作为操作对象。

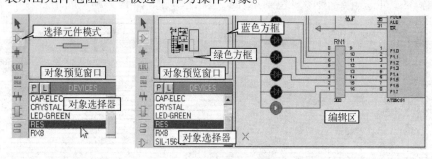

（a）预览元器件　　　　　　　　　　　　（b）预览编辑区

图 1-16　对象选择器及对象预览窗口

4. 对象预览窗口

对象预览窗口配合对象选择器，可用来预览对象（如元件），也可查看编辑区的局部或全局。

（1）预览元件等对象

当单击对象选择器框中的某个对象时，对象预览窗口就会显示该对象的符号。如图 1-16（a）所示，预览窗口中显示出电阻 RES 的图符。

（2）预览编辑区

当鼠标在编辑区单击，预览窗口中会出现蓝色方框和绿色方框。蓝色方框内是编辑区的全貌，绿色方框内是当前编辑区中在屏幕上的可见部分。

　　在预览窗口单击后再移动鼠标，绿色方框会改变位置，这时编辑区中的可视区域也相应改变。如图 1-16（b）所示，编辑区中可视区域处于整个可编辑区的左下角，即预览窗口中绿色方框包围部分。若要中断移动，再单击鼠标即可。

5. 工具栏、工具按钮及其功能

　　工具栏工具按钮及其功能如图 1-17 所示，它提供了方便的可视化操作环境。

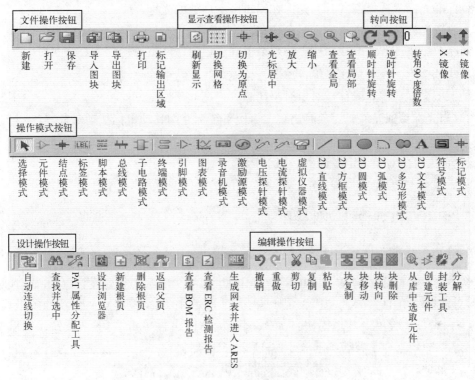

图 1-17　工具栏、工具按钮及其功能

6. 仿真运行控制按钮

　　仿真运行控制按钮 ▶ ▍▶ ▍▍ ■ 一般在 ISIS 窗口左下方，从左至右依次是启动、帧步、暂停、停止。

1.4.2　PROTEUS 可视化助手

　　ISIS 界面直观，提供了两种可视方式说明设计进行中将要发生的事，如图 1-18 所示。

1. 虚线可视化助手

（1）红色虚线轮廓
当光标移至对象时，其周围出现包围对象的红

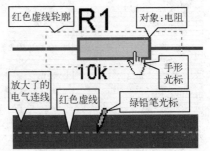

图 1-18　可视化助手

色虚线轮廓，说明该对象成为"热点"对象（即光标已捕捉到该对象）。

（2）红色虚线

当光标移至电气连线（单连线、总线）时，沿电气连线中部出现红色虚线，说明该连线成为"热点"连线（即光标已捕捉到该连线对象）。

2. 多种光标形状

光标形状说明当单击鼠标时将发生的操作。

⬚ 标准光标：选择模式时，光标在编辑区空白处的光标。

⬚ 放置光标：单击进入放置对象状态。

⬚ 绿色铅笔，放置电气连线光标：单击开始连线或结束连线。

⬚ 蓝色铅笔，放置总线光标：单击开始连总线或结束连总线。

⬚ 手型光标：将光标移至对象时出现。

⬚ 当光标移到元件等对象时出现，再按下鼠标左键移动鼠标拖动对象。

⬚ 拖动：按下鼠标左键拖动可移动线段。

⬚ 单击可为对象设定属性值，用于 PAT 工具。

注：若显示选择 OpenGL 图形模式，热点对象为出现淡红色的背景框。

1.4.3 PROTEUS 设计文件操作

1. 建立、保存、打开文件

单击菜单"FILE→NEW DESIGN"，弹出如图 1-19 所示的新建设计（Create New Design）对话框。单击"OK"按钮，则以默认的 DEFAULT 模板建立一个新的图纸尺寸为 A4 的空白文件。若单击其他模块（如 Landscape A1），再单击"OK"按钮，则以 Landscape A1 模块建立一个新的图纸尺寸为 A1 的空白文件。

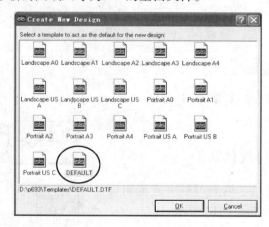

图 1-19　创建新设计文件

单击工具按钮🔲，选择路径、键入文件名后再单击"保存"按钮，则完成新建文件操作，文件格式为 *. DSN，后缀 DSN 是系统自动加上的。若文件已存在，则可单击工具栏中的按钮，在弹出的对话框中选择打开所要的设计文件（∗.DSN）。

2. 设置、改变图纸大小

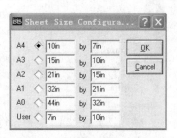

系统默认图纸大小为 A4（长×宽为 10in×7in）（in 为英寸）。在电路设计过程中，若要改变图纸大小，单击菜单"System →Set Sheet Size"，出现如图 1-20 所示的窗口。可以选择 A0～A4 其中之一，也可选中底部"User（自定义）"复选框，再按需要更改右边的长和宽数据。

图 1-20　图纸大小设置窗口

1.4.4　PROTEUS 元件操作

1. 从库中选取元件

如图 1-21 所示，先单击选中元件模式，再单击选择元件按钮"P"或在对象选择框中双击，则跳出图中所示的元件选择框。在"Keywords（关键字）"栏中输入元件名或其部分关键字，例如，要选取单片机 AT89C51，可输入"89C51"，则可看到与该关键字有关的元件列表。从列表中单击选中 AT89C51 所在行后再双击，便可将 AT89C51 选入对象选择器中。若要退出选取元件操作，只要关掉元件选择框即可。

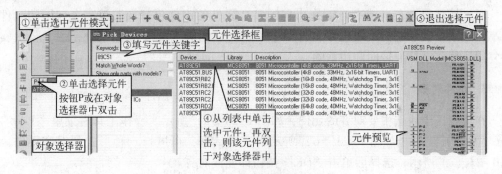

图 1-21　元件选择框和选取元件

2. 放置、选中、移动、转向元件

（1）放置

单击对象选择器中元件（出现蓝色背景条），将光标移至 ISIS 编辑区，单击则出现元件桃红色高亮轮廓，将该轮廓移至期望位置再单击则完成放置。

（2）选中与取消选中

单击编辑区中某元件，则该元件红色高亮显示，表示选中。若要取消选中，移动光标到编辑区中的空白处单击。

（3）移动

① 单击选中元件，再按住鼠标左键拖动至期望位置释放鼠标。

② 右击选中元件，在弹出的对象快捷菜单（如图 1-22 所示）中单击 Drag Object

图 1-22　对象快捷菜单

（移动对象），出现桃红色高亮元件轮廓，移动它至期望位置处单击。

③ 单击选中元件，再单击工具栏中工具 ，出现桃红色高亮元件轮廓，移动它至期望位置处单击。

（4）转向

① 对象选择器中的元件转向：单击对象选择器中的元件，再单击工具栏中转向工具按钮 中相应按钮，对象预览窗口显示的元件作相应转向。

② 编辑区中的元件转向：右击元件，从弹出的快捷菜单（如图 1-22 所示）中单击相应的转向按钮。

③ 快捷方法：单击选中元件，再按键盘上的 " + "、" − " 键实现逆时针转、顺时针转。

（5）复制

单击选中元件，再单击工具栏中 ，出现桃红色高亮元件轮廓，移它至期望位置处单击。

（6）删除

右双击元件或右击元件，在弹出快捷菜单（如图 1-22 所示）中单击命令 。

（7）块操作（多个元件同时操作）

通过按住鼠标左（或右）键拖出包围多个元件的虚框再释放，被完全包围的元件红色高亮显示，表示它们被块选中，再单击工具栏中相应工具按钮 ，依次实现块复制、块移动、块转向和块删除。

3. 元件对齐

在编辑区中块选中要对齐的元件，如图 1-23（a）所示。操作工具栏菜单 "Edit→Align（对齐）"，弹出如图 1-23（b）所示对齐对话框，可进行 6 种形式的对齐操作，如图 1-23（c）所示，选择后单击 "OK" 按钮即完成对齐。

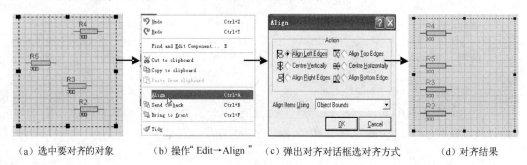

（a）选中要对齐的对象　　（b）操作 "Edit→Align"　（c）弹出对齐对话框选对齐方式　　（d）对齐结果

图 1-23　对象的对齐操作

注意：上述操作都是在元件模式下，所以操作对象就是元件。若在其他模式下，对象也相应改变。例如，终端模式下的对象是电源、地等；虚拟仪器模式下的对象是数字示波器等。上述操作方法对这些对象也基本适应。

例如，要将 4 个电阻垂直左对齐，可先块选中 4 个电阻，如图 1-23（a）所示；再操作工具栏菜单"Edit→Align"，如图 1-23（b）所示；最后在弹出的对话框中选择"Align Left Edges"，如图 1-23（c）所示；单击"OK"按钮，结果如图 1-23（d）所示。

实训 1：PROTEUS ISIS 的文件操作与元件操作

1. 任务与目的

（1）任务

在 PROTEUS ISIS 编辑区中，选用设计图纸 A4，按图 1-23 所示将本书所用的主要元件一一从库中取出列于对象选择器中，并将对应元件模型一一放置到编辑区中。要求与图 1-23 所示情况完全一样。最后选择好存盘路径，以文件名 3P0151.DSN 存盘。

（2）目的

① 熟悉单片机应用系统的基本元件，如单片机、电阻、电容、晶振、LED、数码管等。

② 熟悉 PROTEUS ISIS 窗口，掌握设计图纸的尺寸设置，明了设计文件格式，掌握设计文件的存盘、打开、删除等操作。

③ 掌握从元件库中选取元件的方法；掌握元件的放置、移动、复制、转向、对齐、删除等操作。

2. 内容与操作

（1）进入 PROTEUS ISIS 窗口

在计算机中安装好 PROTEUS 后，单击"开始→程序→Proteus 7 Professional→ ISIS 7 Professional"启动 ISIS。按本章 1.4 节叙述进行图纸尺寸设置及文件操作。

（2）选取元件

根据图 1-24 所示按本章 1.4 节叙述从库中选取元件，并一一列于对象选择器中。

（3）放置、移动、转向元件

根据本章 1.4 节叙述，完全按图 1-24 所示模样在编辑区中进行放置、移动、转向、删除、对齐等元件操作。要求放置状态与该图完全一致。

（4）隐藏 < text >（< 文本 >）

放置元件有时在元件下方出现 < text >，如图 1-24 中对象选择器下方小图块中的手形光标所指。它对电路设计与仿真一般没有妨碍，但有时有碍视线，可隐藏它。为此，可操作 ISIS 菜单项"Template→Set Design Defaults"，在弹出对话框中将"Show hidden text?"项单击取消选择即可。

（5）存盘

元件操作完成并符合任务要求后，选择好存盘路径以文件名 3P0151 存盘，存盘后的文件名为 3P0151.DSN（.DSN 是系统自动加上的）。存盘路径、文件名等尽量避免使用汉字。

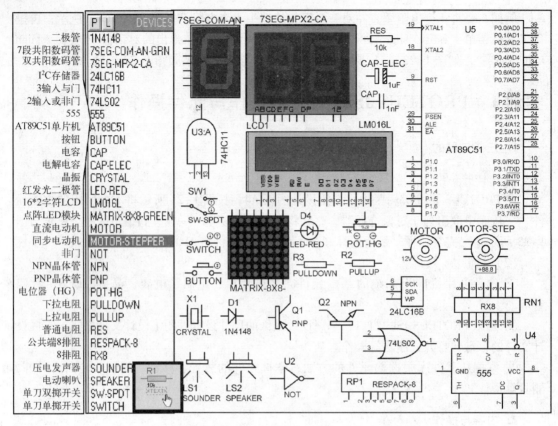

图 1-24 从 PROTEUS 中选取、放置、移动、转向元件

注：本书电路设计均采用 PROTEUS 中的元件符号、名称。注意它们与国标的对应关系。

练习与思考 1

1. 什么是单片机、单片机最小系统、单片机应用系统？

2. 单片机有哪些特点？

3. 为什么说 AT89C51 是 MCS－51（基本型 80C51）的兼容机？AT89C51 有何优点？

4. 单片机应用系统的接口电路有几类？各类内容是什么？

5. 面包板、实验 PCB 板在产品研发过程中有什么作用？各有什么优缺点？

6. 简述单片机应用研发过程和研发工具。

第2章 AT89C51内部结构基础

2.1 内部结构和引脚功能

2.1.1 内部结构框图和主要部件

1. 内部结构框图

AT89C51内部结构框图如图2-1所示。图中包含了该单片机的基本硬件资源。此结构也是众多与MCS-51单片机兼容的单片机的基本结构。

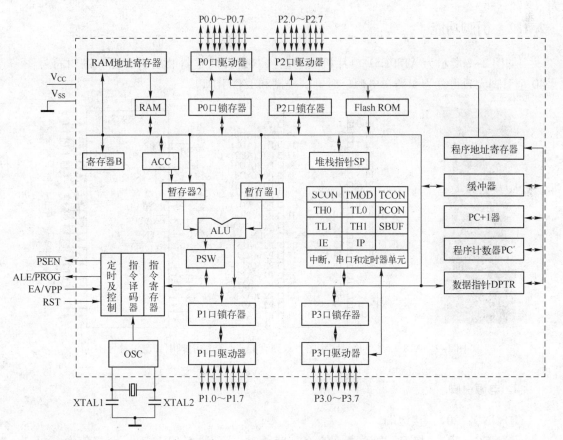

图 2-1 AT89C51 内部结构框图

2. 内部结构主要部件

由图 2-1 可知，AT89C51 有下列主要功能部件。

① 一个以 ALU 为中心的 8 位中央处理器（CPU），完成运算和控制功能。

② 128B 的内部数据存取存储器（内部 RAM），其地址范围为 00H ~ 7FH。

③ 21 个特殊功能寄存器（在内部 RAM 的 SFR 块中，又称专用寄存器），离散分布于地址 80H ~ FFH 中。

④ 程序计数器 PC，是一个独立的 16 位专用寄存器，不在 SFR 中。其内容为将要执行的指令地址（程序存储器中的地址）。

⑤ 4KB Flash 内部程序存储器（片内 ROM），用来存储程序、原始数据、表格等。

⑥ 4 个 8 位可编程 I/O 口（P0、P1、P2、P3）。

⑦ 一个 UART 串行通信口。

⑧ 两个 16 位定时器/计数器。

⑨ 5 个中断源，两个中断优先级的中断控制系统。

⑩ 一个片内振荡电路和时钟电路。

2.1.2 引脚功能

如图 2-2 所示为 AT89C51 单片机实物图、双列直插式封装的引脚图和逻辑符号图。40 个引脚大致可分为 4 类：电源、时钟、控制和 I/O 引脚。

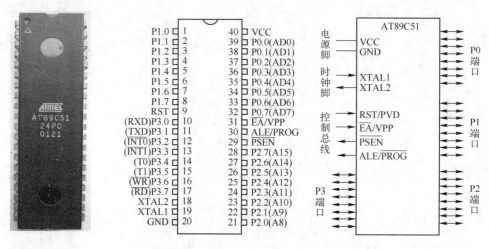

图 2-2 AT89C51 单片机实物图、双列直插式封装的引脚图和逻辑符号图

1. 电源引脚

① GND（20）：接地端。

② VCC（40）：接 DC 电源端，在 -40 ~ 85℃时，VCC = 5.0V ± 20%，极值为 6.6V。

2. 时钟引脚

① XTAL1 （19）：外接振荡元件（如晶振）的一个引脚。采用外部振荡器时，此引脚接振荡器的信号。

② XTAL2 （18）：外接振荡元件（如晶振）的一个引脚。采用外部振荡器时，此引脚悬浮。

3. 控制线

① RST （9）：复位输入端。

② ALE/ $\overline{\text{（PROG）}}$ （30）：地址锁存允许/编程脉冲。在对 Flash 存储器编程期间，此引脚用于输入编程脉冲（ $\overline{\text{PROG}}$ ）。

③ $\overline{\text{PSEN}}$ （29）：外部 ROM 读选通信号。

在从外部程序存储器取指令（或常数）期间，每个机器周期出现两次 $\overline{\text{PSEN}}$ 有效信号。但在此期间内，每当访问外部数据存储器时，这两次有效的 PSEN 信号将不出现。PSEN 有效信号作为外部 ROM 芯片输出允许 OE 的选通信号。在读内部 ROM 或 RAM 时， $\overline{\text{PSEN}}$ 无效。

④ $\overline{\text{EA}}$/VPP （31）：内、外 ROM 选择/编程电源。

$\overline{\text{EA}}$ 为片内外 ROM 选择端。ROM 寻址范围为 64KB。AT89C51 单片机有 4KB 的片内 ROM，若不够用时，可扩展片外 ROM。当 $\overline{\text{EA}}$ 保持高电平时，先访问片内 ROM，当 PC 的值超过 4KB 时，自动转向执行片外 ROM 中的程序。当 $\overline{\text{EA}}$ 保持低电平时，只访问片外 ROM。在 Flash 编程期间，此引脚用于施加编程电压 VPP。

4. P0 ~ P3 口的 32 根引脚

4 个并行 I/O （输入/输出）口，即 P0、P1、P2、P3。P0 有 P0.0 ~ 0.7 引脚 8 根，P1 有 P1.0 ~ 1.7 引脚 8 根，P2 有 P2.0 ~ 2.7 引脚 8 根，P3 有 P3.0 ~ 3.7 引脚 8 根，共 32 根引脚。

2.2　时钟电路与复位电路

2.2.1　时钟电路

AT89C51 内有时钟发生器、振荡电路（高增益反相放大器），振荡电路与外接振荡元件（如晶振）构成振荡器，振荡器与时钟发生器一起构成内部时钟方式，产生 AT89C51 工作所需要的时钟信号。它使单片机在时钟信号控制下，严格地按一定的节拍进行工作，或者说按一定的时序进行工作。如图 2-3 （a）所示。振荡器也可以是外振荡源，将其信号接单片机 XTAL1 脚，XTAL2 脚悬空，则构成外部时钟方式，如图 2-3（b）所示。

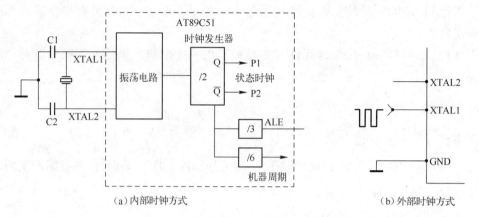

图 2-3　AT89C51 时钟方式原理框图

1. 振荡元件、振荡周期

在 AT89C51 芯片内部有一个高增益反相放大器，其输入端为芯片引脚 XTAL1，其输出端为芯片引脚 XTAL2。只要在片外通过 XTAL1 和 XTAL2 引脚跨接振荡元件（如晶体振荡器、陶瓷振荡器等），则可构成一个稳定的自激振荡器（简称振荡器），单片机上电后即可工作。图 2-3 中的振荡元件是晶体振荡器（简称晶振），两个电容 C1、C2 主要起频率微调和稳定的作用。对晶振而言，电容容量一般为 30pF 左右。

当时钟精度要求不高时，也可以用陶瓷谐振器、电感电容振荡电路等代替晶振。若用陶瓷谐振器，则两个电容 C1、C2 的容量为 47pF 左右。设计电路板时，晶振、C1、C2 均应尽可能地靠近单片机，以减少分布电容的影响，从而保证振荡器稳定、可靠地工作。

对 AT89C51 来说，振荡器的工作频率最高可达 24MHz，也可以很低。振荡频率的倒数称为振荡周期。

2. 时钟发生器、状态时钟周期

内部时钟发生器实质上是一个二分频的触发器，参看图 2-3。其输入由振荡器引入，输出为两个节拍（P1 节拍和 P2 节拍）的状态时钟信号。由图 2-4 可知，状态时钟周期是振荡周期的两倍，又称为状态周期或 S 周期。在每个状态周期的前半周期，节拍 1（P1）信号有效；后半周期，节拍 2（P2）信号有效。

3. 机器周期

状态时钟再经 6 分频后形成机器周期信号，参看图 2-3（a）。由图 2-4 可知，一个机器周期由 6 个状态组成，即 S1、S2、S3、S4、S5、S6。所以，一个机器周期包含 6 个状态时钟周期或包含 12 个振荡周期。

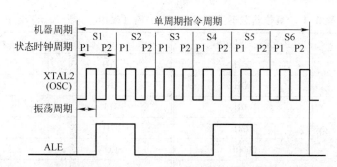

图 2-4　振荡周期、状态时钟周期、机器周期、指令周期之间的关系

4. 指令周期

指令周期是指单片机执行一条指令所占用的时间，一般用机器周期表示。AT89C51 单片机有单机器周期指令、双机器周期指令和四机器周期指令。有关"指令"的内容可参阅本书第 3 章。

5. 振荡周期、状态时钟周期、机器周期、指令周期之间的关系

由图 2-4 可知振荡周期、状态时钟周期、机器周期、指令周期之间的关系。当单片机外接晶振频率为 12MHz 时，AT89C51 单片机的振荡周期、状态时钟周期、机器周期分别为 $1/12\mu s$、$1/6\mu s$、$1\mu s$；对应的单周期指令、双周期指令和四周期指令的指令周期分别为 $1\mu s$、$2\mu s$、$4\mu s$。

6. ALE 信号

ALE 信号是"地址锁存允许"信号。当访问外部存储器时，ALE 信号用来锁存 P0 口送出的低 8 位地址。即使不访问外部存储器，ALE 引脚仍以不变的频率周期性地输出信号。此频率为振荡器频率的 1/6，如图 2-4 所示。因此，它可作为对外输出的时钟，或者用于定时目的。然而要注意的是：每当访问外部数据存储器时，将跳过一个 ALE 脉冲。

2. 2. 2　复位电路

1. 复位

复位是令单片机初始化的操作，其主要功能是初始化单片机的工作状态。例如，把程序计数器 PC 的值初始化为 0000H，即（PC）= 0000H，这样，单片机复位后其 CPU 就从程序存储器 ROM 的 0000H 单元开始取指令执行程序。另外，当程序运行出错或因操作错误而使系统处于死锁状态时，为摆脱困境，也可按复位键来重新初始化单片机。

除程序计数器 PC 初始化外，复位操作还对其他属于片内 RAM 的 SFR 块中的特殊功能寄存器的值有影响，它们的复位初始化状态如表 2-1 所示。

表 2-1　复位状态下受影响寄存器的值（表中 "×" 表示不定）

寄 存 器	复位时的内容	寄 存 器	复位时的内容
ACC	00H	TL0	00H
B	00H	TH0	00H
PSW	00H	TL1	00H
SP	07H	TH1	00H
DPTR	0000H	SCON	00H
P0 ~ P3	FFH	SBUF	不定
IP	× × ×00000B	IE	0 × ×00000B
TMOD	00H	PCON	0 × × ×0000B
TCON	00H		

2. 复位信号

RST 引脚是复位信号的输入端。要实现复位操作，必须使 RST 引脚上至少保持两个机器周期的高电平，再从高电平变为低电平，完成复位。复位后，单片机 CPU 从 ROM 中的 0000H 单元开始取指令执行程序。

3. 复位电路

复位操作有上电自动复位、按键复位等方式。复位电路图如图 2-5 所示。

上电自动复位电路如图 2-5（a）所示，是通过外部复位电容充电来实现复位的。上电瞬间，RST 引脚的电位与 V_{CC} 相同，随着充电电流的减小，此引脚电位将逐渐下降。RST 引脚的高电平持续时间取决于电容的充电时间，应大于两个机器周期。图中的电阻值、电容值为 12MHz 晶振时的常用值。

按键复位是通过按键使复位引脚与 V_{CC} 电源接通来实现的，如图 2-5（b）所示，其中 R 为保护电阻（10Ω 左右），视情况可不要。按下复位按键时，RST 引脚为高电平；复位按键松开后，RST 引脚逐渐降为低电平，复位结束。

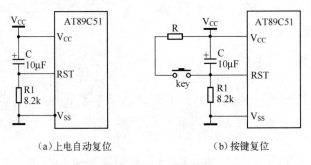

（a）上电自动复位　　　　　　（b）按键复位

图 2-5　复位电路图

除了这两种复位方式外，还有外部脉冲复位等方式。外部脉冲复位由外部提供一个复位脉冲，此复位脉冲宽度（高电平）应大于两个机器周期。

2.3　存储器结构

2.3.1　存储器组成

　　AT89C51 存储器由程序存储器 ROM 和数据存储器 RAM 组成。ROM 可分为片内 ROM 和片外 ROM。片内 ROM 为 4KB，地址范围为 0000H ~ 0FFFH；片外 ROM 可扩展到 64KB。RAM 可分为片内 RAM 和片外 RAM。片内 RAM 由 128B（00H ~ 7FH）的片内数据存储器和 21 个特殊功能寄存器（在 80H ~ FFH 中）组成；片外 RAM 可扩展到 64KB。如图 2-6 和图 2-7 所示，分别为程序存储器 ROM 和数据存储器 RAM 的结构。

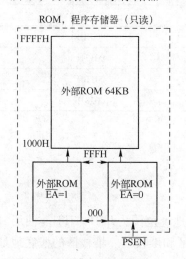

图 2-6　程序存储器 ROM 结构

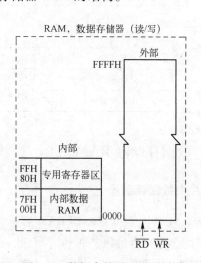

图 2-7　数据存储器 RAM 结构

2.3.2　程序存储器 ROM

　　AT89C51 有 4KB 片内 ROM，用于存储（固化）编好的程序、表格、常数，所以又简称"程序内存"。当程序内存不够用时，可扩展片外程序存储器，最大扩展范围为 0000H ~ FFFFH（即 64KB），其结构如图 2-6 所示。

　　片内 ROM、片外 ROM 的地址是统一编址的，地址范围为 0000H ~ FFFFH，共 64KB。

　　单片机工作时，只能读 ROM，不能写 ROM，所以 ROM 被称为只读存储器。单片机断电后，存储在 ROM 中的程序、表格、常数等不会消失。

　　ROM 的地址单元 0000H 是特殊的地址单元。单片机复位后，程序计数器 PC 的内容为 0000H，故系统必须从 0000H 单元开始取指令并执行程序。它是系统的启动地址，用户程序的第一条指令应放置在 0000H 单元中。

　　低 4KB 地址的程序可存储在片内 Flash ROM 中，也可存储在片外 ROM 中。片外 ROM 的低 4KB 地址与片内 ROM 重叠，执行选择由 $\overline{EA}$ 引脚来控制。$\overline{EA}$ = 0（低电平），复位后，系统从片外 ROM 中的 0000H 地址单元开始执行程序，且只能执行片外 ROM 中的程序。

$\overline{EA} = 1$（高电平），复位后，从片内 ROM 的 0000H 地址单元开始执行程序，当 PC 值大于 0FFFH（4KB）时，系统自动转到片外 ROM 中执行程序。

ROM 内还有 5 个特殊的地址，是单片机的 5 个中断服务子程序的入口地址，相邻中断入口地址间的间隔为 8 个单元，如表 2-2 所示（参看第 5 章）。当程序中使用中断时，一般在这些入口地址处安放一条跳转指令，而相应的中断服务程序安放于转移地址中。如果中断服务子程序小于等于 8 个单元，则可将其存储在相应入口地址开始的 8 个单元中。如果没有用到中断功能，这些单元也可作为一般用途的程序存储器。

表 2-2　各种中断服务子程序的入口地址

中　断　源	入　口　地　址
外中断 0	0003H
定时器/计数器中断 0	000BH
外中断 1	0013H
定时器/计数器中断 1	001BH
串口中断	0023H

2.3.3　数据存储器 RAM

1. 片内数据存储器

AT89C51 片内数据存储器 RAM 容量为 128B，地址范围为 00H ~ 7FH。使用时可分为 4 个区，即工作寄存器区、可位寻址区、数据缓冲区和堆栈区。堆栈区的栈底地址复位后默认为 07H，可编程改变。如图 2-8 所示为 AT89C51 片内数据存储器的大致结构。

（1）工作寄存器区

片内数据存储器 RAM 中地址最低的 32 个单元（00H ~ 1FH）是工作寄存器区，按地址由小到大分为 4 个组，即 0 组、1 组、2 组、3 组，如图 2-8 所示。每个组有 8 个 8 位寄存器，地址由低到高依次命名为 R0 ~ R7。当前工作寄存器只能有一个组，至于选用哪个工作寄存器组，由 PSW 中的 RS0 和 RS1 位确定，编程设置方法可参看表 2-5。复位初始化值 RS0 = 0、RS1 = 0，使用的是 0 组，为默认的工作寄存器组。在程序不很复杂的情况下，一般只使用 0 组。这时其他组可当普通的 RAM 使用。

（2）位寻址区

工作寄存器区上面的 16 个单元（20H ~ 2FH）构成固定的可位寻址存储区。每个单元有 8 位，16 个单元共 128 位，每个位都有一个位地址，如图 2-8 所示。它们可位寻址、位操作，即可对该位进行置 1、清 0、求反等操作。在 AT89C51 单片机的指令系统中，有位操作指令，具体可参阅第 3 章。

需要指出的是，位地址 00H ~ 7FH 和片内 RAM 中的字节地址 00H ~ 7FH 的编码表示相同。但要注意它们之间的区别，位操作指令中的地址是位地址，而不是字节地址。

若程序中没有位操作，则该区的地址单元可当普通的 RAM 使用。

字 节 地 址	位 地 址							
7F ⋮ 30	数据缓冲区							
2F	7F	7E	7D	7C	7B	8A	79	78
2E	77	76	75	74	73	72	71	70
2D	6F	6E	6D	6C	6B	6A	69	68
2C	67	66	65	64	63	62	61	60
2B	5F	5E	5D	5C	5B	5A	59	58
2A	57	56	55	54	53	52	51	50
29	4F	4E	4D	4C	4B	4A	49	48
28	47	46	45	44	43	42	41	40
27	3F	3E	3D	3C	3B	3A	39	38
26	37	36	35	34	33	32	31	30
25	2F	2E	2D	2C	2B	2A	29	28
24	27	26	25	24	23	22	21	20
23	1F	1E	1D	1C	1B	1A	19	18
22	17	16	15	14	13	12	11	10
21	0F	0E	0D	0C	0B	0A	09	08
20	07	06	05	04	03	02	01	00
1F 18	3 组（R0～R7）工作寄存器组							
17 10	2 组（R0～R7）工作寄存器组							
0F 08	1 组（R0～R7）工作寄存器组							
07 00	0 组（R0～R7），默认工作寄存器组							

（可寻址位 列于字节地址与位地址之间，对应 20～2F 行）

图 2-8　AT89C51 片内数据存储器结构

（3）数据缓冲区

片内数据存储器 RAM 中，30H～7FH 地址单元一般可做数据缓冲区用，用于存放各种数据和中间结果。

注意：没有使用的工作寄存器单元和没有使用的可位寻址单元都可用作数据缓冲区。

（4）堆栈区

堆栈区简称堆栈，是在片内数据存储器 RAM 中开辟的一片特殊数据存储区，是 CPU用于暂时存放数据的特殊"仓库"。用堆栈指针 SP 指向堆栈栈顶地址，堆栈的最低地址叫栈底。其特殊在于：栈底可根据片内数据存储器的使用情况由指令设定；对堆栈存取数据遵守"先进后出"原则，在此过程中堆栈栈顶地址也相应变化，即 SP 的内容相应变化。复位后，栈底的地址单元为 07H，由于这时堆栈内还未存放数据，指示栈顶的堆栈指针 SP 的内容与栈底值同为 07H，即（SP）=07。设计者也可根据需要设置 SP 的初值。

2. 特殊功能寄存器（SFR）

特殊功能寄存器（SFR，也称专用寄存器）是单片机各功能部件所对应的寄存器，是用来存放相应功能部件的控制命令、状态或数据的区域。AT89C51 内的端口锁存器、程序状态字、定时器、累加器、堆栈指针、数据指针，以及其他控制寄存器等都是特殊功能寄存器。它们离散地分布在片内 RAM 的高 128B（80H ~ FFH）中，共 21 个字节，其分配情况如表 2-3 所示。其中有些寄存器既可字节寻址又可位寻址，有些只可字节寻址。凡是地址能被 8 整除（字节末位为 0H 或 8H）的特殊功能寄存器都是既可字节寻址又可位寻址的特殊功能寄存器，否则，只能按字节寻址。可位寻址的特殊功能寄存器的每一位都有位地址，有的还有位名称、位编号。有的 SFR 有位名称，却无位地址，也不可以进行位寻址、位操作，如 TMOD。不可位寻址操作的 SFR 只有字节地址，无位地址，如 SBUF。

表 2-3 特殊功能寄存器（SFR）

特殊功能寄存器符号及名称	字节地址	位地址、位标志							
		D7	D6	D5	D4	D3	D2	D1	D0
B：B 寄存器	F0	F7	F6	F5	F4	F3	F2	F1	F0
		B.7	B.6	B.5	B.4	B.3	B.2	B.1	B.0
ACC：累加器	E0	E7	E6	E5	E4	E3	E2	E1	E0
		ACC.7	ACC.6	ACC.5	ACC.4	ACC.3	ACC.2	ACC.1	ACC.0
PSW：程序状态字	D0	D7	D6	D5	D4	D3	D2	D1	D0
		CY	AC	F0	RS1	RS0	OV	…	P
IP：中断优先级寄存器	B8	…	…	…	BC	BB	BA	B9	B8
		…	…	…	PS	PT1	PX1	PT0	PX0
P3：P3 口	B0	B7	B6	B5	B4	B3	B2	B1	B0
		P3.7	P3.6	P3.5	P3.4	P3.3	P3.2	P3.1	P3.0
IE：中断允许寄存器	A8	AF	AE	AD	AC	AB	AA	A9	A8
		$\overline{EA}$	…	…	ES	ET1	EX1	ET0	EX0
P2：P2 口	A0	A7	A6	A5	A4	A3	A2	A1	A0
		P2.7	P2.6	P2.5	P2.4	P2.3	P2.2	P2.1	P2.0
SBUF：串口数据缓冲寄存器	99	不可位寻址							
SCON：串口控制寄存器	98	9F	9E	9D	9C	9B	9A	99	98
		SM0	SM1	SM2	REN	TB8	RB8	TI	RI
P1：P1 口	90	97	96	95	94	93	92	91	90
		P1.7	P1.6	P1.5	P1.4	P1.3	P1.2	P1.1	P1.0
TH1：T1 寄存器高 8 位	8D	不可位寻址							
TH0：T0 寄存器高 8 位	8C	不可位寻址							
TL1：T1 寄存器低 8 位	8B	不可位寻址							

续表

特殊功能寄存器符号及名称	字节地址	位地址、位标志							
		D7	D6	D5	D4	D3	D2	D1	D0
TL0：T0 寄存器低 8 位	8A	不可位寻址							
TMOD：定时器/计数器方式寄存器	89	不可位寻址							
		GATE	C/$\overline{\text{T}}$	M1	M0	GATE	C/$\overline{\text{T}}$	M1	M0
TCON：定时器/计数器控制寄存器	88	8F	8E	8D	8C	8B	8A	89	88
		TF1	TR1	TF0	TR0	IE1	IT1	IE0	IT0
PCON：电源控制寄存器	87	不可位寻址							
		SMOD	…	…	…	GF1	GF0	PD	IDL
DPH：数据指针高 8 位	83	不可位寻址							
DPL：数据指针低 8 位	82	不可位寻址							
SP：栈指针寄存器	81	不可位寻址							
P0：P0 口	80	87	86	85	84	83	82	81	80
		P0.7	P0.6	P0.5	P0.4	P0.3	P0.2	P0.1	P0.0

（1）累加器 ACC（Accumulator）

累加器助记符（帮助记忆的符号）为 A，是一个最为常用的特殊功能寄存器。许多指令的操作数取自于它，许多运算的结果存放在其中。

（2）通用寄存器 B（General Purpose Register）

乘除法指令中要用通用寄存器，也可做一般寄存器用。

（3）程序状态字 PSW（Program Status Word）

程序状态字是一个 8 位的标志寄存器，用来存放指令执行后的有关状态。PSW 的各位定义如表 2-4 所示。

表 2-4　PSW 的各位定义

PSW.7（最高位）	PSW.6	PSW.5	PSW.4	PSW.3	PSW.2	PSW.1	PSW.0（最低位）
C	AC	F0	RS1	RS0	OV	—	P

① 进位标志 C（Carry，也可用 Cy 表示），用于表示加减运算过程中累加器最高位有无进位或借位。在加法运算时，若累加器最高位有进位，则 C =1，否则 C =0。在减法运算时，若累加器最高位有借位，则 C =1。此外，CPU 在进行移位操作时也会影响这个标志位。在布尔（位）处理机中，它被认为是位累加器，其重要性相当于 CPU 中的 A。

② 辅助进位 AC（Auxiliary Carry），加减运算时低 4 位向高 4 位进位或借位，AC 置 1，否则置 0。

③ 用户标志位 F0，这是一个供用户定义的标志位。

④ RS1 和 RS0 是工作寄存器组选择位，如表 2-5 所示。RS1 和 RS0 用于设定当前使用的工作寄存器的组号。

表 2–5　RS1、RS0 对工作寄存器组的选择

RS1、RS0	R0 ~ R7 的组号	R0 ~ R7 的地址
0　0	0	00H ~ 07H
0　1	1	08H ~ 0FH
1　0	2	10H ~ 17H
1　1	3	18H ~ 1FH

　　复位后，RS1 和 RS0 初始化值为 0，即选择的是 0 组。这时，R0 ~ R7 的地址分别为 00H、01H、02H、03H、04H、05H、06H、07H。

　　⑤ 溢出标志 OV（Overflow），可以指示运算过程中是否发生了溢出，在执行过程中其状态自动形成。

　　⑥ 未定义位。用户不能使用。

　　⑦ 奇偶标志 P（Parity），奇偶标志位。表明累加器 A（用二进制数表示）中"1"的个数的奇偶性，奇数个置"1"，偶数个置"0"。

　　（4）堆栈指针 SP（Stack Pointer）

　　堆栈是在片内数据存储器 RAM 区中开辟的一片特殊数据存储区。系统复位后，堆栈指针 SP 初始化值为 07H，使堆栈存放数据地址由 08H 开始。由于 08H ~ 1FH 单元分属于工作寄存器组 1 ~ 组 3。若程序设计中这些组全要用到，则要把 SP 的值设置为 1FH 或更大的值。当单片机调用子程序或响应中断时，将自动发生数据的入栈、出栈操作。除此之外，还有对堆栈进行操作的指令，可参阅本书第 3 章。

　　（5）数据指针 DPTR（Data Pointer）

　　DPTR 是一个 16 位特殊功能寄存器，由两个 8 位寄存器 DPH（高 8 位）和 DPL（低 8 位）组成。DPTR 既可作为一个 16 位寄存器来处理，也可作为两个独立的 8 位寄存器 DPH 和 DPL 来处理。DPTR 主要用来存放 16 位地址。

　　（6）串行数据缓冲器 SBUF

　　串行通信都是通过数据缓冲器 SBUF 发送和接收的。实际上，SBUF 有两个独立的寄存器，一个是发送缓冲器，另一个是接收缓冲器。

　　（7）定时器/计数器寄存器

　　两对寄存器（TH0，TL0）、（TH1，TL1）分别为定时器/计数器 T0、T1 的 16 位计数寄存器，它们也可单独作为 4 个 8 位的计数寄存器用。

3. 片外数据存储器 RAM

　　若片内 RAM 不够用时，可扩展片外数据存储器 RAM，最大范围为 0000H ~ FFFFH，共 64KB。从图 2-7 可以看出片外 RAM 有部分地址（00H ~ FFH）与片内 RAM 是重叠的。汇编语言中，片内 RAM、片外 RAM 以不同的指令操作码区别，片内 RAM 指令用 MOV 表示，片外 RAM 指令用 MOVX 表示。

2.3.4 两种省电工作方式

89 系列单片机提供了两种可通过编程实现的省电工作方式：空闲方式和掉电方式。目的是必要时尽可能降低系统的功耗。两种省电方式都由 SFR 中的电源控制寄存器 PCON 中的控制位来控制。PCON 的各位参看本章表 2-3 特殊功能寄存器，其中：

PD(PCON.1)——掉电方式控制位，编程置 PD=1 则进入掉电模式。

IDL(PCON.0)——空闲方式控制位，编程置 IDL=1 则进入空闲方式。

详细情况参看参考文献 [19]。

1. 空闲工作方式

当 CPU 执行一条置 IDL 为 1 的指令后，系统进入空闲工作方式。这时，振荡器仍然工作，CPU 处于睡眠状态。片内 RAM 的内容、特殊功能寄存器等的内容都被保存。这时单片机消耗电流降至 3mA 左右。

退出空闲工作方式有两种方法。

① 激活任何一个被允许的中断，并由硬件自动将 IDL 清 0 而中止空闲方式。中断响应后执行中断服务程序，紧跟在 RETI 后执行使单片机进入空闲工作方式的那条指令后的指令。

② 硬件复位退出空闲工作方式。

2. 掉电工作方式

当 CPU 执行一条置 PD 为 1 的指令后，系统进入掉电工作方式。此时振荡器停止工作，所有功能部件都停止工作，但内部 RAM 区被保留。这时电源电压可降至 2V，单片机消耗电流降至 $50\mu A$ 左右。

退出掉电方式的唯一方法是硬件复位，复位后所有的特殊功能寄存器的内容初始化，但不改变内部 RAM 区的数据。

2.4 I/O（输入/输出）口结构、功能及负载能力

2.4.1 I/O 口结构

AT89C51 单片机有 4 个并行双向 8 位 I/O 输出口，即 P0~P3。每个口都有 8 根 I/O 引脚，总共有 32 根引脚。每个口都有一个锁存器，依次对应地址为 80H、90H、A0H、B0H 共 4 个特殊功能寄存器。它们的结构有同有异，功能与用途也有同有异。

每个 I/O 口可以进行"字节"输入/输出，也可进行"位"输入/输出。对各 I/O 口进行读、写操作，即可实现单片机的输入、输出功能。

每个 I/O 口的 8 个位的结构是相同的，所以，每个 I/O 口的结构与功能均以其位结构进行讨论。

P1、P3、P2、P0 口的位结构如图 2-9 至图 2-12 所示，都含有锁存器、输入缓冲器 1（读锁存器）、输入缓冲器 2（读引脚）和组成输出驱动器的 FET 晶体管 Q0。其中 P1 只作通用 I/O 口用，所以结构最简单。P3、P2、P0 除作通用 I/O 口用外还另有功能，所以结构比 P1 复杂，且彼此间也有差别。还要注意：P1、P3、P2 口都有内部上拉电阻，而P0 口无内部上拉电阻。

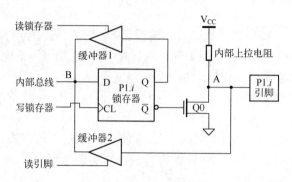

图 2-9　P1 口的位结构

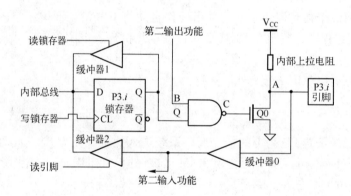

图 2-10　P3 口的位结构

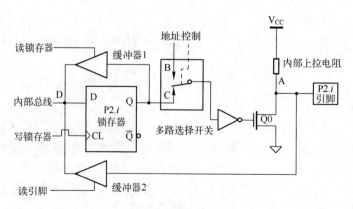

图 2-11　P2 口的位结构

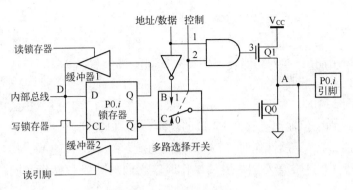

图 2-12　P0 口的位结构

2.4.2　I/O 口功能

1. P1 口

P1 口只有通用输出/输入功能（参看图 2-9）。

① 输出。内部总线输出 0 时，D＝0，Q＝0，$\overline{Q}$＝1，Q0 导通，A 点被下拉为低电平，即输出为 0；内部总线输出 1 时，D＝1，Q＝1，$\overline{Q}$＝0，Q0 截止，A 点被上拉为高电平，即输出为 1。

例如，将立即数 55H 传送（即输出）到 P1 口。汇编语言指令为：

```
MOV    P1,#55H            ;将数 55H 输出到 P1 口
```

② 输入（读引脚）。AT89C51 输入即读，为读入正确的引脚信号，必须先保证 Q0 截止。因为，若 Q0 导通，引脚 A 点为低电平，显然，从引脚输入的任何外部信号都被 Q0 强迫短路，严重时可能导致大电流，而烧坏元器件。为保证 Q0 截止，必须先向锁存器写"1"，即 D＝1，$\overline{Q}$＝0，Q0 截止。外接电路信号（即输入信号）为 1 时，引脚 A 点为高电平；输入信号为 0 时，引脚 A 点为低电平。这样才能保证单片机从 P1 口引脚输入的电平与外电路接入引脚电平一致。

例如，使用汇编语言输入指令"MOV　A，P1"时，应先使锁存器置 1（即通常所说的置端口为输入方式），再把 P1 口的数据读入累加器 A 中。程序设计如下：

```
MOV    P1,#0FFH           ;置 P1 口为输入方式
MOV    A,P1               ;将 P1 口数据传送(输入)到累加器中(读 I/O 口)
```

③ 输入（读锁存器）。从图 2-9 可看出还有一种输入为读锁存器。这是为了适应"读—修改—写"类型指令。这些指令是：ORL、XRL、JBC、CPL、INC、DEC、DJNZ、MOV PX.Y，C、CLR PX.Y 和 SET PX.Y。指令中 PX.Y 表示 P1.0～P1.7、P2.0～P2.7、P3.0～P3.7、P0.0～P0.7。所以，叙述对 P0～P3 均有效。

P1 口是专供用户使用的 I/O 口，无第二功能。

2. P3 口

P3 口除有通用输出/输入功能外，还有第二功能（参看图 2-10）。

（1）通用 I/O

① 输出。图 2-10 中"第二输出功能"端 B 为高电平。经分析可知，尽管 P3 口的结构与 P1 口略有差别，但输出操作时 P3 口的功能与 P1 口类同。

② 输入（读引脚）。读操作时，"第二输出功能"端 B 为高电平，缓冲器 0 开通。尽管 P3 口的结构与 P1 口略有差别，但读操作时，它们的功能和操作类同，也要先进行写"1"操作。

③ 输入（读锁存器）类同 P1。

（2）第二功能

当 P3 口的某位要用作第二功能输出口时，该位锁存器置 1，Q = 1。与非门的输出状态取决于该位的"第二输出功能"端 B 的状态。B 点状态经与非门、Q0 后出现在引脚上，A 点与 B 点的状态一致。这时，P3 口的该位工作于第二功能输出状态。若"第二输出功能"端 B 为 0 时，因 Q = 1，与非门输出为 C = 1，Q_0 导通，从而使 A = 0，引脚上为低电平。若"第二输出功能"端 B 为 1 时，与非门输出为 C = 0，Q_0 截止，从而使 A 上拉为高电平，即引脚上为高电平。

当 P3 口某位要用作第二功能输入口时，该位的"第二输出功能"端 B 和该位"锁存器"都为 1，Q0 截止。缓冲器 2 关闭。该位引脚上的信号通过缓冲器 0 送入"第二功能输入"端。AT89C51 中，P3 口 8 个引脚的第二功能说明如表 2-6 所示。

表 2-6　P3 口引脚的第二功能说明

端口引脚	第二功能说明	端口引脚	第二功能说明
P3.0	RXD：串行输入口	P3.4	T0：计数器 0 的输入
P3.1	TXD：串行输出口	P3.5	T1：计数器 1 的输入
P3.2	$\overline{INT0}$：外中断 0 输入	P3.6	$\overline{WR}$：片外 RAM 写选通
P3.3	$\overline{INT1}$：外中断 1 输入	P3.7	$\overline{RD}$：片外 RAM 读选通

3. P2 口

P3 口除有通用输出/输入功能外，当有外部扩展时作地址总线的高 8 位输出（参看图 2-11）。

（1）通用 I/O

① 输出。输出操作时，图 2-11 中的多路选择开关在内部控制信号作用下，连接 C 端（如图 2-11 所示），反相器输出为锁存器输出取反。经分析可知，尽管 P2 口的结构与 P1 口略有差别，但输出操作时，P2 口的功能与 P1 口类同。

② 输入（读引脚）。读操作时，多路选择开关在内部控制信号作用下，连接 C 端（如图 2-11 所示），反相器输出为锁存器输出取反。经分析可知，尽管 P2 口的结构与 P1 口略有差别，但读操作时，P2 口的功能与 P1 口类同，也要先进行写"1"操作。

③ 输入（读锁存器）类同 P1。

（2）地址总线的高 8 位输出（多路选择开关与地址线接通）

当 P2 口某位要用作地址总线的高 8 位中的某位输出时，多路选择开关在内部控制信号作用下连接 B 端。这时反相器的输出状态取决于 B 的状态。B 点状态经多路选择开关、反相器、Q0 后，出现在引脚上。经分析可知，A 点与 B 点的状态一致。这时 P2 口工作于地址总线的高 8 位输出状态。

P2 口输出的高 8 位地址可以是片外 ROM、片外 RAM 的高 8 位地址，与 P0 口输出的低 8 位地址共同构成 16 位地址线，从而可分别寻址 64KB 的程序存储器和片外数据存储器。地址线以字节为操作单位，8 位一起输出，不能进行位操作。

如果 AT89C51 单片机有扩展程序存储器（地址 ≥1000H），访问片外 ROM 的操作连续不断，P2 口要不断送出高 8 位地址，这时，P2 口不宜再用作通用 I/O 口。

4. P0 口

P0 口除有通用输出/输入功能外，当有外部扩展时用作地址（低 8 位输出）/数据线（参看图 2-12）。

（1）通用 I/O

① 输出。输出操作时，"多路选择开关"在内部控制信号作用下，连接 C 端（如图 2-12 所示），锁存器输出Q通过多路选择开关与 Q0 相通；同时内部信号使与门控制输入端 2 置 0，从而导致与门输出为 0，Q1 截止，输出驱动器处于开漏状态。经分析可知，只要外接一个上拉电阻（15kΩ 左右），输出操作时，P0 口的功能与 P1 口类同。

② 输入（读引脚）。读操作，多路选择开关接通锁存器，控制信号置 0。

读操作时，多路选择开关在内部控制信号作用下，连接 C 端（如图 2-12 所示），锁存器输出Q通过多路选择开关与 Q0 相通；同时内部信号使与门输入端 2 为 0，从而导致与门输出为 0，Q1 截止，输出驱动器处于开漏状态，所以要外接一个上拉电阻。读操作时，P0 口的功能与 P1 口类同，也要先进行写 "1" 操作。

③ 输入（读锁存器）类同 P1。

（2）用作地址（低 8 位）/数据线

用作地址/数据线时，内部控制信号端置 1，同时 MUX 与 B 端相连。这时，Q1 的输入信号就是地址/数据线信号，Q0 的输入信号就是地址/数据线信号取反后的信号。而 A 点的信号与地址/数据线信号一致，此时引脚输出地址/数据信息。

注意： 用作地址/数据总线时，P0 口不能进行位操作，也不外接上拉电阻；用作通用 I/O 口时，输出驱动器是开漏电路，需外接上拉电阻。

2.4.3　I/O 口的负载能力

1. I/O 口的位（引脚）驱动能力

P0 口的每一位以吸收电流方式可驱动 8 个 LS TTL 输入。

P1～P3 口的每一位以吸收或提供（输出）电流方式可驱动 4 个 LS TTL 输入。

一个 LS TTL 输入：$I_{iH} = 20\mu A$，$I_{iL} = 0.36mA$。

可见，每一位以吸收电流方式的驱动能力比以提供电流方式的驱动能力大得多。

2. 稳定状态下，I_{OL}（引脚吸收电流）的限制

每个引脚上的最大 $I_{OL} = 10mA$。

P0 端口 8 个引脚的最大 $\sum I_{OL} = 26mA$。

P1、P2、P3 端口 8 个引脚的最大 $\sum I_{OL} = 15mA$。

所有输出引脚上的 I_{OL} 总和最大为 $\sum I_{OL} = 71mA$。

2.5　PROTEUS ISIS 电路设计基础（2）

2.5.1　PROTEUS 电气连线操作

1. 自动连线

系统默认自动布线 ⚏ 有效。在激活任一"操作模式（如元件模式）按钮"情况下，将放置光标 ✐ 移近元件引脚端或连线，出现绿色铅笔光标 ⟋ ，则表示已捕捉到连线的起点（或终点）。这时单击再移动光标则进行连线，系统会自动以直线、直角走线；当遇到障碍时，布线会自动绕开障碍，如图 2-13（a）～（c）所示；直至捕捉到期望的终点再单击则完成连线。若中途需结束连线双击即可。

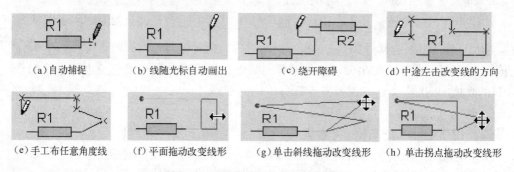

(a) 自动捕捉　　(b) 线随光标自动画出　　(c) 绕开障碍　　(d) 中途左击改变线的方向

(e) 手工布任意角度线　(f) 平面拖动改变线形　(g) 单击斜线拖动改变线形　(h) 单击拐点拖动改变线形

图 2-13　画线及其移动、改变形状

2. 手工连线

要进行手工直角画线，直接在移动光标的过程中需要转向处单击即可，并暂留 × 形标记，如图 2-13（d）所示。若要手工任意角度连线，在移动光标过程中按住 Ctrl 键，移动光标，预连线轨迹会呈任意角度，确定后单击即可，并暂留 × 形标记，如图 2-13（e）所示。当连线完成，暂留 × 形标记消失。

3. 移动连线

在选择模式 下，将光标 移近要改变的连线，则光标变为 ，表示捕捉到连线。若连线为垂直或水平的，单击后光标变为 或 ，按住，再移动光标至期望位置，释放光标，则实现连线的水平或垂直平移，如图 2-13（f）所示；若连线为斜连线或连线拐点，单击后光标变为 ，按住，再移动光标至期望位置，释放光标，则可实现连线的变形调整，如图 2-13（g）～（h）所示。

4. 复制连线

如图 2-14 所示，若将 AT89C51 的 I/O 口 P1 的 8 引脚与排阻（RX8）的 8 引脚进行连线，可先将光标 移至引脚 P1.0 开始连线至排阻的引脚 1，然后将光标 分别依次移至引脚 P1.1～P1.7 双击即可。

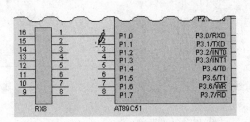

图 2-14　复制连线

2.5.2　PROTEUS 总线、标签操作

1. 总线操作

总线操作一般指数据、地址、控制总线的操作，如 AT89C51 单片机数据总线、地址总线、控制总线等，如图 2-15 所示。一般都是在总线操作模式进行，即单击操作模式按钮 （下陷）选择总线操作模式。当光标移至总线时，光标变为蓝铅笔光标 ，表示可进行总线操作。总线操作的自动捕捉、连线、移动改变、删除、复制等都与电气连线操作类似。但要注意：总线的可视化光标为蓝铅笔光标 。详细叙述参看参考文献〔4〕。

2. 标签操作

标签操作主要用来放置网络标号。同名网络标号表示它们间的连接关系，代替连线连接。

（1）操作步骤

① 单击 进入标签模式。

② 光标（白色铅笔头）移到要放置标签的线上，光标下出现一个"×"。如图 2-16 左上方图所示。

③ 单击弹出图 2-15 下方所示 Edit Wire Label 对话框，在 String 右侧组合框内输入标签名称（如输入 D0）。

④ 单击"OK"按钮或按回车键关闭对话框，标签 D0 出现在连线终端上，如图 2-16 右上方图所示。

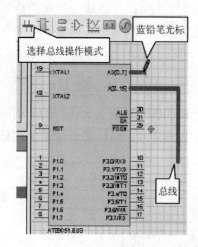

图 2-15　总线操作

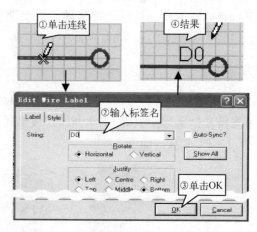

图 2-16　放置、编辑线标签

（2）Edit Wire Label 对话框的其他选项

Auto-Sync：选中，同一网络上的所有标签始终保持同样的标签名。

Rotate：标签的转向，水平或垂直。

Justify：标签位置调整，设定放置点相对于标签水平（左、中、右）及垂直（上、中、下）方向上的位置。

PROTEUS 还提供了放置网络标号的快捷方法，即属性分配工具。读者可参看参考文献［4］第 3 章。

2.5.3　终端操作

1. 终端类型

单击工具栏中的终端按钮 ，则在对象选择器中显示所有终端的列表，如图 2-17 所示。终端中有 DEFAULT（默认）、INPUT（输入）、OUTPUT（输出）、BIDIR（双向）、POWER（电源）、GROUND（地）、BUS（总线）。

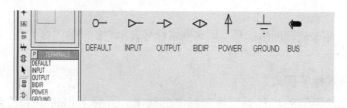

图 2-17　终端符号

2. 放置电源、地等操作

它们的放置、选中、移动、转向、复制、删除、编辑、块操作等类同元件操作。

2.5.4　对象属性设置（Edit Properties）

1. 设置元件属性

PROTEUS 可对电阻、电容、单片机等元件进行属性设置。

【例 2-1】 若要设置电阻 R1 的电阻值（属性），先双击该电阻，弹出如图 2-18 所示属性设置对话框，列出若干属性栏。例如，将属性"Resistance（电阻）"栏中原先的电阻值 10k 改写为 300，则其属性电阻值便设置为 300Ω 了。

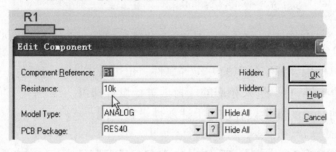

图 2-18　元件电阻属性设置对话框

【例 2-2】 若要设置 AT89C51 单片机的属性 Program File（目标代码文件）、Clock Frequency（时钟频率），先双击该单片机，弹出图 2-19 所示属性设置对话框，在属性栏 Program File 和 Clock Frequency 中填上相应文件、时钟频率值。图 2-19 中分别为 201. HEX 和 12MHz。

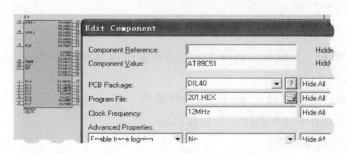

图 2-19　设置元件单片机属性

其他元件，如电容、LED 等的属性设置与上述属性设置类同。

2. 设置终端属性

若要设置电源终端⏚属性，先将光标移至⏚上，出现包围⏚的红色虚线轮廓，双击则弹出它的属性编辑框。该编辑框中的 String 右边的组合框内默认为空的（表示默认电源为 +5V，不显示电源值）。显然，若要求电源为 5V，则无需设置。其他电源电压值（可。

正可负）则要设置。

例如，要设置它的电压值为 +15V，双击↑，弹出如图 2-20 所示的属性编辑框，在 String 右边的组合框内填入 +15V，单击按钮 "OK" 完成。

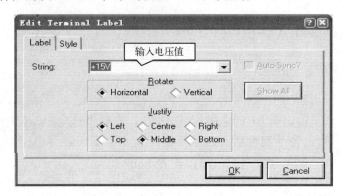

图 2-20 设置电源终端为 +15V

还可在该编辑框中设置字符串的方位等属性，也可设置大小、颜色、字体、字形等属性，只要单击选择 Style 页，进入相应的选择项进行设置即可。

其他有属性的对象的属性设置也与上述属性设置类同。

实训 2：AT89C51 最小系统的 PROTEUS 设计与制作

1. 任务与目的

（1）任务

在 PROTEUS ISIS 中进行 AT89C51 最小系统的电路设计；并根据设计安装实际的 AT89C51 最小系统。

（2）目的

① 掌握单片机最小系统的电路设计，特别是复位电路和时钟电路的外接振荡元件电路。（要求图纸尺寸为 7in×7in。）

② 掌握 PROTEUS 电路设计中的电气连线操作、终端（如电源、地等）操作和属性设置操作。注意将单片机 EA 引脚（31）接电源。

③ 会实际安装最小系统。

2. PROTEUS 设计

① 进入 PROTEUS ISIS 窗口。在计算机中安装好 PROTEUS 后，单击 "开始→程序→Proteus 7 Professional→☷ ISIS 7 Professional" 启动 ISIS。按 1.4 节进行图纸尺寸设置（4in×4in）及文件操作。

② 选取元件放置元件。根据图 2-21 左下方元件列表，按 1.4 节叙述方法从库中选取元件、终端、按钮等，并一一放置于编辑区中。复位电路中 R2 值约 10kΩ，在 PROTEUS

设计中，该电阻可用作 PULLDOWN（下拉电阻）。

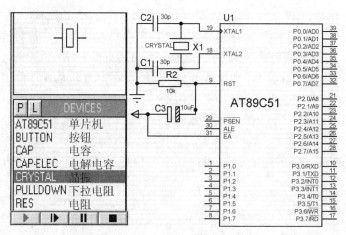

图 2-21　AT89C51 最小系统原理电路图

③ 按本章 2.5 节进行电气连线、属性设置操作。

④ 正确完成上列操作内容后，以文件名 3P0261. DSN 存盘。

3. 实际制作

① 按 PROTEUS 设计成功的电路设计在单片机课程教学实验板（或面包板、实验 PCB 板）上安装好电路。

② 正确接上电源后，用示波器观察、测量晶振及 ALE 的振荡频率、周期等。

如图 2-22 所示是学生制作完成的"单片机最小系统"照片。

图 2-22　"单片机最小系统"照片

练习与思考 2

1. AT89C51 单片机内部结构主要由哪些部件组成？它们的主要功能是什么？

2. 请将 AT89C51 的 40 个引脚按 4 类（电源、时钟、控制和 I/O 引脚）分类。

3. AT89C51 单片机引脚$\overline{EA}$、RST、ALE、$\overline{PSEN}$的功能是什么？

4. 何谓单片机的振荡周期、状态时钟周期、机器周期和指令周期？它们有何关系？

5. 当 AT89C51 单片机外接晶振为 4MHz 时，其振荡周期、状态时钟周期、机器周期、指令周期的值各为多少？

6. 简述 AT89C51 单片机复位条件，并说明复位后寄存器中的数值状态。

7. AT89C51 单片机的 ROM 空间中，这 6 个地址（0、03H、0BH、13H、1BH、23H）

有什么特殊的意义和用途？用户应怎样合理安排？

8. AT89C51 单片机的片内 RAM 是如何分区的，各有什么功能？

9. AT89C51 单片机有多少专用寄存器？分布在哪些地址范围？若对片内 84H 读/写将会产生什么结果？（提示：考虑 84H 为位地址、字节地址两种情况。）

10. 分别说明程序计数器 PC 和堆栈指针 SP 的作用。复位后 PC 和 SP 中的值各是多少？在程序设计时，有时为什么要对 SP 赋值？

11. 开机复位后，CPU 作用的是哪组工作寄存器？它们的地址是什么？CPU 如何确定和改变当前工作寄存器？

12. 位地址 3EH 和字节地址 3EH 有何区别？位地址 3EH 具体在片内中哪个 RAM 单元中的哪个位？

第3章 AT89C51 指令系统

3.1 基本概念

3.1.1 指令、机器代码、程序、机器语言

1. 指令、机器代码

指令是单片机 CPU 执行某种操作的命令，是单片机 CPU 能识别和执行的 8 位二进制机器代码（又称目标代码，简称代码；参阅附录 C 指令表中的代码列）。单片机 CPU 所能执行的全部指令的集合称为指令系统。AT89C51 是 MCS-51 单片机的兼容机，所以其指令系统与 MCS-51 单片机一样，也是 255 条二进制机器代码的集合。

【例 3-1】三字节、单字节、双字节指令举例。

```
01110101 10010000 11110001    ;将数据 11110001 传送到片内 RAM 地址单元 10010000 中
11111000                       ;将寄存器 A 中的内容传送到寄存器 R0 中
10000000 11111110              ;短转移指令,11111110 是转移相对地址
```

若用十六进制表示 8 位二进制，则此例为：

```
75H 90H F1H     ;将数据 F1 传送到片内 RAM 地址单元 90 中
F8H             ;将寄存器 A 中的内容传送到寄存器 R0 中
80H FEH         ;是短转移指令,FE 是转移相对地址
```

2. 程序、机器语言

要使单片机按人的意志来完成某一项任务，就要求设计者按单片机指令系统规则来编写一序列指令。这种按人的要求又符合单片机指令系统规则而编写的指令序列被称为程序。设计者编写程序的过程就称为程序设计。

根据机器代码编写出的程序称为机器代码程序，又称目标代码程序。单片机 CPU 能认识和直接执行它。机器代码程序可视为人与单片机相互交流的"语言"，所以又称为机器语言。例 3-1 是由 3 条指令构成的机器语言段。

3.1.2 汇编语言、汇编语言指令格式、常用符号

1. 汇编语言

用机器语言编写程序是编程方法之一，也是编程的基础；但要记住这么多机器代码实

在不容易，编写的程序也不好阅读、检查和修改。因此，出现了用汇编语言表示机器语言的方法。汇编语言是用助记符、字符串和数字等来表示指令的程序语言，汇编语言指令与机器语言指令是一一对应的（参看附录 C 指令表），比较接近人类的自然语言。汇编语言的助记符多是与指令操作相关的英文缩写，便于记忆、检查和修改，明显地提高了编程效率。用汇编语言编写的程序也称源程序。对应例 3-1 的汇编语言程序段是：

```
MOV   P1,#0F1H      ;将数(称立即数)F1H 传送到特殊功能寄存器 P1 中
MOV   R0,A          ;将寄存器 A(累加器)中的内容传送到寄存器 R0 中
SJMP  $             ;短转移指令,符号 $ 表示该条指令的首地址
```

其中，助记符"MOV"的中文意义是"传送"操作，"SJMP"中文意义是"短转移"。P1 是特殊功能寄存器地址 90 的地址符号，代表单片机 P1 口。寄存器 A 是累加器。表 3-1 列举了另几条机器语言指令与汇编语言指令的对应关系及其指令功能。

表 3-1　机器语言指令与汇编语言指令的对应关系举例及其指令功能

机器语言指令	汇编语言指令	指 令 功 能
E5 40	MOV A,40H	将片内 RAM 地址 40H 单元中内容传送到累加器 A 中
74 40	MOV A,#40H	将立即数 40H 传送到累加器 A 中
E9	MOV A,R1	将工作寄存器 R1 中的内容传送到累加器 A 中
E6	MOV A,@R0	将工作寄存器 R0 的内容作为地址，再将该地址中的内容传送到累加器 A 中
93	MOVC A,@A+DPTR	将 DPTR 中的内容加上 A 中的内容后的内容作为地址，再将该地址中内容传送到累加器 A 中
80 FE	SJMP $	短转移指令，转移到该条指令的首地址
A2 20	MOV C,20H	位操作指令，将位地址 20H 中的内容传送到进位标志位 C

AT89C51 单片机汇编语言指令系统有 42 种助记符，111 种指令。按指令长度可分单字节指令、双字节指令和三字节指令。按指令执行时间可分为单机器周期指令（64 种）、双机器周期指令（45 种）和四机器周期指令（只有乘、除法指令两种）。

本书重点讲述 AT89C51 汇编语言（兼容 MCS – 51 汇编语言）、汇编语言程序及其应用。

汇编语言仍有不足之处。例如，不同类型的单片机其汇编语言也不同，不好移植。这样就出现了高级语言，如 C51 语言。

虽然汇编语言、C51 语言等比机器语言易懂、方便，但单片机 CPU 是不认识的，必须要将它们转换（汇编、编译）成机器语言，一般由计算机编译、汇编软件实现。

2. 汇编语言指令的书写格式

AT89C51 汇编语言指令系统的指令格式一般为：

[标号:]操作码　[操作数1][,操作数2][,操作数3][;注释]

标号：用符号表示的该条指令的首地址，根据需要设置。标号位于一条指令（语句）的开头，以冒号结束。它以英文字母开头，由字母、数字、下画线等组成。

操作码：操作码规定指令实现何种功能（传送、加法、减法等）操作。操作码是由助记符表示的字符串，是任一指令语句不可缺少的部分。

操作数：在汇编语言中，操作数可以是被传送的数据（立即数）、数据在 RAM 中的地址（数据地址）、指令的转移地址（代码地址）、位地址。可以采用字母、字符和数字等多种表示形式。操作数的个数因指令的不同而不同，多至 3 个操作数，各操作数之间要用"，"号分开。

注释：为便于阅读而对指令附加的说明语句。注释必须以"；"开始，可以采用字母、数字和汉字等多种表示形式。

注意事项：

① 每条指令必须有操作码，方括号内所包含的内容可有可无，由指令、编程情况决定。

② 标号不能采用系统中已定义过的字符（如 MOV、DB 等）。

③ 标号与操作码之间要有"："隔开。

④ 操作码和操作数之间一定要有空格。

⑤ 操作数之间必须用"，"隔开。

⑥ 每行只能有一条指令。要注意指令及指令中的标点符号应为英文。

3. 汇编语言常用符号

指令系统中除表示操作码的 42 种助记符之外（如 MOV、JB 等），还使用了一些符号。

这些符号的含义如下。

Rn——当前选中的工作寄存器组中的 8 个寄存器 R0 ~ R7（n = 0 ~ 7）。

Ri——当前选中的工作寄存器组中的两个寄存器 R0、R1（i = 0，1）。

direct——8 位直接地址。可以是片内 RAM 单元的地址（00H ~ 7FH）或特殊功能寄存器的地址。

#data8——包含在指令中的 8 位二进制数。

#data16——包含在指令中的 16 位二进制数。

Addr16——16 位二进制地址，用于 LCALL、LJMP 等指令中，能调用或转移到 64KB 程序存储器地址空间的任何地方。

Addr11——用于 ACALL 和 AJMP 指令中，可在该指令的下条指令首地址所在页的 2KB 范围内调用或转移地址的低 11 位。其含义在相关汇编语言指令中讲解。

rel——在相关的汇编语言指令中讲解它的意义。

DPTR——数据指针，可用作 16 位二进制的地址寄存器。

bit——位，片内 RAM（包括特殊功能寄存器）中的可寻址位。

A——累加器。

B——特殊功能寄存器，常用于乘法、除法指令 MUL 和 DIV 中。

C——进位标志或进位位，或位处理器中的累加器，也可用 Cy 表示。

@——间址寄存器或基址寄存器的前缀，如@ Ri、@ DPTR。

/——位操作的前缀，表示对该位操作数取反，如 / bit。

（×）——×中的内容。

（（×））——×中的内容为地址的空间中的内容。

←——用箭头右边的内容取代箭头左边的内容。

$——指本条指令的首地址。

4. 汇编语言中的伪指令及其作用

汇编语言中除常用指令外，还有一些用来对"汇编"过程进行控制，或者对符号、标号赋值的指令。在汇编过程中，这些指令不被翻译成机器代码，因此称为"伪指令"。

表 3-2 列出了汇编语言中常用的 6 条伪指令。

表 3-2　常用伪指令、格式、功能表

伪指令名称（英文含义）	伪指令格式	功　　能
ORG（Origin）	ORG Addr16	汇编程序段起始
END	END	结束汇编
DB（Define Byte）	DB　8 位二进制数表	定义字节
DW（Define Word）	DW　16 位二进制数表	定义字
EQU（Equate）	字符名称　EQU　数据或汇编符	给左边的字符名称赋值
BIT	字符名称　BIT　位地址	位地址赋值

（1）ORG 汇编程序段起始伪指令

格式：ORG　Addr16

功能：规定下一程序段的起始地址。例如：

```
        ORG   0030H        ;指出下一程序段的起始地址为 30H
  STAR： MOV  P1,#0        ;(P1)←0
```

第一句伪指令指出下一程序段的起始地址为 30H，所以标号 STAR 所代表的地址就为 ROM 中 30H。一个汇编语言程序，可以有多个 ORG 伪指令，以规定不同程序段的起始地址。但要符合程序地址从小到大的顺序，不能相同。注意：ORG 与 Addr16 间要有空格。

（2）END 结束汇编伪指令

格式：END

功能：一般放在程序的结尾，表示汇编到此结束；在 END 后面的指令不进行汇编。

（3）DB 定义"字节"伪指令

格式：DB　8 位二进制数表

功能：从指定的地址单元开始，定义若干字节（8 位）数据，数据与数据间用","

来分割。若数据表首有标号，数据依次存放到以左边标号为首地址的存储单元中，这些数可以采用二进制、十进制、十六进制和 ASCII 码等多种形式表示。其中，ASCII 码用引号" " 或单引号''括住。例如：

```
        ORG   100H
TAB:    DB 34
        DB 34H
        DB 0101B
        DB " a"
        DB '2 '
```

经汇编后，从 ROM 地址的 100H 单元开始依次存放 22H、34H、05H、61H、32H。

（4）DW 定义"字"（双字节）伪指令

格式：DW　16 位二进制数表

功能：从指定的地址单元开始，定义若干长度为两个字节的数据。因为 16 位数据必须占用两个字节，所以不足 16 位的用 0 填充。例如：

```
        ORG   100H
TAB：   DW    12
        DW    45H
        DW    3343H
```

经汇编后，从 ROM 的 0100H 开始的单元依次存放 00H、0CH、00H、45H、33H、43H，共占 6 个单元。

（5）EQU 赋值伪指令

格式：字符名称　EQU　数据或汇编符号

功能：将　个数据或特定的汇编符号赋予规定的字符名称。例如：

```
AAR     EQU     R7      ;AAR = R7,字符名称 AAR 在指令中代表 R7
DDY     EQU     200H    ;DDY = 200H,DDY 在指令中可代表 200H
ORG     00H
MOV     A,AAR           ;(A)←(R7)
LCALL   DDY             ;调用首地址为 200H 的子程序
SJMP    $
DDY：   ……
END
```

汇编软件自动把 EQU 右边的数据或汇编符号赋给左边的字符名称。字符名称、EQU、数据或汇编符号之间要用空格符分开。给字符名称所赋的值可以是 8 位或 16 位的数据或地址。字符名称一旦被赋值，它在程序中就作为一个数据或地址使用。通过 EQU 赋值的字符名称不能被第二次赋值，即一个字符名称不可以指向多个数据或地址。字符名称必须先定义后使用，所以赋值伪指令语句通常放在源程序的开头。

（6）BIT 定义位地址伪指令

格式：字符名称　　BIT　位地址

功能：将位地址赋值给字符名称。例如：

```
FT1   BIT   P0.0
FT2   BIT   ACC.1
```

将 P0.0 和 A.1 的位地址分别赋予字符 FT1 和 FT2。编程中，FT1、FT2 作为位地址。

注意：不同的汇编语言编辑、汇编器，其伪指令可能略有不同。本书采用 PROTEUS 提供的汇编语言编辑器 SRCEDIT 和汇编器 ASEM51。也可采用 Keil。

3.1.3　汇编（编译）和编程（固化）

用汇编语言编写的程序通常称源程序。单片机 CPU 是不认识的，所以它们都必须转换成机器语言，也就是转换成二进制格式（BIN）文件或十六进制格式（HEX）文件（通常称目标代码文件）。这一转换过程被称为"汇编"（C51 中称"编译"）。一般都用计算机软件来实现。例如，软件调试仿真器 Keil。PROTEUS 也提供了软件调试器，对 AT89 系列而言，它由编辑器 SRCEDIT 和汇编器 ASEM51 构成。

汇编后的 BIN 或 HEX 文件再通过编程器编程（固化）到单片机的 ROM 中。有的单片机（如 AT89S51）还可通过 ISP（在系统编程）下载到单片机 Flash ROM 中。编程后，程序中第一条指令的机器码必须安置在单片机 ROM 中 0000H 单元中。单片机 CPU 从 ROM 的 0000H 地址开始取指令并执行。

【例 3-2】 汇编语言程序及其代码在 ROM 中的安排。

```
ORG   0000H       ;伪指令,下一条指令的首地址是 ROM 中的 0 地址
MOV   P1,#0F1H    ;将数(称立即数)F1H 传送到特殊功能寄存器 P1 中
MOV   R0,A        ;将寄存器 A(累加器)中的内容传送到工作寄存器 R0 中
SJMP  $           ;短转移指令,符号 $ 表示该条指令的首地址
END               ;伪指令,表示程序结束,汇编到此结束
```

经 PROTEUS ASEM51 或 Keil 汇编生成十六进制机器代码（省去了"H"）为：

```
75 90 F1
F8
80 FE
```

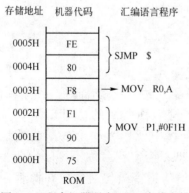

图 3-1　程序机器码在 ROM 中的安排

通过编程器编程或 ISP 下载（固化）到 AT89C51 或 AT89S51 ROM 中的机器代码安排如图 3-1 所示。

因指令的转移地址为该指令的首地址，所以指令将实现"原地转圈"的运行状态。AT89C51 汇编语言指令系统中，没有停止运行指令，通常就用指令"SJMP $"实现动态停机。

3.2　指令寻址方式

3.2.1　寻址、寻址方式、寻址存储器范围

1. 寻址、寻址方式

寻址是指单片机 CPU 寻找指令中操作数的地址。寻找方式有 7 种。

2. 7 种寻址方式及其寻址存储器范围

AT89C51 的硬件结构是寻址方式的基础。有 7 种寻址方式，即立即寻址、直接寻址、寄存器寻址、寄存器间接寻址、变址寻址、相对寻址和位寻址。它们体现在机器语言的各机器代码之中，在汇编语言指令中也有相应的表现形式。不同的寻址方式有不同的寻址存储器范围，表 3-3 列出了 7 种寻址方式及相应的寻址存储器范围。

表 3-3　7 种寻址方式及相应的寻址存储器范围

寻址方式	寻址存储器范围
立即寻址	程序存储器 ROM
直接寻址	片内 RAM 低 128B，特殊功能寄存器
寄存器寻址	工作寄存器 R0 ~ R7，A，C，DPTR，AB
寄存器间接寻址	片内 RAM 低 128B，片外 RAM
变址寻址	程序存储器 ROM（@ A + DPTR，@ A + PC）
相对寻址	程序存储器 ROM（相对寻址指令的下一指令 PC 值加 − 128 ~ + 127）
位寻址	片内 RAM 的 20H ~ 2FH 字节地址中所有的位，可位寻址的特殊功能寄存器

3.2.2　直接寻址

特征：指令中直接给出参与操作的数据的地址，该地址一般用 direct 表示。例如：

机器代码：E5　direct；双字节指令

对应汇编语言指令：MOV　A,direct

若 direct 为 40H，则机器代码：E5　40。

该指令的功能操作是将片内 RAM 地址 40H 单元中的内容（参与操作的数据）传送到累加器 A 中。功能标识符号为（A）←（40H）。

若该指令的机器代码首址在 ROM 中 0100H，且片内 RAM 地址 40H 单元中的内容为 68H。单片机 CPU 执行此指令的过程与结果可用示意图 3-2 表示，最后执行结果为（A）= 68H。

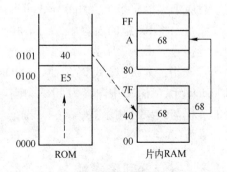

图 3-2　直接寻址指令 MOV　A,40H 的执行
示意图，执行结果为（A）=（40H）= 68H

3.2.3 立即寻址

特征：指令中直接给出参与操作的数据（称立即数），用 data 表示。在汇编语言中，为标明立即数，在该 data 前加前缀"#"。立即数可以是 8 位二进制数和 16 位二进制数，分别用#data 和#data16 表示。例如：

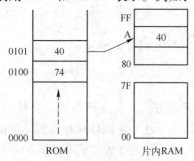

机器代码：74　data　　　；双字节指令

对应汇编语言指令：MOV　A,#data

若 data 为 40H，则机器代码：74　40H

该指令将立即数 40H 传送到累加器 A 中。功能标识符号为(A)←40H。

若该指令的机器码首址在 ROM 中的 0100H，则执行此指令的过程与结果可用示意图 3-3 表示，最后执行结果为(A)=40H。从图中可看出，立即数也有它所在的地址，该地址就在 ROM（此例为 0101）中，从而说明立即寻址范围为程序存储器

图 3-3　立即寻址指令 MOV　A,#40H 的执行示意图，执行结果为(A)=40H

ROM。立即寻址实际上是寻找立即数在 ROM 中的地址。

3.2.4 寄存器寻址

特征：参与操作的数据所在地址为寄存器。

在汇编指令中直接以寄存器名来表示参与操作的数据的地址，寄存器包括工作寄存器 R0 ~ R7、累加器 A 和 AB、数据指针 DPTR 及位运算寄存器 C。例如：

机器代码：E8 ~ EF　　　；单字节指令

对应汇编语言指令：MOV　A,Rn;n = 0 ~ 7

机器代码是单字节，用其低 3 位（数值范围为 000 ~ 111）表示寄存器 R0 ~ R7。若 Rn 为 R1，则

机器代码：E9　　　　；低 3 位为 001

对应汇编语言指令：MOV　A,R1

该指令将 R1 中的内容传送到累加器 A 中。用功能符号标识法表示为(A)←(R1)。

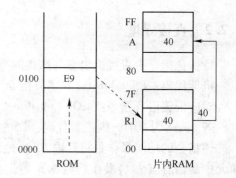

若该指令的机器代码地址在 ROM 中的 0100H 单元，且 R1 中内容为 40H，则执行此指令的过程与结果可用示意图 3-4 表示。最后执行结果为(A)=40H。

图 3-4　寄存器寻址指令 MOV　A, R1 的执行示意图，执行结果为(A)=40H

3.2.5 寄存器间接寻址

特征：寄存器间接寻址为二次寻址。第一次寻址得到寄存器的内容为(Ri)或

（DPTR），第二次寻址是将第一次寻址所得的寄存器内容作为地址，并在其中存、取参与操作的数据。在汇编语言中，寄存器的前缀@是寄存器间接寻址的标志，有 @ Ri、@ DPTR等。例如：

　　机器代码：E6 ~ E7　　　；单字节指令

　　对应汇编语言指令：MOV A,@ Ri；i = 0、1

　　若 i = 1，则

　　机器代码：E7　　　　　；单字节指令

　　该指令是将 R1 中的内容作为地址，再将该地址中的内容传送到累加器 A 中。功能标识符号为（A）←（（R1））。

　　若该指令的机器代码首址在 ROM 中的 0100H 单元，并设 R1 中的内容为 40H，地址 40H 中的内容为 59H，则执行此指令的过程与结果可用示意图 3–5 表示。最后执行结果为（A）= 59H。

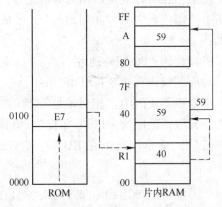

图 3–5　寄存器间接寻址指令 MOV A,@ R1 的执行示意图，执行结果为（A）= 59H

3.2.6　变址寻址

　　特征：间接地址由两个寄存器提供。若由 A、PC 提供，在汇编语言指令中寻址地址表示为 @ A + PC；若由 A 和 DPTR 提供，在汇编语言指令中寻址地址表示为 @ A + DPTR。其中，PC 或 DPTR 被称为基址寄存器，A 被称为变址寄存器，基址与变址相加为 16 位无符号加法。若变址寄存器 A 中内容加基址寄存器 DPTR（或 PC）中内容时，低 8 位有进位，则该进位直接加到高位，不影响进位标志。例如：

　　机器代码：93　　　；单字节指令

　　汇编语言指令：MOVC A,@ A + DPTR

　　该指令将 DPTR 中的内容加上 A 中的内容作为地址，再将该地址中的内容传送到累加器 A 中。功能标识符号为（A）←（（A）+（DPTR））。

　　因变址寻址指令多用于查表，故常称它为查表指令。

　　若该指令的机器代码地址在 ROM 中的 0100H 单元，并设 DPTR 中的内容为 0500H，A 中内容为 0EH，而 ROM 地址 050EH 中的内容为 18H，则执行此指令的过程与结果可用示意图 3–6 表示。最后 A 中内容由 0EH 改为 18H，即（A）= 18H。

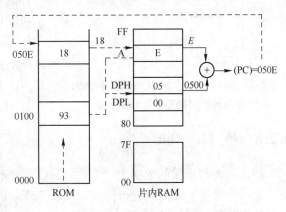

图 3–6　变址寻址指令 MOVC A,@ A + DPTR 的执行示意图，执行结果为（A）= 18H

3.2.7　相对寻址

特征：相对寻址是以相对寻址指令的下一条指令的程序计数器 PC 的内容为基值，加上指令机器代码中的"相对地址"，形成新的 PC 值（要转移的指令地址）的寻址方式。例如：

机器代码：80 相对地址　　　　　;双字节指令

对应汇编语言指令：SJMP　rel

指令机器代码中"相对地址"指的是用一个带符号的 8 位二进制补码表示的偏移字节数，其取值范围为 $-128 \sim +127$。负数表示向后转移，正数表示向前转移。

若(PC)表示该指令在 ROM 中的首地址，该指令字节数为 2；执行该指令的操作为两步：

$(PC)\leftarrow(PC)+2$　;得下条指令首地址

$(PC)\leftarrow(PC)+$ 相对地址

第一步完成后，PC 中的值为该指令的下一条指令的首地址。第二步完成后，PC 中的内容(PC)为转移的目标地址。所以，转移的目标地址范围是该相对寻址指令的下一条指令首地址加上 $-128 \sim +127$ 字节范围的地址。

汇编语言相对寻址指令中的"rel"往往是一个标号地址，表示 ROM 中某转移目标地址。汇编软件对该汇编语言指令进行汇编时，自动算出"相对地址"并填入机器代码中。所以，应将汇编语言中的"rel"理解为"带有相对意义的转移目标地址"。

"相对地址"与"rel"的关系可用下式表示：

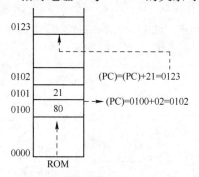

rel = (PC) + 相对寻址指令字节数 + 相对地址

其中，(PC)为该指令所在 ROM 中的首地址。

若该指令机器代码在 ROM 中的首地址为 0100H，并设"相对地址"为 21H，它是带符号二进制补码表示的偏移字节数。则

机器代码：　80　21

执行该指令的过程与结果可用示意图 3-7 表示。最后转移的目的地址为 0123H。

图3-7　相对寻址指令 80 21 的执行示意图，结果转移目的地址为 0123H

可由上式算出对应汇编语言指令 SJMP　rel 中，

rel = 0100H + 0002H + 0021H = 0123H

3.2.8　位寻址"bit"

特征：参与操作的数据为"位"（bit），而不是字节，是对片内数据存储器 RAM 和 SFR 中可位寻址单元的位进行操作的寻址方式。例如：

机器代码：82　bit

对应汇编语言指令：ANL　C,bit

该指令将 bit（位地址）中的内容（0 或 1）与 C 中的内容进行与操作，再将结果传

送到 PSW 中的进位标志 C 中。汇编语言中，功能标识符号为（C）←（C）∧（bit）。

若 bit 为位地址 26H，且（26H）=1，则指令为：

机器代码：82　26

对应汇编语言指令：ANL　C,26H

若该指令机器代码在 ROM 中的首地址为 0100H，设（C）=1。执行该指令的过程与结果可用示意图 3-8 表示。执行结果是进位标志（C）=1。

应注意位地址 26H 是字节地址 24H 中的 D6 位（即次高位）的位地址。

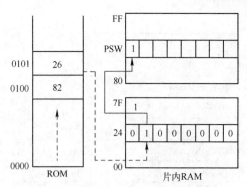

图 3-8　位寻址指令 ANL C,26H 执行
示意图，执行结果为（C）=1

3.3　汇编语言的指令系统

按指令功能可把 111 种指令分为 5 类。

① 数据传送类（29 种）；

② 算术运算类（24 种）；

③ 逻辑运算类（24 种）；

④ 控制程序转移类（17 种）；

⑤ 布尔变量操作类（17 种），即位操作类指令。

3.3.1　数据传送指令

数据传送指令有 29 种，可分为片内 RAM 数据传送指令（MOV 类）、片外 RAM 数据传送指令（MOVX 类）、程序存储器 ROM 数据传送指令（MOVC 类）、堆栈操作指令、数据交换指令。数据传送指令操作数一般为两个，即"操作数 1"和"操作数 2"。这时，"操作数 2"可称为"源操作数"，"操作数 1"可称为"目的操作数"。

1. 片内 RAM 数据传送指令

表 3-4 列出了片内 RAM 数据传送指令、功能操作、机器代码和执行机器周期数。此类指令的特征是操作码为"MOV"。

表 3-4　片内 RAM 数据传送指令、功能操作、机器代码和执行机器周期数

指　令	功 能 操 作		机器代码（十六进制）	机器周期数
MOV A,#data	（A）		74　　　　data	1
MOV Rn,#data	（Rn）		78~7F　　data	1
MOV@ Ri,#data	（(Ri)）	← data	76~77　　data	1
MOV direct,#data	（direct）		75 direct　data	2
MOV DPTR,#data16	（DPTR）		90data15~8　data7~0	2

续表

指　　令	功　能　操　作		机器代码(十六进制)	机器周期数
MOV A,direct	(A)		E5　　　direct	1
MOV Rn,direct	(Rn)	←(direct)	A8 ~ AF　direct	2
MOV@ Ri,direct	((Ri))		A6 ~ A7　direct	2
MOV direct1,direct2	(direct1)	←(direct2)	85 direct2　direct1	2
MOV@ Ri,A	((Ri))	←(A)	F6 ~ F7	1
MOV A,Rn	(A)	←(Rn)	E8 ~ EF	1
MOV Rn,A	(Rn)	←(A)	F8 ~ FF	1
MOV direct,A	(direct)	←(A)	F5direct	1
MOV direct,Rn	(direct)	←(Rn)	88 ~ 8f　direct	2
MOV A,@ Ri	(A)	←((Ri))	E6 ~ E7	1
MOV direct,@ Ri	(direct)	←((Ri))	86 ~ 87　direct	2

注：n = 0 ~ 7，i = 0 ~ 1。

【例 3-3】 写出下列指令的机器代码和对源操作数的寻址方式，并注释其操作功能。

```
MOV R6,#88H      ;机器代码 7E 88,立即寻址,将立即数 88H 传送到寄存器 R6 中
MOV @ R1,48H     ;机器代码 A7 48,直接寻址,将片内 RAM 中 48H 地址单元中的内容传
                 ;送到以寄存器 R1 中的内容为地址的存储单元中去
MOV 30H,R0       ;机器代码 88 30,寄存器寻址,将寄存器 R0 中的内容传送到片内 RAM
                 ;30H 的地址单元中去
MOV 50H,@ R0     ;机器代码 86 50,寄存器间址寻址,以 R0 中的内容为地址,再将该地址
                 ;中的内容传送到片内 RAM 的 50H 地址单元中去
```

【例 3-4】 用符号标识法标出以下顺序执行的各条指令操作功能、执行结果和每条指令中带下画线的操作数的寻址方式。

```
ORG   00H        ;伪指令,指出下一指令首地址为 0H
MOV   A,#30H     ;(A)←30H,(A)=30H,立即寻址
MOV   R0,#23H    ;(R0)←23H,(R0)=23H,寄存器寻址
MOV   P1,A       ;(P1)←(A),(P1)=30H,寄存器寻址
MOV   23H,#40H   ;(23H)←40H,(23H)=40H,立即寻址
MOV   @ R0,#50H  ;((R0))←50H,(R0)=23H,(23H)=50H,寄存器间接寻址
MOV   P1,23H     ;(P1)←(23H),(P1)=50H,直接寻址
MOV   A,23H      ;(A)←(23H),(A)=50H,直接寻址
MOV   R1,23H     ;(R1)←(23H),(R1)=50H,寄存器寻址
MOV   12H,23H    ;(12H)←(23H),(12H)=50H,直接寻址
MOV   @ R1,#12H  ;((R1))←12H,(R1)=50H,(50H)=12H,寄存器间接寻址
MOV   A,@ R0     ;(A)←((R0)),(A)=50H,寄存器间接寻址
MOV   34H,@ R1   ;(34H)←((R1)),(34H)=12H,直接寻址
MOV   DPTR,#6712H ;(DPTR)←6712H,(DPTR)=6712H,寄存器寻址
```

```
MOV   12H,DPH      ;(12H)←(DPH),(12H)=67H,直接寻址
MOV   R0,DPL       ;(R0)←(DPL),(R0)=12H,直接寻址
MOV   A,@ R0       ;(A)←((R0)),(A)=67H,寄存器寻址
MOV   @ R0,A       ;((R0))←(A),(R0)=12H,(12H)=67H,寄存器寻址
MOV   A,R0         ;(A)←(R0),(A)=12H,寄存器寻址
SJMP  $            ;短转到本指令的首地址,相对寻址
END                ;伪指令,表示程序结束、结束汇编
```

2. 片外 RAM 数据传送指令

表 3-5 列出了片外 RAM 数据传送指令、功能操作、机器代码和执行机器周期数。它们都是与片外 RAM 有关的数据传送指令,其特征是操作码为 "MOVX"。

表 3-5 片外 RAM 数据传送指令、功能操作、机器代码和执行机器周期数

指　　令	功 能 操 作		机器代码（十六进制）	机器周期数
MOVX A,@ Ri	(A)	←((Ri))	E2 ~ E3	2
MOVX@ Ri,A	((Ri))	←(A)	F2 ~ F3	2
MOVX A,@ DPTR	(A)	←((DPTR))	E0	2
MOVX @ DPTR,A	((DPTR))	←(A)	F0	2

注：$i = 0 \sim 1$。

该类指令均涉及对片外 RAM 64KB 地址单元操作,而指令 MOVX @ Ri,A 和 MOVX A,@ Ri 中 Ri 只提供片外 RAM 地址的低 8 位地址,所以高 8 位应由 P2 提供。

【例 3-5】将立即数 18H 传送到片外 RAM 中的 0100H 单元中去。接着从片外 RAM 中的 0100H 单元取出数据再送到片外 RAM 中的 0280H 单元中去。

```
ORG    00H          ;伪指令,指出下一指令首地址为 0H
MOV    A,#18H        ;将立即数 18H 传送到累加器 A 中
MOV    DPTR,#0100H   ;将立即数片外 RAM 的地址 0100H 送到 DPTR 中
MOVX   @ DPTR,A      ;将 A 中内容 18H 送到片外 RAM 地址 0100H 单元中
MOVX   A,@ DPTR      ;将片外 RAM 的 0100H 单元中的内容 18H 送到累加器 A 中
MOV    R0,#80H       ;将立即数 80H 送到寄存器 R0 中,作为片外 RAM 地址的低 8 位
MOV    P2,#02        ;将片外 RAM 地址的高 8 位置 2,由 P2 给出地址的高 8 位
MOVX   @ R0,A        ;将累加器 A 中的内容 18H 送到片外 RAM 的 0280H 单元地址中
SJMP   $
END                 ;伪指令,表示程序结束、结束汇编
```

3. ROM 数据传送指令（查表指令）

表 3-6 列出了 ROM 数据传送指令、功能操作、机器代码和执行机器周期数。这类指令共有两条,其特征是操作码为 "MOVC",均属变址寻址指令,涉及 ROM 的寻址空间均为 64KB。它们在程序中多用于查数据表,故又称查表指令。A 中的内容称为变址,

DPTR、PC 中内容称为基址。

表 3-6 ROM 数据传送指令、功能操作、机器代码和执行机器周期数

指 令	功能操作	机器代码（十六进制）	机器周期数
MOVC A,@ A + DPTR	（A）←（（A）+（DPTR））	93	2
MOVC A,@ A + PC	（PC）←（PC）+1 （A）←（（A）+（PC））	83	2

　　MOVC A,@ A + DPTR 指令首先执行 A 中的内容与 DPTR 中的内容进行 16 位无符号数的加法操作，获得基址与变址之和，将和作为地址，再将该地址中的内容传送到累加器 A 中。低 8 位相加产生进位时，直接加到高位，并不影响进位标志。

　　MOVC A,@ A + PC 指令首先将 PC 值修正到指向该指令的下一条指令地址，然后执行 16 位无符号数加法操作，获得基址与变址之和，将和作为地址，再将该地址中的内容传送到累加器 A 中。低 8 位相加产生进位时，直接加到高位，并不影响进位标志。

【例 3-6】若（A）=10H，（DPTR）=200H，ROM 中（210H）=68H，则执行下列程序后（A）=68H，（P1）=68H。

```
ORG   00H        ;伪指令,指出下一指令首地址为 0H
MOV   A,#10H      ;将立即数 10H 传送到累加器 A 中
MOV   DPTR,#0200H ;将立即数 200H 传送到数据指针 DPTR 中
MOV   CA,@ A + DPTR ;DPTR 中的内容加 A 中内容之和作为地址中的内容传给 A
MOV   P1,A        ;送到 P1 口显示,(P1)=68H
SJMP  $
ORG   0210h       ;将值 68H 以表方式赋给 ROM 210H 单元中
DB    68H
END              ;伪指令,表示程序结束、结束汇编
```

4. 堆栈操作指令

表 3-7 列出了堆栈操作指令、功能操作、机器代码和执行机器周期数。

表 3-7 堆栈操作指令、功能操作、机器代码和执行机器周期数

指 令	功能操作	机器代码（十六进制）	机器周期数
PUSH direct	（SP）←（SP）+1;（（SP））←（direct）	C0 direct	2
POP direct	（direct）←（（SP））;（SP）←（SP）-1	D0 direct	2

　　第一条指令称为入栈指令，用于把 direct 地址中的内容传送到堆栈中去。这条指令分为两步执行，第一步使 SP 中的值加 1，使之指向新的栈顶单元；第二步是把 direct 中的数据压入由（SP）为地址的栈顶单元中，即（（SP））←（direct）。

　　第二条指令称为弹出指令。这条指令也分两步执行，第一步把栈顶单元中的数据传送到 direct 单元中，即（direct）←（（SP））；第二步是使 SP 中的原栈顶地址减 1，使之指向新的栈顶地址。

堆栈操作指令对堆栈指针 SP 而言是寄存器间接寻址指令，对 direct 而言是直接寻址，所以编写程序时应注意 direct 所表示的是直接地址。例如，在 Keil 中认定 A、R1 为寄存器，ACC、01H 为直接地址，所以，指令 PUSH　ACC、PUSH　01H、POP　01H 和 POP ACC 均为正确的指令书写格式；而 PUSH　A、PUSH　R1、POP　R1 和 POP　A 均为错误的指令书写格式。

【例 3-7】写出以下程序每条指令的运行结果并指出(SP)的值。设(SP)初值为 07H。

```
ORG   00H
MOV   30H,#12H       ;(SP)=07H,(30H)=12H
MOV   A,#23H         ;(SP)=07H,(A)=23H
PUSH  30H            ;(SP)=08H,(08H)=12H
PUSH  ACC            ;(SP)=09H,(09H)=23H
POP   30H            ;(30H)=23H,(SP)=08H
POP   ACC            ;(A)=12H,(SP)=07H
SJMP  $
END
```

结果是(30H)=23H，而(A)=12H，即 30H 单元中的内容与 A 中的内容进行了交换。从这个例子可以看出，使用堆栈时，利用"先进后出"的原则，可实现两地址单元的数据交换。

5. 数据交换指令

表 3-8 列出了数据交换指令、功能操作、机器代码和执行机器周期数。

表 3-8　数据交换指令、功能操作、机器代码和执行机器周期数

指　令	功能操作	解　释	机器代码	机器周期数
XCH　A,Rn	$(A) \longleftrightarrow (Rn)$	A 中的内容和片内 RAM 单元中的内容相交换	C8 ~ CF	1
XCH　A,direct	$(A) \longleftrightarrow (direct)$		C5direct	
XCH　A,@Ri	$(A) \longleftrightarrow ((Ri))$		C6 ~ C7	
XCHD　A,@Ri	$(A_{3\sim0}) \longleftrightarrow ((Ri)_{3\sim0})$	低 4 位相交换,高 4 位不变	D6 ~ D7	1
SWAP　A	$(A_{3\sim0}) \longleftrightarrow (A_{7\sim4})$	同一字节中高、低 4 位互换	C4	1

【例 3-8】设(A)=12H，(R5)=34H，指出执行下列程序段中每条指令后的结果。

```
ORG   00H
MOV   A,#12H        ;(A)=12H,根据题意赋值
MOV   R5,#34H       ;(R5)=34H,根据题意赋值
XCH   A,R5          ;(A)←→(R5),(A)=34H,(R5)=12H
SJMP  $
END
```

3.3.2 算术运算指令

算术运算指令有 24 种，包括加、减、乘、除 4 种基本算术指令。这 4 种基本算术指令能对 8 位的无符号数进行直接的运算；借助溢出标志，可对带符号数进行补码运算。本书不叙述带符号数的运算。

有些算术运算指令执行的结果将会影响程序状态字（PSW）中的标志位 C、AC、OV。但是，加 1 和减 1 指令不影响这些标志位。表 3-9 列出了对进位标志位 C（也可用 Cy 表示）、辅助进位标志位 AC、溢出标志位 OV 有影响的所有指令，包括一些非算术类操作的指令。复位操作令(PSW)=0 。C、AC、OV 也可用位指令 SETB 置 1，位指令 CLR 清 0。

表 3-9 影响标志位 C、OV、AC 的指令

指　　令	影响标志			指　　令	影响标志		
	C	OV	AC		C	OV	AC
ADD,ADDC,SUBB	√	√	√	CPL　C	√		
MUL,DIV	0	√		CJNE	√		
DA	√			ANL　C,bit	√		
SETB　C	1			ORL　C,bit	√		
CLR　C	0			ANL　C,$\overline{\text{bit}}$	√		
SETB　AC			1	MOV　C,bit	√		
CLR　AC			0	RRC,RLC	√		
SETB　OV		1		ORL　C,$\overline{\text{bit}}$	√		
CLR　OV		0					

√：表示根据运行结果使该位置位或复位。

1. 加法指令

表 3-10 列出了加法指令、功能操作、机器代码和执行机器周期数。

表 3-10 加法指令、功能操作、机器代码和执行机器周期数

指　　令	功能操作	机器代码（十六进制）	机器周期数
ADD A,Rn	(A)←(A)+(Rn)	28～2F	1
ADD A,direct	(A)←(A)+(direct)	25 direct	1
ADD A,@Ri	(A)←(A)+((Ri))	26～27	1
ADD A,#data	(A)←(A)+data	24 data	1

这些指令分别将工作寄存器中的数据、片内 RAM 单元中的数据、以 Ri 的内容为地址的单元中的数据或 8 位二进制立即数和累加器 A 中的数相加，并将相加所得的和存放在 A 中。若相加时第 3 位或第 7 位有进位时，则分别将 AC、C 标志位置 1，否则为 0。

【例 3-9】用符号标识法注释下列程序中各指令的操作功能、结果及加法指令对标志

位的影响。设 C = 1，AC = 1，OV = 1。

```
ORG    00H
SETB   C              ;置 C 为 1,(C)=1,根据题意赋值
SETB   AC             ;置 AC 为 1,(AC)=1,根据题意赋值
SETB   OV             ;置 OV 为 1,(OV)=1,根据题意赋值
MOV    34H,#18H       ;(34H)←18H,(34H)=18H,C=1,AC=1,OV=1
MOV    R0,#13H        ;(R0)←13H,(R0)=13H,C=1,AC=1,OV=1
MOV    A,34H          ;(A)←(34H),(A)=18H,C=1,AC=1,OV=1
ADD    A,R0           ;(A)←(A)+(R0),(A)=2BH,C=0,AC=0,OV=0
MOV    P1,A           ;送到 P1 口显示,(P1)=2BH
MOV    R1,#34H        ;(R1)←34H,(R1)=34H,C=0,AC=0,OV=0
ADD    A,@R1          ;(A)←(A)+((R1)),(A)=43H,C=0,AC=1,OV=0
MOV    P2,A           ;送到 P2 口显示,(P2)=43H
SJMP   $
END
```

其中，两个加法指令（执行前 C 分别为 1 和 0）的竖式算式表示如下。

```
       ADD   A,R0                        ADD   A,@R1
    (A):18H   00011000             (A):    2BH   00101011
 +)  (R0):13H   00010011        +)  ((R1)):18H   00011000
          00101011                         01000011
(A)=2BH,C=0,AC=0,OV=0          (A)=43H,C=0,AC=1,OV=0
```

2. 带进位 C 的加法指令（C 是此指令执行前的 C）

表 3-11 列出了带进位 C 的加法指令、功能操作、机器代码和执行机器周期数。这些指令执行后，累加器 A 中内容为"和"。若相加时第 3 位或第 7 位有进位时，则分别将 AC、C 标志位置 1，否则为 0。

表 3-11　带进位 C 的加法指令、功能操作、机器代码和执行机器周期数

指　令	操　作	机器代码	机器周期数
ADDC A,Rn	(A)←(A)+(Rn)+C	38~3F	1
ADDC A,direct	(A)←(A)+(direct)+C	35 direct	1
ADDC A,@Ri	(A)←(A)+((Ri))+C	36~37	1
ADDC A,#data	(A)←(A)+data+C	34 data	1

【例 3-10】用符号标识法注释下列程序中各指令的操作功能、结果及带进位加法指令对标志位的影响。设 C = 1，AC = 1，OV = 1。

```
ORG    00H
SETB   C              ;置 C 为 1,(C)=1
SETB   AC             ;置 AC 为 1,(AC)=1
SETB   OV             ;置 OV 为 1,(OV)=1
```

```
    MOV   A,#0E0H        ;(A)←E0H,(A)=E0H,C=1,AC=1,OV=1
    ADDC  A,#28H         ;(A)←(A)+28H+C,(A)=09H,C=1,AC=0,OV=0
    MOV   P1,A           ;送到P1口显示,(P1)=09H
    MOV   30H,#28H       ;(30H)←28H,(30H)=28H,C=1,AC=0,OV=0
    ADDC  A,30H          ;(A)←(A)+(30H)+C,(A)=32H,C=0,AC=1,OV=0
    MOV   P1,A           ;送到P1口显示,(P1)=32H
    SJMP  $
    END
```

其中，两个带进位的加法指令（执行前C均为1）的竖式算式表示如下。

```
    ADDC  A,#28H                        ADDC  A,30H
   (A):E0H  11100000                   (A)   :9    00001001
       28H  00101000                   (30H):28H   00101000
  +)C             1                  +)C               1
       ─────────────                     ─────────────────
        00001001                            00110010
  (A)=09H,C=1,AC=0,OV=0              (A)=32H,C=0,AC=1,OV=0
```

3. 加1指令

表3-12列出了加1指令、功能操作、机器代码和指令执行机器周期数。这些指令执行后，不影响PSW中的标志位C、AC、OV。

表3-12　加1指令、功能操作、机器代码和指令执行机器周期数

指　　令	功 能 操 作	机器代码（十六进制）	机器周期数
INC Rn	(Rn)←(Rn)+1	08～0F	1
INC direct	(direct)←(direct)+1	05　direct	1
INC@ Ri	((Ri))←((Ri))+1	06～07	1
INC　A	(A)←(A)+1	04	1
INC　DPTR	(DPTR)←(DPTR)+1	A3	2

【例3-11】用符号标识法注释下列程序各指令的操作功能，并标出机器代码、结果及标志位的情况。设(R1)=FEH，(DPTR)=FFFFH，C=0，AC=0，OV=0。

注意： 复位后C=0、AC=0、OV=0，以后遇此情况不再说明。

```
    ORG   00H
    MOV   R1,#0FEH       ;代码79 FE,(R1)←FEH,(R1)=FEH,根据题意赋值
    MOV   DPTR,#0FFFFH   ;代码90 FF FF,(DPTR)←FFFFH,根据题意赋值
    INC   R1             ;代码09,(R1)←(R1)+1,(R1)=FFH,C=0,AC=0,OV=0
    INC   01H            ;代码05 01,(01H)←(01H)+1,(01H)=00H,C=0,AC=0,OV=0
    INC   DPTR           ;代码A3,(DPTR)←(DPTR)+1,(DPTR)=0000H,C=0,AC=0,OV=0
    SJMP  $              ;代码80 FE
    END
```

4. 带进位 C 减法指令

表 3-13 列出了带进位 C 的减法指令、功能操作、机器代码和执行机器周期数。减法操作会对 PSW 中的标志位 C、AC、OV 产生影响。当减法有借位时，则 C = 1；否则，C = 0。若低 4 位向高 4 位有借位时，AC = 1；否则，AC = 0。进行减法运算时，最高位与次高位不同时发生借位，则 OV = 1；否则，OV = 0。

表 3-13　带进位 C 的减法指令、功能操作、机器代码和执行机器周期数

指　　令	功 能 操 作	机器代码（十六进制）	机器周期数
SUBB A,Rn	$(A) \leftarrow (A) - (Rn) - C$	98 ~ 9F	1
SUBB A,direct	$(A) \leftarrow (A) - (direct) - C$	95 direct	1
SUBB A,@ Ri	$(A) \leftarrow (A) - ((Ri)) - C$	96 ~ 97	1
SUBB A,#data	$(A) \leftarrow (A) - data - C$	94 data	1

【例 3-12】运行下列程序验证：设（A）= 83H，（30H）= 53H，C = 1 时执行减法指令 SUBB A,30H 及设（A）= C9H，（R0）= 54H，C = 0 时执行减法指令 SUBB A,R0 的情况。

```
ORG   00H
SETB  C              ;(C)←1H,(C)=1,根据题意赋值
MOV   A,#83H         ;(A)←83H,(A)=83H,(C)=1,根据题意赋值
MOV   30H,#53H       ;(30H)←53H,(30H)=53H,C=1,根据题意赋值
SUBB  A,30H          ;(A)←(A)-(30H)-C,(A)=2FH,C=0,AC=1,OV=1
MOV   P1,A           ;送P1口显示,(P1)=2FH
CLR   C              ;(C)=0 ,AC=1,OV=1
MOV   A,#0C9H        ;(A)←(A)+C9H,(A)=C9H,C=0,AC=1,OV=1
MOV   R0,#54H        ;(R0)←54H,(R0)=54H,C=0,AC=1,OV=1
SUBB  A,R0           ;(A)←(A)-(R0),(A)-75H,C-0,AC=0,OV=1
MOV   P2,A           ;送P2口显示,(P2)=75H
SJMP  $
END
```

下列为用减法竖式表明两条减法指令的执行情况。

```
   SUBB  A,30H                    SUBB  A,R0
 （A）：83H  10000011           （A）：C9H  11001001
 (30H):53H  01010011           （R0）:54H  01010100
  -）C              1            -）C               0
       00101111                       01110101
```

（A）= 2FH,C = 0,AC = 1,OV = 1,P = 1　　（A）= 75H,C = 0,AC = 0,OV = 1,P = 1

虽然没有不带进位 C 的减法指令，但可在带进位 C 的减法指令前加清进位标志指令 CLR C，将 C 清零，其实际效果就是不带进位的减法运算。

5. 减 1 指令

表 3-14 列出了减 1 指令、功能操作、机器代码和执行机器周期数。这些指令执行后，

不影响标志位 C、AC、OV。

表 3-14 减 1 指令、功能操作、机器代码和执行机器周期数

指　　令	功　能　操　作	机器代码（十六进制）	机器周期数
DEC Rn	（Rn）←（Rn）－1	18～1F	1
DEC direct	（direct）←（direct）－1	15 direct	1
DEC@ Ri	（（Ri））←（（Ri））－1	16～17	1
DEC　A	（A）←（A）－1	14H	1

【例 3-13】用符号标识法注释下列程序各指令的操作功能，并标出机器代码、结果及标志位的情况。设（R0）=00H，（R1）=0H，C =0，AC =0，OV =0。

```
ORG   0000H
MOV   R0,#0      ;代码 78 00,置(R0)=0,根据题意赋值
MOV   R1,#0      ;代码 79 00,置(R1)=0,根据题意赋值
DEC   @R1        ;代码 17,((R1))←((R1))-1,(R0)=FFH,C=0,AC=0,OV=0
DEC   R1         ;代码 19,(R1)←(R1)-1,(R1)=FFH,C=0,AC=0,OV=0
DEC   01H        ;代码 15 01,(01H)←(01H)-1,(01H)=FEH,C=0,AC=0,OV=0
SJMP  $
END
```

6. 十进制调整指令

表 3-15 列出了十进制调整指令、功能操作、机器代码和执行机器周期数。指令将累加器 A 中按二进制数相加后的结果，调整成按 BCD 数相加的结果。

表 3-15 十进制调整指令、功能操作、机器代码和执行机器周期数

指　　令	功　能　操　作	机器代码	机器周期数
DA A	若[（A$_{3\sim0}$）>9]∨[（AC）=1]则（A$_{3\sim0}$）←（A$_{3\sim0}$）+6 若[（A$_{7\sim4}$）>9]∨[（C）=1]则（A$_{7\sim4}$）←（A$_{7\sim4}$）+6	D4	1

【例 3-14】设计将两个 BCD 码数相加的程序。

```
ORG   00H
MOV   A,#56H     ;将 56H 传送到 A 中,表示的是 BCD 数 56
MOV   B,#67H     ;将 67H 传送到 B 中,表示的是 BCD 数 67
ADD   A,B        ;C=0,(A)=BDH,数 BDH 为二进制加法的结果,要得出正确的 BCD
                 ;码的和数,必须对结果进行十进制调整
DA    A          ;调整后 C=1、(A)=23H、AC=1。C 中的内容和 A 中的内容构成的数
                 ;即是 BCD 和数 56+67=123,可见 C 中内容表示 BCD 和数的百位
SJMP  $
END
```

说明：① 指令 ADD A,B 和指令 DA　A 共同完成了两个 BCD 数的相加运算，即 56 + 67 = 123；

② 加法指令中，A 和 B 中的内容表示的是 BCD 数；

③ 指令 DA　A 必须紧跟加法指令后，对加法运算所得的结果进行十进制调整。结果中，若低 4 位大于 9，则低 4 位加 6 调整；若高 4 位大于 9，则高 4 位加 6 调整。该指令对进位标志 C 产生影响。本例可用下列竖式说明。

```
      0101 0110          ; 表示 BCD 码 56
  +)  0110 0111          ; 表示 BCD 码 67
      1011 1101          ; 是二进制加法结果，且高 4 位和低 4 位都大于 9
  +)  0110 0110          ; DA A 调整，对高 4 位和低 4 位都加 6 调整
C=1   0010 0011          ; 调整后得到的 BCD 和数为 123
```

④ 不能用 DA 指令对减法操作的结果进行调整。

7. 乘除法指令

表 3-16 列出了乘除法指令、功能操作、机器代码和执行机器周期数。

表 3-16　乘除法指令、功能操作、机器代码和执行机器周期数

指　　令	功　能　操　作	机 器 代 码	机器周期数
MUL AB	$(B_{7\sim0})(A_{7\sim0})\leftarrow(A)\times(B)$	A4	4
DIV AB	$(A)\leftarrow(A)/(B)$ 的商	84	
	$(B)\leftarrow(A)/(B)$ 的余数		

MUL 指令实现了 8 位无符号数的乘法操作，被乘数与乘数分别放在累加器 A 和寄存器 B 中，执行后乘积为 16 位，低 8 位放在 A 中，高 8 位放在 B 中，并清进位标志 C 为 0。若乘积大于 FFH(255)，溢出标志 OV 置位（1），否则复位（0）。乘法指令是整个指令系统中执行时间最长的两条指令之一，需要 4 个机器周期（48 个振荡周期）完成一次操作，对于 12MHz 晶振的系统，其执行一次的时间为 $4\mu s$。

DIV 指令可实现 8 位无符号数除法，一般被除数放在 A 中，除数放在 B 中。指令执行后，商放在 A 中，余数放在 B 中，并清进位标志 C 为 0。当除数为 0 时，此时 OV 标志置位，说明除法溢出。

【例 3-15】设被乘数为 (A)=4EH，乘数为 (B)=5DH，C=1、OV=0。注释执行如下的程序后的结果。

```
ORG   00H
SETB  C           ;(C)=1,根据题意赋值
CLR   OV          ;(OV)=0,根据题意赋值
MOV   A,#4EH      ;将被乘数 4EH 传送到 A 中
MOV   B,#5DH      ;将乘数 5DH 传送到 B 中
MUL   AB          ;相乘后积为 1C56H,(A)=56H,(B)=1CH,C=0,OV=1
MOV   P2,A        ;送积的低 8 位到 P2 口显示,(P2)=56H
MOV   P1,B        ;送积的高 8 位到 P1 口显示,(P1)=1CH
SJMP  $
END
```

【例 3-16】设被除数（A）= FBH，除数（B）= 12H，C = 1、OV = 1。注释执行下列程序后的结果。

```
ORG   00H
SETB  C              ;(C)=1,根据题意赋值
SETB  OV             ;(OV)=1,根据题意赋值
MOV   A,#0FBH        ;将被除数 FBH 传送到 A 中
MOV   B,#12H         ;将除数 12H 传送到 B 中
DIV   AB             ;相除后,商(A)=0DH,余数(B)=11H,C=0,OV=0
MOV   P2,B           ;送余数到 P2 口显示,(P2)=11H
MOV   P1,A           ;送商到 P1 口显示,(P1)=0DH
SJMP  $
END
```

3.3.3 逻辑运算指令

逻辑运算指令对两个 8 位二进制数进行与、或、非和异或等逻辑运算。逻辑运算是按位进行的。逻辑运算符分别为 ∧、∨、!、⊕，其中逻辑与、或、异或的运算法则如表 3-17 所示。

表 3-17　逻辑与、或、异或的运算法则表

参与运算的两位数据		与（∧）的结果	或（∨）的结果	异或（⊕）的结果
0	0	0	0	0
0	1	0	1	1
1	0	0	1	1
1	1	1	1	0

1. 逻辑与指令

表 3-18 列出了逻辑与指令、功能操作、机器代码和执行机器周期数。

表 3-18　逻辑与指令、功能操作、机器代码和执行机器周期数

指　　令	功　能　操　作	机　器　代　码	机器周期数
ANL A,Rn	(A)←(A)∧(Rn)	58～5F	1
ANL A,direct	(A)←(A)∧(direct)	55 direct	1
ANL A,@Ri	(A)←(A)∧((Ri))	56～57	1
ANL A,#data	(A)←(A)∧data	54 data	1
ANL direct,A	(direct)←(direct)∧(A)	52 direct	1
ANL direct,#data	(direct)←(direct)∧data	53 direct data	2

【例 3-17】设（A）=05H，(30H)=16H，执行指令 ANL A,30H 后，结果为（A）=04H。程序如下。

```
ORG   00H
MOV   A,#05H        ;根据题意赋值
MOV   30H,#16H      ;根据题意赋值
ANL   A,30H         ;(A)←(A)∧(30H),(A)=04H
MOV   P1,A          ;逻辑与的结果送 P1 口显示(P1)=04H
SJMP  $
END
```

2. 逻辑或指令

表 3-19 列出了逻辑或指令、功能操作、机器代码和执行机器周期数。

表 3-19　逻辑或指令、功能操作、机器代码和执行机器周期数

指　　令	功 能 操 作	机 器 代 码	机器周期数
ORL A,Rn	(A)←(A)∨(Rn)	48~4F	1
ORL A,direct	(A)←(A)∨(direct)	45 direct	1
ORL A,@ Ri	(A)←(A)∨((Ri))	46~47	1
ORL A,#data	(A)←(A)∨data	44 data	1
ORL direct,A	(direct)←(direct)∨(A)	42 direct	1
ORL direct,#data	(direct)←(direct)∨data	43 direct data	2

【例 3-18】 设(A)=C3H,(R0)=55H,执行指令 ORL　A,R0 后,结果为(A)=D7H。
程序如下。

```
ORG   00H
MOV   A,#0C3H       ;根据题意赋值
MOV   R0,#55H       ;根据题意赋值
ORL   A,R0          ;(A)←(A)∨(R0),(A)=D7H
MOV   P1,A          ;逻辑或的结果,送 P1 口显示,(P1)=D7H
SJMP  $
END
```

3. 逻辑异或指令

表 3-20 列出了逻辑异或指令、功能操作、机器代码和执行机器周期数。

表 3-20　逻辑异或指令、功能操作、机器代码和执行机器周期数

指　　令	功 能 操 作	机 器 代 码	机器周期数
XRL A,Rn	(A)←(A)⊕(Rn)	68~6F	1
XRL A,direct	(A)←(A)⊕(direct)	65 direct	1
XRL A ,@ Ri	(A)←(A)⊕((Ri))	66~67	1
XRL A,#data	(A)←(A)⊕data	64 data	1
XRL direct,A	(direct)←(direct)⊕(A)	62 direct	1
XRL direct,#data	(direct)←(direct)⊕data	63 direct data	2

【例 3-19】设（A）=C3H,（R0）=AAH，执行指令 XRL A,R0 后，结果为（A）=69H。
程序如下。

```
ORG    00H
MOV    A,#0C3H        ;根据题意赋值
MOV    R0,#0AAH       ;根据题意赋值
XRL    A,R0           ;(A)←(A)⊕(R0),(A)=69H
MOV    P1,A           ;逻辑异或的结果送 P1 口显示(P1)=69H
SJMP   $
END
```

4. 累加器清零、取反指令

表 3-21 列出了累加器清零和取反指令、功能操作、机器代码和执行机器周期数。这
两类指令皆为单字节单周期指令。

表 3-21 累加器清零和取反指令、功能操作、机器代码和执行机器周期数

指　　令	功 能 操 作	机器代码（十六进制）	机器周期数
CLR A	(A)←0	E4	1
CPL A	(A)←(!A)	F4	1

【例 3-20】设（A）=55H，执行指令 CLR 后，结果为（A）=0；接着再执行指令 CPL 后，
结果为（A）=FFH。程序如下。

```
ORG    00H
MOV    A,#55H         ;根据题意赋值
CLR    A              ;(A)←0,(A)=0
CPL    A              ;(A)←(!A),(A)=FFH
SJMP   $
END
```

5. 移位指令

表 3-22 列出了移位指令、功能操作、机器代码和执行机器周期数。图 3-9 为 4 条移
位指令的功能操作示意图。

表 3-22 移位指令、功能操作、机器代码和执行机器周期数

指　　令	功 能 操 作	机 器 代 码	机器周期数
RL A	$(A_{n+1})←(A_n);n=6～0;(A_0)←(A_7);$	23	1
RR A	$(A_n)←(A_{n+1});n=0～6,(A_7)←(A_0)$	03	1
RLC A	$(A_{n-1})←(A_n);n=6～0,(A_0)←(C),(C)←(A_7)$	33	1
RRC A	$(A_n)←(A_{n+1});n=0～6;(A_7)←(C);(C)←(A_0)$	13	1

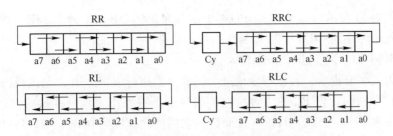

图 3-9　4 条移位指令的功能操作示意图

【例 3-21】执行下列程序，分析运行移位指令效果。

```
ORG  0H
MOV  A,#0FEH       ;(A)=FEH
RL   A            ;循环左移位
MOV  P1,A         ;送到 P1 口显示,(P1)=FDH
CLR  C            ;(C)=0
RRC  A            ;带进位循环右移;(A)=7EH
MOV  P2,A         ;送到 P2 口显示,(P2)=7EH
SJMP $
END
```

3.3.4　控制转移指令

控制转移指令通过修改 PC 的内容来控制程序执行的流向。这类指令包括无条件转移指令、条件转移指令、比较转移指令、循环转移指令、子程序调用和返回指令、空操作指令等。

1. 无条件转移指令

表 3-23 列出了无条件转移指令、功能操作、机器代码和执行机器周期数。但要注意：编写程序可用 JMP Addr 替代前三条指令，汇编时会自动转换成相应的机器代码。

表 3-23　无条件转移指令、功能操作、机器代码和执行机器周期数

指　令	功 能 操 作	机器代码（十六进制）	机器周期数
LJMP Addr16 长转移	$(PC) \leftarrow Addr_{15 \sim 0}$	02 $Addr_{15 \sim 8} \ Addr_{7 \sim 0}$	2
AJMP Addr11 绝对转移	$(PC) \leftarrow (PC) + 2$ $(PC_{10 \sim 0}) \leftarrow$ 指令中的 $Addr_{10 \sim 0}$	$a_{10} a_9 a_8 0 \ 0001$ $Addr_{7 \sim 0}$	2
SJMP rel 相对短转移	$(PC) \leftarrow (PC) + 2$ $(PC) \leftarrow (PC) + rel$	80 相对地址	2
JMP @ A + DPTR 间接长转移	$(PC) \leftarrow (A) + (DPTR)$	73	2

（1）长转移指令：LJMP Addr16

本指令为三字节指令，其转移的目标地址在 ROM 的 64KB 范围中，Addr16 一般用代

表转移地址的标号表示，也可以是 ROM 中的地址。若 Addr16 为 1234H，则执行 LJMP 1234H 后，程序转移到 ROM 中的 1234H 处执行指令。

（2）绝对转移指令：AJMP Addr11

该指令为两字节指令。若该指令地址为（PC），执行该指令时，先执行（PC）←（PC）+2（本指令字节数），使 PC 的内容指向该指令的下一条指令地址；这时（PC）内容的高5位 $PC_{15} \sim PC_{11}$ 决定页数。对该5位而言，它的变化范围为 00000 ~ 11111（0 ~ 31），所以共有32个页，对应页号为 0 ~ 31，每页对应的地址范围不同，如表3-24所示。但每页地址范围的字节数都是 2KB（因11位二进制数的范围是 0 ~ 7FFH），真正转移的地址是 ROM 中的某个16位地址，其高5位必须是该指令的下一条指令地址的高5位（表示页号），可在下一条指令地址之前或之后。但该地址不能超出对应页号 2KB 的地址范围，否则会出错。

表3-24　ROM 空间中32个（页）2KB 地址范围（省去十六进制后缀 H）

页号	地址范围	页号	地址范围	页号	地址范围	页号	地址范围
0	0000 ~ 07FF	8	4000 ~ 47FF	16	8000 ~ 87FF	24	C000 ~ C7FF
1	0800 ~ 0FFF	9	4800 ~ 4FFF	17	8800 ~ 8FFF	25	C800 ~ CFFF
2	1000 ~ 17FF	10	5000 ~ 57FF	18	9000 ~ 97FF	26	D000 ~ D7FF
3	1800 ~ 1FFF	11	5800 ~ 5FFF	19	9800 ~ 9FFF	27	D800 ~ DFFF
4	2000 ~ 27FF	12	6000 ~ 67FF	20	A000 ~ A7FF	28	E000 ~ E7FF
5	2800 ~ 2FFF	13	6800 ~ 6FFF	21	A800 ~ AFFF	29	E800 ~ EFFF
6	3000 ~ 37FF	14	7000 ~ 77FF	22	B000 ~ B7FF	30	F000 ~ F7FF
7	3800 ~ 3FFF	15	7800 ~ 7FFF	23	B800 ~ BFFF	31	F800 ~ FFFF

该指令机器代码为两字节。第一字节的低5位是 00001，是指令操作码，其高3位是低11位地址的前3位；第二字节是低11位地址的后8位。这是该指令机器代码的结构特点。

若该指令正好在某页地址范围的最后两个单元，则绝对转移地址将在下一页 2KB 的地址范围内。例如，指令地址在 0 页中的 07FE、07FF 单元，则绝对转移地址应在 1 页的 0800 ~ 0FFF 内。

实际编程时，汇编语言指令 AJMP Addr11 中"Addr11"往往是代表绝对转移地址的标号或 ROM 中的某绝对转移的 16 位地址，经汇编后自动翻译成相对应的绝对转移机器代码。所以不要将"Addr11"理解成一个 11 位地址，而应理解为该指令的下一条指令地址的高 5 位所决定的页内的"绝对转移"地址。

【例3-22】若绝对转移指令 AJMP 1789H 的首地址为 1500H，试讨论用汇编器（PROTEUS 中的 ASEM51 或 Keil）汇编此指令是否会通过？若出错，不通过，请说明出错原因；若成功，请写出该指令的机器代码。

本指令的下一条指令地址为 1500H + 2H = 1502H，二进制表示为 00010101 00000010。该地址高5位为 00010，对应页号为 2，从表3-24查得该页 2KB 地址范围为 1000H ~ 17FFH。因绝对转移地址为 1789H，正好在该页的 2KB 地址范围之中。

转移地址 1789H 的二进制表示为 00010111 10001001，它的低 11 位地址为

11110001001，而该低 11 位地址中的高 3 位是 111，它作为高 3 位与指令操作码 00001 构成指令的第一字节 11100001，即 E1H；指令的第二字节是低 11 位地址的低 8 位 10001001，即 89H。最后指令的机器代码为 E1 89。

提示：可设计下列程序应用 PROTEUS 在单片机最小系统电路环境下进行仿真调试、查看和验证，其结果列于该程序右方（参看本章 3.4 节）。

ORG 00H	1 ----	ORG 00H
LJMP PP	2 0000 02 15 00	LJMP PP
ORG 1500H	3 ----	ORG 1500H
PP: AJMP 1789H	4 1500 E1 89 PP:	AJMP 1789H
ORG 1789H	5 ----	ORG 1789H
NOP	6 1789 00	NOP
SJMP $	7 178A 80 FE	SJMP $
END	8 000E	END

（3）相对短转移指令：SJMP　rel

机器代码为 "80　相对地址"。

其中 "相对地址" 是用补码表示的单字节带符号偏移字节数，取值范围为 −128 ～ +127。

若该指令地址为（PC），（PC）加本指令字节数 2 就是 [（PC）+2]，就是下一条指令的首地址，然后把它和 "相对地址" 相加就是 "目标转移地址"。所以，

"目标转移地址" = [（PC）+ 相对短转移指令字节数 2] + "相对地址"

因而，

"相对地址" = "目标转移地址" − [（PC）+ 相对短转移指令字节数 2]

对应的汇编语言指令 SJMP rel 中的符号 "rel" 实际上表示的是 "目标转移地址"，只是要求该地址应在相对于该指令的下一指令地址的 −128 ～ +127 字节的范围内，即 "有相对意义的目标转移地址"。汇编 SJMP　rel 指令后自动生成 "相对地址"，其指令的机器代码为 "80 相对地址"。

【例 3−23】若指令 SJMP $ 的首地址为 30H，求该指令的机器代码。

根据题意，（PC）=30H，"$" 表示 "目标转移地址" 为此指令的首地址，所以也等于 30H，将它们代入上述相对地址计算式，可得

相对地址 = 30H − (30H + 2) = −2

式中，−2 的补码为 FEH，所以 SJMP $ 的机器代码为：80 FE。

提示：可设计下列程序应用 PROTEUS 在单片机最小系统电路环境下进行仿真调试、查看和验证，其结果列于该程序右方（参看本章 3.4 节）。

ORG 00H	1 ----	ORG 00H
LJMP 30H	2 0000 02 00 30	LJMP 30H
ORG 30H	3 ----	ORG 30H
SJMP $	4 0030 80 FE	SJMP $
END	5 000E	END

因指令的转移地址为该指令的首地址，所以指令将实现"原地转圈"的运行状态。

AT89C51 汇编语言指令系统中，没有停机指令，通常就用指令 SJMP $ 实现动态停机。

（4）间接长转移指令：JMP @ A + DPTR

机器代码为 73。转移地址由 DPTR 中的内容和 A 中的内容相加得到。

注意：有的汇编器（如 PROTEUS ASEM51）支持 JMP Addr 指令，它代表三条指令 LJMP Addr16、AJMP Addr11、SJMP rel，在汇编时会自动处理成相应的机器代码。

2. 条件转移指令

条件转移指令包含累加器 A 判零转移指令、比较条件转移指令和循环转移（减 1 条件）指令等。

（1）累加器 A 判零转移指令

表 3-25 列出了累加器 A 判零转移指令、功能操作、机器代码和执行机器周期数。

表 3-25　累加器 A 判零转移指令、功能操作、机器代码和执行机器周期数

指　令	功　能　操　作		机　器　代　码	机器周期数
JZ　rel	若(A)=0	(PC)←(PC)+2+相对地址	60 相对地址	2
	若(A)≠0	(PC)←(PC)+2		
JNZ　rel	若(A)≠0	(PC)←(PC)+2+相对地址	70 相对地址	
	若(A)=0	(PC)←(PC)+2		

上述汇编语言指令中"rel"的意义和转移地址范围均与相对短转移指令 SJMP rel 中的"rel"相同。

【例3-24】给定 R0 中的内容后，再执行下列程序，分析程序运行过程及结果。

```
        ORG   00H
        MOV   A,R0      ;请分别设置(R0)=0 及(R0)=AAH
        JZ    L1        ;(A)=0 转 L1
        MOV   P1,A
        SJMP  L2
L1:     MOV   P1,A
L2:     SJMP  L2
        END
```

如果在执行上面这段程序前(R0)=0，则移到 L1 执行，执行结果(P1)=0H。

如果(R0)=AAH，则顺序执行，也就是执行 MOV P1, A 指令，执行结果(P1)=AAH。

（2）比较条件转移指令

比较条件转移指令均为三字节，影响 C 标志。表 3-26 列出了比较条件转移指令、功能操作、机器代码和执行机器周期数。指令中都有三个操作数，可用操作数1、操作数2、操作数3 表示。其中，"rel"（操作数3）的意义和转移地址范围均与相对短转移指令 SJMP rel 中的"rel"意义相同。

表 3-26　比较条件转移指令、功能操作、机器代码和执行机器周期数

指　　令	功　能　操　作		机 器 代 码	机器周期数
CJNE A,#data,rel	若(A)≠data	(PC)←(PC)+3+相对地址	B4 data 相对地址	2
	若(A)= data	(PC)←(PC)+3		
CJNE A,direct,rel	若(A)≠(direct)	(PC)←(PC)+3+相对地址	B5 direct 相对地址	
	若(A)=(direct)	(PC)←(PC)+3		
CJNE Rn,#data,rel	若(Rn)≠data	(PC)←(PC)+3+相对地址	B8~BF data rel 相对地址	
	若(Rn)=data	(PC)←(PC)+3		
CJNE@ Ri,#data,rel	若((Ri))≠data	(PC)←(PC)+3+相对地址	B6~B7 data 相对地址	
	若((Ri))=data	(PC)←(PC)+3		

　　若操作数 1 中的内容≥操作数 2 或其中的内容，则 C=0，否则 C=1。显然，可用此指令实现对两数大于、小于和等于的判断。

　　【例 3-25】 若(R6)=68H，"CJNE R6，#98H，85H"指令的地址为 0100H，执行该指令，则转移到 ROM 中地址 0085H 处执行程序，且 C=1。试编写验证该结果的程序。参考程序如下：

```
        ORG  00H         1  ----              ORG    00H
        MOV  R6,#68H      2  0000 7E 68        MOV    R6,#68H
        LJMP 100H         3  0002 02 01 00     LJMP   100H
        ORG  85H          4  ----              ORG    85H
        NOP               5  0085 00           NOP
        SJMP $            6  0086 80 FE        SJMP   $
        ORG  0100H        7  ----              ORG    0100H
        CJNE R6,#98H,85H  8  0100 BE 98 82     CJNE   R6,#98H,85H
        SJMP $            9  0103 80 FE        SJMP   $
        END               10 000E             END
```

　　提示：可应用 PROTEUS 在单片机最小系统电路环境下进行仿真调试、查看和验证，其结果列于该程序右方（参看本章 3.4 节）。

　　(3) 循环转移指令

　　表 3-27 列出了循环转移指令、功能操作、机器代码和执行机器周期数。汇编语言指令中 "rel" 的意义和转移地址范围均与相对短转移指令 SJMP　rel 中的 "rel" 意义相同。

表 3-27　循环转移指令、功能操作、机器代码和执行机器周期数

指　　令	功　能　操　作	机 器 代 码	机器周期数
DJNZ Rn,rel	(Rn)←(Rn)-1,n=0~7	D8~DF 相对地址	2
	若(Rn)≠0,(PC)←(PC)+2+相对地址		
	若(Rn)=0,(PC)←(PC)+2		
DJNZ direct,rel	(direct)←(direct)-1	D5 direct 相对地址	
	若(direct)≠0,(PC)←(PC)+3+相对地址		
	若(direct)=0,(PC)←(PC)+3		

3. 子程序调用和返回指令

表3-28列出了子程序调用和返回指令、功能操作、机器代码和执行机器周期数。但要注意，编写程序可用 CALL Addr 替代前两条指令，汇编时会自动转换成相应的机器代码。

表3-28　子程序调用和返回指令、功能操作、机器代码和执行机器周期数

指　令	功　能　操　作	机　器　代　码	机器周期数
ACALL Addr11 绝对调用	$(PC) \leftarrow (PC) + 2$	$a_{10} a_9 a_8 10001$ $Addr_{7 \sim 0}$	2
	$(SP) \leftarrow (SP) + 1, ((SP)) \leftarrow (PC_{7 \sim 0})$		
	$(SP) \leftarrow (SP) + 1, ((SP)) \leftarrow (PC_{15 \sim 8})$		
	$(PC_{10 \sim 0}) \leftarrow Addr11$［注：它应在该指令的下条指令所在页内的2KB地址范围内（参阅表3-24）］		
LCALL Addr16 长调用	$(PC) \leftarrow (PC) + 3$	00010010 $Addr_{15 \sim 8}$ $Addr_{7 \sim 0}$	
	$(SP) \leftarrow (SP) + 1, ((SP)) \leftarrow (PC_{7 \sim 0})$		
	$(SP) \leftarrow (SP) + 1, ((SP)) \leftarrow (PC_{15 \sim 8})$		
	$(PC_{15 \sim 0}) \leftarrow Addr16$		
RET 子程序返回	$(PC_{15 \sim 8}) \leftarrow ((SP)), (SP) \leftarrow (SP) - 1$	22	2
RETI 中断返回	$(PC_{7 \sim 0}) \leftarrow ((SP)), (SP) \leftarrow (SP) - 1$	32	

（1）绝对调用子程序和返回指令

绝对调用子程序指令为两字节指令。功能操作除有堆栈和返回操作外，其余与绝对转移指令 AJMP Addr11 类同。由指令调用的子程序入口地址应在该指令的下一条指令地址所在页内的2KB地址范围内（参阅表3-24）。子程序最后一条指令应是子程序返回指令RET，其作用是返回到原先调用子程序指令的下一条指令的首地址处。

（2）长调用子程序和返回指令

长调用子程序指令为三字节指令。该指令调用的子程序入口地址可以是 ROM 中的任一地址。子程序最后一条指令应是子程序返回指令 RET，其作用是返回到原先调用子程序指令的下一条指令的首地址处。

（3）中断返回指令

该返回指令在中断中使用，是中断服务子程序的最后一条指令。具体功能操作在关于中断的章节中讲解。

注意：有的汇编器（如 PROTEUS ASEM51）支持 CALL Addr 指令，它代表两条指令 CALL　Addr16、ACALL　Addr11，在汇编时会自动处理成相应的机器代码。

4. 空操作指令

```
NOP  ;(PC)←(PC)+1;
机器代码:00
```

这是一条单字节单机器周期控制指令。执行这条指令仅使（PC）加1，耗时1个机器周期，常用来延时。

3.3.5　位操作指令

表 3–29 列出了位操作指令、功能操作、机器代码和执行机器周期数。位操作指令的操作数不是字节，而只是字节中的某一位（bit），每位取值只能是 0 或 1。位操作指令有位传送指令、位置位和位清零指令、位运算指令及位控制转移指令。

表 3–29　位操作指令、功能操作、机器代码和执行机器周期数

位指令类型	指　令	机 器 代 码	机器周期数	功 能 操 作
位传送	MOV C,bit	A2bit	1	(Cy)←(bit)
	MOV bit,C	92bit		(bit)←(Cy)
位置位和位清零	CLR　C	C3		Cy←0
	CLR　bit	C2		bit←0
	SETB C	D3		(Cy)←1
	SETB bit	D2		(bit)←1
位运算	ANL C,bit	82 bit	2	(Cy)←(Cy)∧(bit)
	ANL C,$\overline{bit}$	B0 bit		(Cy)←(Cy)∧($\overline{bit}$)
	ORL C,bit	72 bit		(Cy)←(Cy)∨(bit)
	ORL C,$\overline{bit}$	A0 bit		(Cy)←(Cy)∨($\overline{bit}$)
	CPL C	B3	1	(Cy)←($\overline{Cy}$)
	CPL bit	B2		(Bit)←($\overline{bit}$)
位控制转移	JC rel	40 相对地址		若(Cy)=1,(PC)←(PC)+2+相对地址
				若(Cy)=0,(PC)←(PC)+2
	JNC rel	50 相对地址		若(Cy)=0,(PC)←(PC)+2+相对地址
				若(Cy)=1,(PC)←(PC)+2
位地址内容为条件转移	JB bit,rel	20 bit 相对地址	2	若(bit)=1,(PC)←(PC)+3+相对地址
				若(bit)=0,(PC)←(PC)+3
	JNB bit,rel	30 bit 相对地址		若(bit)=0,(PC)←(PC)+3+相对地址
				若(bit)=1,(PC)←(PC)+3
	JBC bit,rel	10 bit 相对地址		若(bit)=1,(PC)←(PC)+3+相对地址 且(bit)←0
				若(bit)=0,(PC)←(PC)+3

3.4　PROTEUS 源程序设计、仿真和仿真调试基础

3.4.1　PROTEUS 汇编语言程序设计、汇编、仿真

1. 汇编语言源程序编辑器和汇编工具

PROTEUS 提供了汇编语言源程序（简称"程序"）编辑器 SRCEDIT，它是记事本的修

改版。PROTEUS 还提供了一系列代码生成工具，其中"ASEM51"是适用于 MCS－51 及与 MCS－51 兼容单片机的汇编器。编辑器 SRCEDIT 和汇编器 ASEM51 构成了 PROTEUS 对 AT89 系列单片机的源程序调试器，可用它对程序进行编写、编辑、汇编、指令功能仿真检验、程序仿真调试等。

为具体起见，本节叙述是在 ISIS 中 AT89C51 单片机最小系统环境下进行（参看 2.6 节 3P0261. DSN，现取名为 3P0341. DSN，如图 3-10 左所示），可对源程序进行设计编辑、汇编、指令功能仿真验证、查看及程序仿真调试等。图 3-10 右侧是添加的源程序。

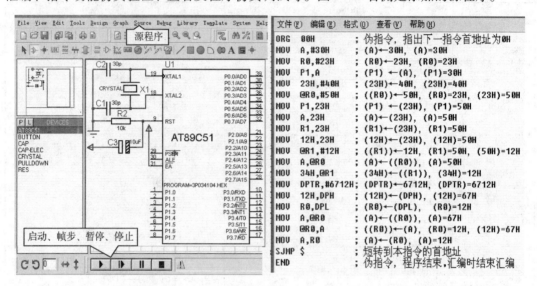

图 3-10　ISIS 中 AT89C51 单片机最小系统的电路环境（左）及添加的源程序（右）

本节叙述中的仿真验证、查看和调试，除源程序中使用了与外扩展存储器有关的指令而要求接上相关的外扩展存储器电路外，适应于各种无外存储器扩展的不同的单片机应用系统。

2. 添加源程序文件

单击 ISIS 菜单中的"Source（源程序）"选项，弹出下拉菜单，如图 3-11 所示。

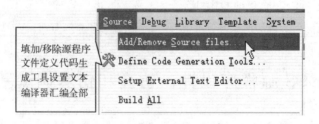

图 3-11　源程序下拉菜单选项

单击"Add/Remove Source File"选项，弹出如图 3-12 所示"添加/移除源程序文件"对话框，单击"Code Generation Tool(代码生成工具)"框右方按钮▼，从弹出下拉菜单中选择代码生成工具"ASEM51"。单击"New（新加或新建）"按钮，弹出"新源程序文件"对话框，如图 3-13 所示。

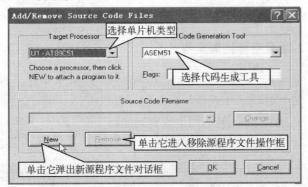

图 3-12 "添加/移除源程序文件"对话框

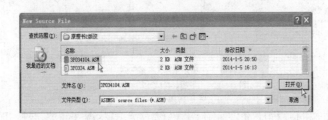

图 3-13 "新源程序文件"对话框

若新加已有源程序文件（格式为 *.ASM），则选择文件所在路径，单击选中所需文件，单击"打开"按钮，弹出"添加/移除源程序文件"对话框，单击按钮"OK"完成新加源程序操作。然后直接进入本节"4. 汇编（编译）生成目标代码文件"步骤。

若新建源程序文件，则选择好路径并在文件名栏中写入新建源程序文件名，格式为 *.ASM（如 3P034104.ASM，注意高版本会自动写上后缀 ASM）。单击"打开"按钮，在弹出的小对话框中（图 3-14 左侧）单击按钮"是"，再次弹出"添加/移除源程序文件"对话框，如图 3-14 右侧所示。不过这时在文件名栏中已填上文件 3P034104.ASM 了。单击"OK"按钮则完成新建源程序文件（尚未编写程序）操作。

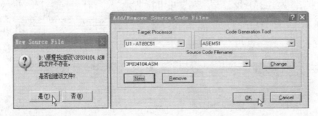

图 3-14 小对话框和源程序文件对话框

3. 编写、编辑源程序

单击 ISIS 菜单"Source"，弹出下拉菜单，这时，在它的下方出现源程序文件 3P034104.ASM，如图 3-15（a）所示。单击文件名 3P034104.ASM 则弹出源程序编辑器。

因新建的 3P034104. ASM 中还未编写程序，所以是空的。可在其中按源程序编写规则编写并编辑源程序。这里，按图 3-10 右边所示的源程序编写、编辑（它是【例 3-4】程序），完成后单击 ⬛ 按钮则以文件名 3P034104. ASM 存盘。

4. 汇编（编译）生成目标代码文件

单击菜单中的"Source"选项，弹出图 3-15（a）所示菜单。单击第四选项 Build ALL（汇编全部），则可对新建（或新加）源程序进行汇编（编译），弹出汇编日志窗口，如图 13-15（b）所示。若汇编无错，则生成目标代码文件 3P034104. HEX；若汇编有错，该窗口会有提示并提示有错行，可根据该窗口信息返回源程序，纠错后再汇编，直至汇编成功。

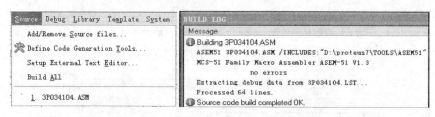

（a）选Build项汇编　　　　　　　　　　　　　（b）编译日志窗口

图 3-15　汇编生成目标代码文件

若要移除已添加的源程序文件。在图 3-12 所示的状况下，单击按钮"Remove"进入移除源程序文件操作。按依次弹出的对话框及提示进行操作即可。

5. 加载目标代码文件、设置时钟频率

若 PROTEUS 为高版本，只要源程序汇编（Build All）通过，则会自动将最后的目标代码文件加载到 AT89C51 仿真模型中；当然，也可由用户加载。若版本较低或采用其他软件（如 Keil）汇编生成的目标代码文件（∗. HEX 文件），则需用户加载。在 ISIS 编辑区中左双击 AT89C51 单片机，则弹出如图 3-16 所示的加载目标代码文件和设置时钟频率的对话框。单击在 Program File 栏右侧按钮"🖿"，弹出文件列表，从中选择期望的目标代码文件（格式为 ∗. HEX），再单击"OK"按钮，则完成加载目标代码文件。

系统默认时钟频率为 12MHz，若要改变时钟频率，在图 3-16 所示对话框中的 Clock Frequency（时钟频率）栏中填上所需时钟频率，单击"OK"按钮完成设置时钟频率操作。

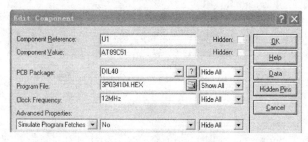

图 3-16　加载目标代码文件和设置时钟频率

6. 仿真

单击按键 ▶ 则启动仿真。这里是单片机最小系统（电路 3P0341. DSN）、软件（程序 3P034104. ASM）相结合的仿真。若要观察各引脚的电平状态，可操作菜单项"System（系统）→Set Animation Options"，再在弹出菜单中单击勾上选项"Show Logic State of Pins（显示引脚逻辑状态）"。仿真时引脚上出现红色或蓝色小方块；红色为高电平，蓝色为低电平，如图 3-17 所示。若执行将数据输出到 I/O 口的指令，则该 I/O 口上的电平分布状态反映出该指令输出的数据，也反映单片机对外部的控制功能，在仿真调试中特别有用。图 3-17 中表示执行指令 MOV P1,23H 后在 P1 口 8 引脚的电平状态，表示为（P1）= 50H。注意（23H）= 50H。

单片机最小系统接上各种应用（扩展、接口）电路并载入相应的应用程序后，则构成各种用途的单片机应用系统。同样，单击按键 ▶ ，则可进行单片机应用系统的实时仿真。若要终止仿真，单击按键 ■ （停止）即可。

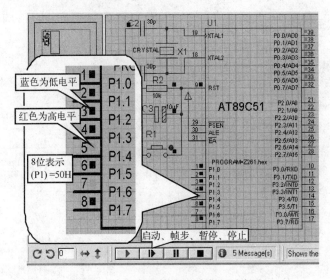

图 3-17　仿真及单片机引脚电平表示

3.4.2　PROTEUS 调试窗口、调试按钮和仿真调试

1. 仿真调试

单片机应用产品研发中，往往需要通过调试以满足产品要求。程序调试时要求观察程序运行过程中的情况。如指令功能及其效果查看、单片机内外 RAM 中的情况、工作寄存器中的情况、特殊功能寄存器 SFR 中的情况、运行走向、执行时间等。PROTEUS 中执行上述任务的操作统称为"仿真调试"。PROTEUS 提供了方便的仿真调试环境。要进入仿真调试状态，一般有效果略有不同的三种方式。

① 单击暂停按钮 ▮▮ 进入调试状态，（PC）= 0000，将要执行的操作为 Reset（复位）。

② 单击帧步按钮 进入调试状态并完成复位操作，（PC）＝0000，将要执行的操作为程序的第一条指令。

③ 单击运行按钮 仿真，再单击暂停按钮 进入调试状态，即仿真运行中暂停后进入调试状态；因此(PC)内容及将要执行的操作指令都会依单击 的时刻而不同。

不管用何种方式进入调试状态，调用各种调试窗口，设置断点、单步运行、全速运行、取消断点等操作均相同。

图 3-18 是单击帧步按钮 进入仿真调试状态时的 ISIS 界面。

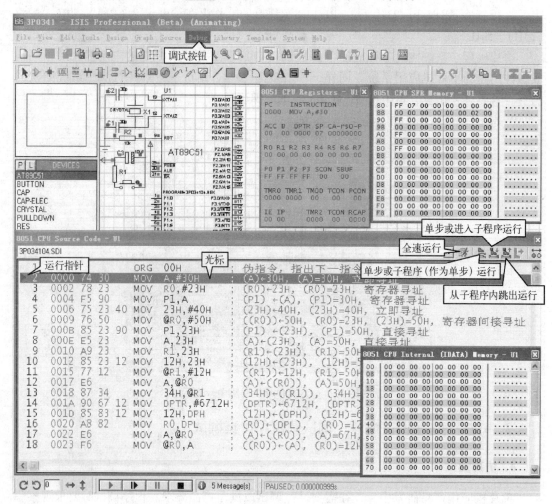

图 3-18　仿真调试状态下各个调试窗口及调试按钮

2. 调试窗口

可出现的调试窗口有 8051 CPU Source Code（源代码）、8051 CPU Registers（CPU 寄存器）、8051 CPU SFR Memory（特殊功能寄存器 SFR）、8051 CPU IDATA Memory（内部数据存储器 RAM）等，如图 3-18 所示。若未出现调试窗口，则可单击 ISIS 菜单栏中

"Debug（调试）"项，弹出下拉菜单，如图 3-19 所示。分别单击勾上"8051 CPU Registers"、"8051 CPU SFR Memory"、"8051 CPU IDATA Memory"、"8051 CPU Source Code"各项即可。

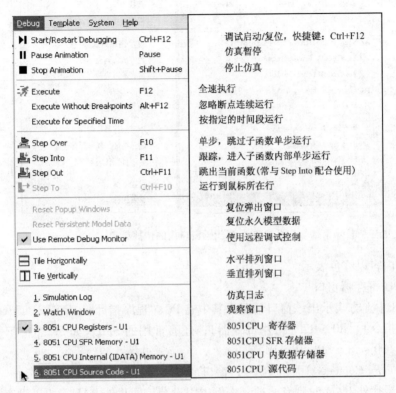

图 3-19　调试菜单

（1）源代码调试窗口

窗口的第一列为指令行号，第二列为指令首地址，第三列为指令代码，第四列为源程序指令，第五列为注释。此窗口也称 ROM 窗口。窗口最左端有运行指针（红色▶），表明运行到此或将要执行的指令行。图 3-18 所示中的将要执行指令行的行号为 2，指令首地址为 0000，指令代码为 74 30，源程序指令为 MOV A，#30H，分号后为注释。

指令行的灰（或蓝）色背景是光标（注意：不同运行指针红色▶）。若令光标指在某指令行，只需将鼠标移至该指令行单击即可。

若窗口中未出现行号、代码首地址、指令代码列等，可在该窗口中右击，弹出如图 3-20 所示快捷菜单，单击勾上相应项即可。

（2）内部数据存储器（片内 RAM）窗口

图 3-18 右下方表示出该窗口情况。地址从 00 到 7F，共 128 字节。执行指令时可观察有关地址中内容的变化，且最近执行指令发生的地址中变化内容以红色表示。

（3）特殊功能寄存器（SFR）窗口

图 3-18 右上方表示出该窗口情况。地址从 80 到 FF 范围中离散分布着 21 个特殊功能寄存器。执行指令时可观察到相关特殊功能寄存器中内容的变化，且最近执行指令发生的

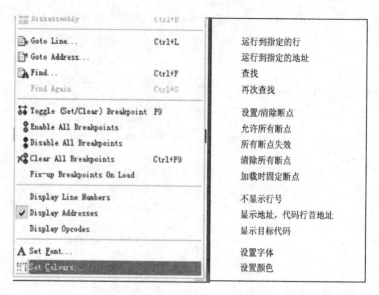

图 3-20　源代码窗口内的快捷菜单

地址中变化内容以红色表示。

（4）CPU 寄存器窗口

图 3-18 中上方表示出该窗口情况。其中有 PC（程序指针）、INSTRUCTION（将要执行的操作、指令）、R0 ~ R7（工作寄存器），还有常用的 SFR，如 SP、DPTR、CA - RSO - P(PSW)、P0 ~ P1、SP、IP、IE 等。

（5）Memory Contents（片外 RAM）窗口

当有扩展片外 RAM 时则有此项。本例中因没有扩展片外 RAM，所以没有该项。

3. 调试按钮

源代码窗口右上方有 6 个调试按钮：

① 单击 全速运行，不显示源代码窗口、寄存器窗口等，只当再按 ▌▌ 或 ▐▶ 才暂停运行，运行指针 ▶ 所停指令行是随机的，各窗口显示状态由执行指令情况而定。

② 单击 单步或子程序（作为单步）运行，相继单击将会看到运行指针 ▶ 依指令一步一步实时移动，各窗口有关存储器的内容也实时变化。若将要执行的指令为调用子程序（LCALL、ACALL），则将子程序作为一个单步执行。

③ 单击 ，跟踪每一条指令，即单步或进入子程序内单步运行。

④ 单击 ，从进入子程序内运行完子程序指令后跳出。

⑤ 若非单步运行而是要运行至光标处，可先单击需执行到的指令行，即置光标于该指令行，同时激活 为 ；单击 ，则执行指令至设置光标的指令行。

⑥ 按钮 为断点设置、取消按钮。根据需要设置断点的仿真调试是最方便有效的仿真调试方法。可预先在源代码调试窗口中需要暂停观察的指令行设置断点，断点可设置多个。在全速仿真运行中一遇断点便暂停，观察各窗口便可知晓程序运行的情况与结果。在源代码调试窗口中设置、取消断点方法如下（参看图 3-21）。

方法一：先单击置光标于要设置断点的指令行；再单击 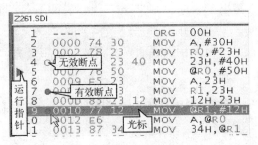，出现断点标志红实心圆（有效断点）；再单击 代之以空心圆（无效断点，指曾经设置或使用过的现不用的断点）；再单击该空心圆，完全取消断点。

方法二：在要设置断点的指令行双击则设置断点（红色实心圆）；再双击代之以空心圆（无效断点）；再双击则完全取消断点。

图 3-21　断点设置与取消

4. 仿真调试

无论何种方式进入调试状态都可完成仿真调试的各种任务。

本章重点是熟悉汇编指令，了解其汇编后的代码，理解指令的功能，测试指令或子程序执行时间、指令对 PSW（在 CPU Registers 窗口中为 CA－rso－P）各位影响等。所以这里以例 3-4 程序（3P034104. ASM）为例来讲解仿真调试。采用按 ▶ 或按 ‖ 方式进入仿真调试状态较方便。

当源程序编写、汇编通过后，单击 ▶ 进入调试状态，如图 3-18 所示。依次单击 将依次单步运行指令，各窗口也依次变化。单击三次（即运行三条指令）后各调试窗口情况如图 3-22 所示。这时运行指针、光标都在第五行，对应该行代码为 75 23 40。察看 CPU 寄存器窗口得知（PC）＝0006，INSTRUCTION（将要执行的指令）为 MOV 23H,

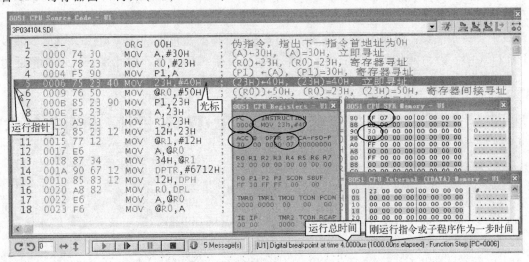

图 3-22　仿真调试状态下各个调试窗口及调试按钮

#40H。各调试窗口的存储器情况如图中所示，（A）= 30H，（R0）= 23H，…，其中（P1）= 30H，而 P1 的地址为 90H，所以（90H）= 30H，它为红色，表示刚执行指令（即 MOV P1，A）导致的存储器内容改变。因该指令是将数据（A）= 30H 送到 P1 口的指令，所以观察到单片机 P1 口 8 引脚的电平分布为 30H。

PROTEUS ISIS 最下方一行显示运行总时间和刚运行指令的时间，分别为 4.0000μs 和 1.0000ns。如果程序中有调用子程序，则当单击 后，刚运行的指令时间为将子程序总体当作单步所运行的时间。

对于较长较复杂的程序，可采用设置断点并依情况选用合适调试按钮进行调试，但调试基本过程与方法相同。

3.4.3 汇编语言指令功能的 PROTEUS 仿真调试、查看和验证

本节由读者自行完成。

1. 仿真调试的电路环境

根据 1 章 1.5 节设计单片机最小系统的 PROTEUS 电路，取名 3P0341. DSN；或者直接调出实训 2 中已设计好的 PROTEUS 文件 3P0341. DSN。

2. 程序设计、汇编

按本章 3.4.1 节叙述步骤依次分别对本章例 3-6 ~ 例 3-25 进行 PROTEUS 汇编语言程序设计、汇编等操作，对应文件名分别取为 3P034106. ASM ~ 3P034125. ASM，并分别下载到单片机模型中。

3. 仿真调试、指令功能验证

按本章 3.4.2 节叙述，分别进入仿真调试状态，调出必要的调试窗口，重点对上述各例进行指令功能查看、指令运行时间查看、涉及 I/O 口的指令功能分析等仿真调试操作。调试中要特别注意：引脚上红色方块为高电平；引脚上篮色方块为低电平。当指令涉及 I/O 口（P0 ~ P3）操作时，各引脚上电平分布会发生相应变化，据此来分析单片机通过 I/O 口的指令功能及对外接电路、外设的控制作用。

实训 3："键控 LED 显示装置"的 PROTEUS 设计、仿真与制作

1. 任务与目的

（1）任务
设计一款"键控 LED 显示装置"，其控制核心是 AT89C51，采用晶振频率 12MHz。
（2）目的
① 熟悉 AT89C51 应用系统的 PROTEUS 电路设计与程序设计。
② 熟悉该设计中所用到的 AT89C51 汇编语言指令，会编写简单程序。

③ 熟悉 AT89C51 输入/输出（I/O）口功能及使用方法。

2. 内容与操作

（1）电路设计

应用 PROTEUS 设计"键控 LED 显示装置"，由读者设计。这里仅提供参考电路原理图，如设计图 3-23 所示。该图的左方为其元件列表。设计文件名取为 3P0352. DSN。

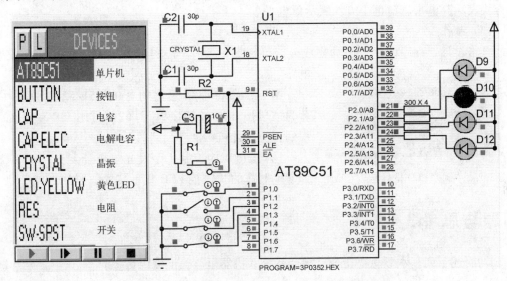

图 3-23　"键控 LED 显示装置"的电路原理图

注意：PROTEUS 仿真时，电路原理图设计中可不设计复位电路、外接振荡元件或外振动源电路（当然也可设计上）。若要通过 PROTEUS 进行 PCB 设计，则一定要设计上。实际制作时一定要连接复位电路、外接振荡元件或外振动源电路。

（2）程序设计

在 PROTEUS ISIS 中应用 PROTEUS 源程序调试器（SRCEDIT 和 ASEM51）进行程序设计。由读者设计。这里仅提供参考的程序设计，并对重要指令都进行了注释。

汇编语言程序设计（取名为 3P0352. ASM）：

```
        ORG   0000H
        MOV   P1,#0FFH      ;设置 P1 口为输入
        MOV   P2,#0FFH      ;P2 口上的 LED 全暗
ST1：   MOV   A,P1          ;从 P1 口读入
        MOV   P2,A          ;送 P2 口显示
        SJMP  ST1           ;返回 ST1，循环
        END
```

（3）源程序编辑与汇编

在 PROTEUS ISIS 中，应用代码生成（即汇编）工具"ASEM51"对程序汇编，生成目标代码文件（3P0352. HEX），高版本 PROTEUS 会将最后的目标代码文件自动下载到单

片机中；也可通过单片机属性设置，由用户下载。若目标代码文件（3P0352.HEX）由 Kiel 编辑、编译而成，则需通过单片机属性设置，由用户下载到单片机中。

系统默认频率为 12MHz。可打开单片机属性窗口，用户按需要进行设置。

（4）仿真

当电路设计、程序设计无误后，单击仿真工具按钮 ▶，则全速仿真。通过按不同按钮观察 LED 发光管的情况变化。仿真片段如图 3-23 所示。仿真时在元件引脚上的红色小方块表示高电平，蓝色小方块表示低电平。

（5）制作

电路设计、程序设计、仿真完成后，可根据图 3-23 在实验 PCB 板、面包板上安装电路。

用编程器将程序固化到 AT89C51/52 单片机中。若为 AT89S51/52、STC89C51/52，可用 ISP 在系统编程到相应单片机中。

4 个按键对应控制 4 个发光二极管发光。图 3-24 为学生制作的"键控 LED 显示装置"照片。

图 3-24 "键控 LED 显示装置"照片

习题与思考 3

1. 简述下列基本概念：指令、指令系统、机器语言、汇编语言。
2. 简述 AT89C51 单片机的指令格式。
3. 简述 AT89C51 的寻址方式和所能涉及的寻址空间。
4. 要访问特殊功能寄存器和片外数据存储器，应采用哪些寻址方式？
5. 在 AT89C51 的片内 RAM 中，已知（30H）= 38H，（38H）= 40H，（40H）= 48H，（48H）= 90H。请注释下列指令功能，说明源操作数的寻址方式及每条指令执行后的结果。

```
ORG  00H
MOV  A,40H
MOV  R0,A
MOV  P1,#0F0H
MOV  @R0,30H
MOV  DPTR,#3848H
MOV  40H,38H
MOV  R0,30H
MOV  P0,R0
MOV  A,@R0
MOV  P2,P1
SJMP $
END
```

6. 指出下列指令的源操作数的寻址方式。

```
MOV   A,65H
MOV   A,#65H
MOV   A,@ R0
MOV   A,R2
MOVC  A,@ A + PC
```

7. 片内 RAM 和特殊功能寄存器可用什么寻址方式?

8. 已知（A）= 5BH，（R1）= 30H，（30H）= 0CEH，（P1）= 71H，（PSW）= 80H，（PC）= 2000H，ROM（205CH）= 46H，（SP）= 30H，（B）= 78H。分别求各条指令执行后的结果（要求进行二进制运算验证）及对标志位 Cy 的影响。

(1) MOV A,@ R1	(8) ADD A,30H
(2) MOV 40H,30H	(9) ADDC A,P1
(3) MOV P1,R1	(10) SUBB A,P1
(4) MOVC A,@ A + PC	(11) ANL P1,#0FH
(5) PUSH B	(12) CLR PSW.7
(6) POP DPH	(13) RLC A
(7) XCHD A,@ R1	(14) ORL C,/90H

9. 对下面一段程序加上机器码和注释，并说明程序运行后寄存器 A、R0 和片内 RAM 50H、51H、52H 单元的内容。

```
MOV  50H,#50H        MOV   @ R0,A
MOV  A,50H           MOV   A,#50H
MOV  R0,A            MOV   51H,A
MOV  A,#30H          MOV   52H,#00H
```

10. 区别下列各指令中 20H 的含义，在每条指令后加上注释。

```
MOV   A,#20H
MOV   45H,20H
MOV   C,20H. 0
MOV   C,20H
```

11. 写出完成以下功能的指令。

(1) 将立即数 30H 送到 R1；

(2) 将 30H 中的数据送到 78H 单元；

(3) 将立即数 30H 送到以 R0 中内容为地址的存储器中；

(4) 将 R2 中的内容送到 P1；

(5) 将片内 RAM 的 60H 单元的数据送到片外 RAM 的 60H 单元；

(6) 将片内 RAM 的 60H 单元的数据送到片外 RAM 的 1060H 单元；

(7) 将 ROM 的 1000H 单元的内容送到片内 RAM 的 30H 单元；

(8) 使 ACC. 7 置位；

(9) 将累加器的低 4 位清零；

（10）使 P1.2 与 Cy 相与，结果送 Cy；

（11）对立即数 45H、93H 进行逻辑与、或、异或操作；

（12）两立即数求和：1C0H + 45H。

12. 写出下列指令执行过程中堆栈的变化。

```
MOV    R6,#11H
MOV    R7,#23H
ACALL  200H
POP    50H
POP    51H
SJMP   $
ORG    200H
RET
```

13. 试写出实现以下功能的程序段：

（1）一个 16 位二进制数，高、低字节分别放在 20H 和 21H 中，试将该数乘以 2 再存入原位置。

（2）16 位二进制数放在 30H 和 31H 单元中，将其内容加 1。

（3）将 DPTR 中的数据减 5。

（4）有三个位变量 X、Y、Z，请编写程序，实现 $Y = X + YZ$ 的逻辑关系式。

第4章 AT89C51 汇编语言程序设计

4.1 程序设计流程图及程序结构

4.1.1 程序设计流程图

1. 程序设计步骤

根据任务要求，采用汇编语言编制程序的过程称为汇编语言程序设计。接到研发项目任务书后，从拟订设计方案、编程序、调试直到通过，通常分为以下6步。

（1）明确任务、分析任务、构思程序设计基本框架

根据项目任务书，明确功能要求和技术指标，构思程序技术基本框架是程序设计的第一步。一般可将程序设计划分为多个程序模块，每个模块完成特定的子任务。这种程序设计框架也称模块化设计。

（2）合理使用单片机资源

单片机资源有限，合理使用资源极为重要，它能使程序设计占用 ROM 少，执行速度快、处理突发事件能力强、工作稳定可靠。例如，若定时精度要求较高，则宜采用定时器/计数器；若要求及时处理片内、片外发生的事件，宜采用中断；若要求多个 LED 数码管显示，则宜采用动态扫描方式，以减少使用 I/O 口的数目等。

确定好存放初始数据、中间数据、结果数据的存储器单元，安排好工作寄存器、堆栈等，也属合理使用单片机资源内容。

（3）选择算法、优化算法

一般单片机应用设计，都有逻辑运算、数字运算的要求。对要求逻辑运算、数字运算的部分，要合理选择算法和优化算法，力求程序占用 ROM 少，执行速度快。

（4）设计程序流程图

根据构思的程序设计框架设计好程序流程图。流程图包括总程序流程图、子程序流程图和中断服务程序流程图。程序流程图使程序设计形象、程序设计思路清晰。

（5）编写程序

编写程序是程序设计实施的关键步骤，要力求正确、简练、易读、易改。可采用 PROTEUS 或 Keil 提供的汇编语言编辑器。

（6）程序汇编与调试

程序汇编与调试是检验程序设计正确性的必经步骤。一般借助单片机开发工具进行调试（参阅 1.3 节），可分为以下两步。

① 程序汇编。通过汇编工具（如 PROTEUS 中的 ASEM51、Keil）进行汇编，汇编通过只说明汇编语言程序设计中的语法正确性。

② 调试。调试通过则说明汇编语言程序设计满足设计任务的功能、指标要求。

例如，用 PROTEUS EDA、Keil 软件调试仿真器或万利 52P 型单片机仿真器进行调试。特别指出，PROTEUS EDA 是目前单片机应用系统最方便、最快速的研发平台。

2. 程序设计流程图

程序设计流程图由各种示意图形、符号、指向线、说明、注释等组成，用来说明程序执行各阶段的任务处理和执行走向。表4-1列出了常用的流程图符号和说明。

表 4-1　常用的流程图符号和说明

符　　号	名　　称	功　　能
▭	起止框或结束框	程序的开始或结束
▭	处理框	各种处理操作
◇	判断框	条件转移操作
▱	输入/输出框	输入/输出操作
↓ →	流程线	描述程序的流向
→○ ○←	引入/引出连线	流向的连接

3. 程序设计技巧

在进行程序设计时，应注意以下事项及技巧：

① 尽量采用循环结构和子程序。这样可以使程序的总容量大大减少，提高程序的编写效率和执行效率，节省内存。采用多重循环时，要注意各重循环的初值和循环结束条件。

② 尽量采用模块化设计方法，使程序有条理、层次清楚，易读、易懂、易修改。

③ 尽量少用无条件转移指令。这样可以使程序条理清楚，从而减少错误。

④ 对于子程序，要考虑通用性，要注意保护现场和恢复现场。

⑤ 由于中断请求是随机产生的，所以在中断处理程序中，更要注意保护现场和恢复现场。除了要注意保护和恢复程序中用到的寄存器外，还要注意专用寄存器 PSW 的保护和恢复。

⑥ 采用累加器 A 传递参数。即在调用子程序时，通过累加器传递程序的入口参数，或反过来，通过累加器 A 向主程序传递返回参数。

4.1.2　程序结构

1. 顺序结构程序

顺序结构程序是按程序顺序一条指令紧接一条指令执行的程序。顺序结构程序是所有程序设计中最基本的程序结构，是应用最普遍的程序结构，它是实际编写程序的基础。

【例 4-1】设计一个顺序结构程序，将片内 RAM 30H 单元中的数据送到片内 RAM 的 40H 单元和片外 RAM 的 40H 单元中，再将片内 RAM 30H 单元和 31H 单元的数据相互交换。设 $(30H) = 16H$，$(31H) = 28H$。

解： 程序流程图如图 4-1 所示，为顺序结构程序。

汇编语言程序如下：

```
            ORG     00H
            SJMP    STAR
            ORG     30H
STAR:  MOV     30H,#16H
            MOV     31H,#28H
            MOV     A,30H           ;(A)←(30H)
            MOV     40H,A           ;(40H)←(A),(A)=16H
            MOV     R0,#40H         ;(R0)←40H
            MOV     P2,#00H         ;(P2)←00H
            MOVX    @R0,A           ;片外(0040H)←(A)
            XCH     A,31H           ;(A)与(31H)数据互换
            MOV     30H,A           ;(30H)←(A)
            SJMP    $
            END
```

结果：$(40H) = 16H$，$(0040H) = 16H$，$(30H) = 28H$，$(31H) = 16H$。

2. 选择结构程序（分支程序）

选择结构程序是指在程序执行过程中，依据条件选择执行不同分支程序，所以又称"分支程序"。为实现程序分支，编写选择结构程序时要合理选用具有判断功能的指令，如条件转移指令、比较转移指令和位转移指令等。下面举三个选择结构程序实例。

【例 4-2】设计比较两个无符号 8 位二进制数大小，并将较大数存入高地址中的程序。设两数分别存入 30H 和 31H 中，并设 $(30H) = 42H$，$(31H) = 30H$。

解： 程序流程图如图 4-2 所示，为选择结构程序中的单分支程序流程图。

汇编语言程序如下：

```
    ORG   00H
    LJMP  STAR
    ORG   200H
```

```
STAR：  MOV   30H,#42H        ;(30H)←42H
        MOV   31H,#30H        ;(31H)←30H
        CLR   C               ;C←0
        MOV   A,30H           ;(A)←(30H)
        SUBB  A,31H           ;做减法,比较两数
        JC    NEXT            ;(31H)≥(30H)转
        MOV   A,30H           ;(A)←(30H)
        XCH   A,31H           ;大数存入31H中
        MOV   30H,A           ;小数存入30H中
NEXT：  SJMP  $
        END
```

结果：（31H）=42H，（30H）=30H。

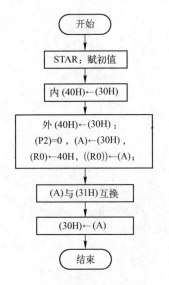

图 4-1　例 4-1 顺序结构流程图

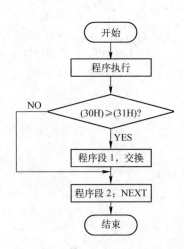

图 4-2　例 4-2 选择结构流程图

【例 4-3】已知 X、Y 均为 8 位二进制数，分别存在 R0、R1 中，试编写能实现下面符号函数功能的程序，并将结果送入 R1 中。

$$Y = \begin{cases} +1, & \text{当 } X > 0 \\ 0, & \text{当 } X = 0 \\ -1, & \text{当 } X < 0（\text{补码表示}） \end{cases}$$

解：程序设计流程图如图 4-3 所示，是选择结构程序中有嵌套的分支程序。

汇编语言程序如下，设 X = −6（补码为 FAH）。

```
ORG    00H
MOV    R0,#0FAH             ;X 的数值赋给 R0
CJNE   R0,#00H,MP1          ;R0 ≠0,转向 MP1
MOV    R1,#00H              ;(R0)=0,则(R1)=0
SJMP   MP3                  ;转向程序结尾
```

MP1：	MOV	A，R0	；(A)←(R0)
	JB	ACC.7，MP2	；A 的符号位 =1，转向 MP2，表明(A)<0
	MOV	R1，#01H	；A 的符号位 =0，则(R1)=1
	SJMP	MP3	；转向程序结尾
MP2：	MOV	R1，#0FFH	；送 -1 的补码 0FFH 到 R1
MP3：	SJMP	$	
	END		

结果：（R1）= FFH。

【例 4-4】 若(R3) = 12H，(R4) = 89H。根据寄存器 R2 中的内容，散转执行三个不同的分支程序段。

(R2) = 0，将 R3 的内容送到片内 RAM 的 50H 单元中；

(R2) = 1，将 R3 的内容送到片外 RAM 的 50H 单元中；

(R2) = 2，将 R3、R4 的内容交换。

解：程序流程图如图 4-4 所示，是选择结构程序中的多分支程序。R2 中内容可分别设为 0、1、2。

汇编语言程序如下：

	ORG	00H	
	MOV	R2，#0	；设(R2) = 0
	MOV	R3，#12H	；(R3) = 12H
	MOV	DPTR，#TAB	；(DPTR) = #TAB
	MOV	A，R2	；(A)←(R2)
	MOVC	A，@A + DPTR	；查表
	JMP	@A + DPTR	；根据查表结果转
TAB	DB	TAB0 - TAB	
	DB	TAB1 - TAB	
	DB	TAB2 - TAB	
TAB0：	MOV	50H，R3	；(50H)←(R3)
	SJMP	ENDF	；转向 ENDF
TAB1：	MOV	P2，#0	；(P2)←0
	MOV	R0，#50H	；(R0)←50H
	MOV	A，R3	；(A)←(R3)
	MOVX	@R0，A	；外(50H)←(A)
	SJMP	ENDF	；转向 ENDF
TAB2：	MOV	R4，#89H	；(R4)←89H
	MOV	A，R3	；(A)←(R3)
	XCH	A，R4	；交换
	MOV	R3，A	；(R3)←(A)
ENDF：	SJMP	$	
	END		

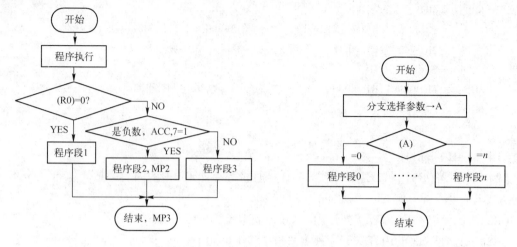

图 4-3　例 4-3 有嵌套分支的程序流程图　　　　图 4-4　例 4-6 多分支程序结构形式

结果：（50H）=12H。（思考：改设 R2 值为 1 或 2 的结果又如何？）

选择结构程序允许嵌套，从而形成多级选择程序结构。汇编语言不限制嵌套的层数，但过多的嵌套将使程序的结构变得复杂和臃肿，容易造成混乱，因此应避免过多的嵌套。

3. 循环结构程序

循环是指 CPU 反复地执行某种相同操作。从本质上讲，循环只是选择结构程序中的一个特殊形式而已。因为循环的重要性，因而将它独立作为一种程序结构。循环结构如图 4-5 所示，由以下 4 个主要部分组成。

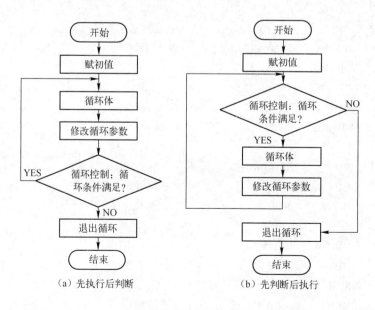

（a）先执行后判断　　　　　（b）先判断后执行

图 4-5　循环结构程序

（1）初始化部分（赋初值）

在进入循环体之前需给用于循环过程的工作单元设置初值，如循环控制计数初值、地址指针起始地址的设置、变量初值等。初始化部分是保证循环程序正确执行所必需的。

（2）处理部分（循环体）

处理部分（循环体）是循环结构的核心部分，完成实际的处理工作。在循环体中，也可包括改变循环变量、改变地址指针等有关修改循环参数的部分。

（3）循环控制部分（循环控制）

循环控制部分是控制循环与结束的部分，通过循环变量和结束条件进行控制，判断是否符合结束条件，若符合就结束循环程序的执行。有时修改循环参数和判断结束条件由一条指令完成，如 DJNZ 指令。

（4）退出循环

循环处理程序的结束条件不同，相应控制部分的实现方法也不一样，分循环计数控制法和条件控制法。经常使用的延时程序便是其中的典型。

【例 4-5】 当晶振频率为 12MHz 时，用 AT89C51 汇编语言设计延时 200μs 的程序段。

解：因晶振频率为 12MHz，所以机器周期为 1μs，可采用先执行后判断的循环结构程序。程序段的流程图如图 4-5（a）所示。

汇编语言程序如下：

```
BB:   MOV    R6,#49      ;单机器周期指令 1μs,赋初值(R6)←49
AA:   NOP                ;单机器周期指令 1μs
      NOP                ;单机器周期指令 1μs
      DJNZ   R6,AA       ;双机器周期指令 2μs
      NOP                ;单机器周期指令 1μs
      NOP                ;单机器周期指令 1μs
      NOP                ;单机器周期指令 1μs
```

结果：延时时间 = $(1 + 4 \times 49 + 1 + 1 + 1)$ μs = 200μs。

4. 子程序程序结构

子程序是可在主程序中通过 LCALL、ACALL 等指令调用的程序段，该程序段的第一条指令地址称子程序入口地址。子程序的最后一条指令必须是 RET 返回指令，即返回到主程序中调用子程序指令的下一条指令。典型的子程序调用结构如图 4-6 所示。

【例 4-6】 设计一个程序，由主程序循环调用子程序 SHY。子程序 SHY 使连接到单片机 P1 口上的 8 个 LED 灯中的某个灯闪烁 5 次。主程序中的指令 RL A 将确定哪个 LED 灯闪烁。

解：汇编语言程序如下：

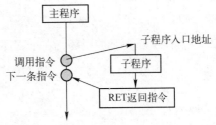

图 4-6　子程序调用结构示意图

```
        ORG     00H
        MOV A   a,#0feh          ;灯亮初值
STAR：  ACALL   SHY              ;调用闪烁子程序
        RL A                     ;左移
        SJMP    STAR             ;短移移到 STAR,循环
;以上程序段为主程序,以下程序段为子程序,标号 SHY 为子程序入口
SHY：   MOV     R2,#5            ;闪烁子程序,闪烁 5 次计数
SHY1：  MOV     P1,A             ;点亮
        NOP                      ;延时
        MOV     P1,#0FFH         ;熄灭
        NOP                      ;延时
        DJNZ    R2,SHY1          ;循环
        RET                      ;子程序返回
        END
```

本例中的子程序入口地址是标号为 SHY 的地址，子程序返回指令是 RET，主程序调用该子程序的调用指令是 ACALL SHY。为观察到 LED 灯的闪烁，要求状态时钟信号频率低，为此，单片机可采用频率很低的外部振荡器信号（参阅 2.2 节）。

本例子程序由 7 个指令行组成，子程序内主要是一个循环结构的程序。实际应用中，大多数子程序的结构具有复杂程度不等的结构。主程序调用的子程序运行时有可能改变主程序中某些寄存器的内容，如 PSW、A、B、工作寄存器等。这样就必须先用 PUSH 指令将相应寄存器的内容压入堆栈保护起来（保护现场），子程序返回前再用 POP 指令将压入堆栈的内容弹回到相应的寄存器中（恢复现场）。保护现场和恢复现场的方法有两种，举例如下。

① 调用前由主程序保护现场，返回后由主程序恢复现场。

```
        ...
        PUSH    PSW      ;将 PSW、ACC、B 压栈保护
        PUSH    ACC
        PUSH    B
        ACALL   ZCX1     ;主程序调用子程序 ZCX1
        POP     B        ;恢复 PSW、ACC、B
        POP     ACC
        POP     PSW
        ...
```

② 在子程序开头保护现场，在子程序末尾恢复现场。

```
        LCALL   ZCX2
        ...
ZCX2：  PUSH    PSW              ;子程序开头保护现场
        PUSH    ACC
        PUSH    B
```

```
…
POP      B                ;子程序末尾恢复现场
POP      ACC
POP      PSW
RET                       ;子程序返回
```

4.2　汇编语言程序设计举例及其仿真调试

4.2.1　延时程序

在单片机应用系统中，延时程序是经常使用的程序，一般设计成具有通用性的循环结构延时子程序。在设计延时子程序时，延时的最小单位为机器周期，所以要注意晶振频率。

【例4-7】当晶振频率为 12MHz 时，设计延时 20ms 的子程序。

解： 如图 4-7 所示是标号为 YASH20 的延时子程序流程图。为便于理解调用子程序的过程和子程序的通用性，将程序设计为在主程序中调用子程序的方式。

汇编语言程序如下：

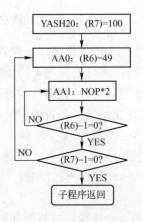

图 4-7　延时子程序流程图

```
         ORG      00H
         LCALL    YASH20
         SJMP     $
YASH20:  MOV      R7,#100
AA0:     MOV      R6,#49
AA1:     NOP
         NOP
         DJNZ     R6,AA1
         NOP
         DJNZ     R7,AA0
         NOP
         RET
         END
```

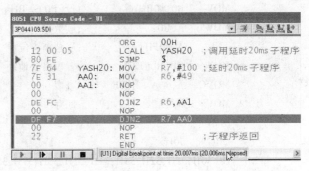

计算延时时间 $= \left[(4 \times 49 + 4) \times 100 + 4 + 2 \right] \mu s = 20006 \mu s$

仿真调试：根据 3.4 节叙述，在"单片机最小系统"电路环境下，进行添加源程序、编写源程序、汇编生成目标代码文件、加载目标代码文件、设置时钟频率和仿真等操作。进入仿真调试状态，对程序及其各指令功能进行查看、验证。仿真调试情况如该程序右方所示。本例文件名取为 3P044209.ASM。仿真测得子程序 YASH20 延时为 20.006ms。以下各节程序仿真调试也可同样处理。

4.2.2　查表程序

在单片机应用系统中，查表程序是一种常用的程序，它可以完成数据计算、转换、补偿等各种功能，具有程序简单、执行速度快等优点。在 AT89C51 单片机中，数据表格存放在程序存储器 ROM 中，而不是在 RAM 中。编写程序时，可以通过 DB 或 DW 伪指令，以表格的形式将数据列于 ROM 中。用于查表的指令有两条：

```
MOVC    A,@ A + DPTR
MOVC    A,@ A + PC
```

1. 使用查表指令 MOVC A,@ A + DPTR 的查表程序

当用 DPTR 做基址寄存器时，寻址范围为整个程序存储器的 64KB 空间，表格可放在 ROM 的任何位置。查表的步骤分三步：

① 基址值（表格首地址）→DPTR 中；

② 变址值（要查表中的项与表格首地址之间的间隔字节数）→A；

③ 执行 MOVC　A,@ A + DPTR。

【**例 4-8**】将一位十六进制数转换为 ASCII 码。设一位十六进制数放在 R0 的低 4 位，转换为 ASCII 后再送回 R0。用查表法设计程序，使用查表指令 MOVC A,@ A + DPTR。

解：程序设计流程图如图 4-8 所示。

汇编语言程序如下：

```
ORG     00H
MOV     R0,#0BH          ;设( R0) = BH
MOV     A,R0             ;读数据
ANL     A,#0FH           ;屏蔽高 4 位
MOV     DPTR,#TAB        ;置表格首地址
MOVC    A,@ A + DPTR     ;查表
MOV     R0,A             ;回存
SJMP    $
ORG     50H
TAB: DB 30H,31H,32H,33H,34H,35H,36H,37H,38H,39H    ;0 ~ 9 的 ASCII 码
DB41H,42H,43H,44H,45H,46H                          ;A ~ F 的 ASCII 码
END;
```

图 4-8　十六进制数转换为 ASCII 码的程序流程图

结果：用查表法查得 R0 中的一位十六进制数 B 的 ASCII 码为 42H。

2. 使用查表指令 MOVC A,@ A + PC 的查表程序

当用 PC 作基址寄存器时，基址 PC 是当前程序计数器的内容，即查表指令的下条指令的首地址。查表范围是查表指令后 256B 的地址空间。由于 PC 本身是一个程序计数器，与指令的存放地址有关，所以查表操作有所不同，但也可分为三步：

① 变址值（表中要查的项与表格首地址之间的间隔字节数）→（A）；

② 偏移量（查表指令下一条指令的首地址到表格首地址之间的间隔字节数）+（A）→（A）；

③ 执行 MOVC @ A + PC 指令。

【例 4-9】 用查表指令 MOVC A，@ A + PC 实现例 4-8 的功能。

解： 程序设计流程图如图 4-9 所示。汇编语言程序如下：

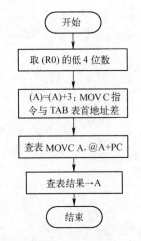

```
          ORG   00H
          MOV   R0,#07H        ;设（R0）=7H
          MOV   A,R0           ;读数据
          ANL   A,#0FH         ;屏蔽高 4 位
          ADD   A,#03H         ;加偏移量
          MOVC  A,@ A + PC      ;查表
          MOV   R0,A           ;回存,1 字节
          SJMP  $              ;2 字节
    TAB:  DB    30H,31H,32H,33H,34H
          DB    35H,36H,37H,38H,39H
          ;0 ~ 9 的 ASCII 码
          DB    41H,42H,43H,44H,45H,46H
          ;A ~ F 的 ASCII 码
          END
```

图 4-9　例 4-9 的程序流程图

结果：用查表法查得 R0 中的一位十六进制数 7H 的 ASCII 码为 37H。

注意： 指令 "ADD A,#03H" 的作用是加偏移量 3，是因 MOV R0,A 和 SJMP $ 共占用 3 个字节地址的缘故。

仿真调试： 根据 3.4 节叙述，在 "单片机最小系统" 电路环境下，进行添加源程序、编写源程序、汇编生成目标代码文件、加载目标代码文件、设置时钟频率和仿真等操作。进入仿真调试状态，对程序及其各指令功能进行查看、验证。本两例文件名取为 3P044210. ASM、3P044211. ASM。

4.2.3　码制转换程序

在单片机应用程序的设计中，经常涉及各种码制的转换问题。在单片机系统内部进行数据计算和存储时，多采用二进制码，二进制码具有运算方便、存储量小的特点。在数据的输入/输出中，按照人们的习惯，多采用代表十进制数的 BCD 码（用 4 位二进制数表示的十进制数）表示。

1. 二进制（或十六进制）数转换成 BCD 码

十进制数常用 BCD 码表示。BCD 码有两种形式：一种是一个字节放一位 BCD 码，它适用于显示或输出；另一种是压缩的 BCD 码，即一个字节放两位 BCD 码，高 4 位、低 4 位各存放一个 BCD 码，可以节省存储单元。

将单字节二进制（或十六进制）数转换为 BCD 码的一般方法是把二进制（或十六进制）数除以 100，得到百位数，余数除以 10 的商和余数分别为十位数、个位数。

单字节二进制（或十六进制）数在 0～255 之间，设单字节数在累加器 A 中，转换结果的百位数放在 R3 中，十位和个位同放入 A 中。除法指令完成的操作为：A 除以 B 的商放入 A 中，余数放入 B 中。

【例4-10】将单字节二进制数转换成 BCD 码。设二进制数为 10001001B，即为 89H。

解：程序设计流程图如图 4-10 所示。汇编语言程序如下：

```
ORG    00H
MOV    A,#89H        ;十六进制数 89H 送 A 中
MOV    B,#100        ;100 作为除数送入 B 中
DIV    AB            ;十六进制数除以 100
MOV    R3,A          ;百位数送 R3，余数在 B 中
MOV    A,#10         ;分离十位数和个位数
XCH    A,B           ;余数送入 A 中，除数 10 放在 B 中
DIV    AB            ;分离出十位放在 A 中，个位放在 B 中
SWAP   A             ;十位数交换到 A 中的高 4 位
ADD    A,B           ;将个位数送入 A 中的低 4 位
SJMP   $
END
```

结果：（R3）=1，（A）=37H，89H 的 BCD 为 137。

2. BCD 码转换成二进制（或十六进制）数

【例4-11】将两位压缩 BCD 码按其高、低 4 位分别转换为二进制数。本例压缩 BCD 码为 89。

解：程序设计流程图如图 4-11 所示。

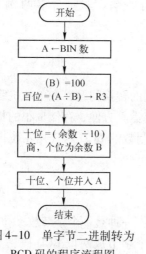

图 4-10　单字节二进制转为
BCD 码的程序流程图

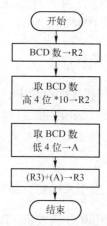

图 4-11　单字节压缩 BCD 码转为
二进制数的程序流程图

两位压缩 BCD 码存放在 R2 中。将其高、低 4 位分别转换为二进制数，并存放在 R3 中。

汇编语言程序如下：

```
STAR: MOV   R2,#89H        ;表示 BCD 码为 89
      MOV   A,R2           ;(A)←(R2)
      ANL   A,#0F0H        ;屏蔽低 4 位
      SWAP  A              ;高 4 位与低 4 位交换
      MOV   B,#10          ;乘数
      MUL   AB             ;相乘
      MOV   R3,A           ;(R3)←(A)
      MOV   A,R2           ;(A)←(R2)
      ANL   A,#0FH         ;屏蔽高 4 位
      ADD   A,R3           ;(A)←(A)+(R3)
      MOV   R3,A           ;(R3)←(A)
      SJMP  $
      END
```

结果：BCD 码为 89，转换为十六进制数为 59H，放在 R3 中。

仿真调试：根据 3.4 节叙述，在"单片机最小系统"电路环境下，进行添加源程序、编写源程序、汇编生成目标代码文件、加载目标代码文件、设置时钟频率和仿真等操作。进入仿真调试状态，对程序及其各指令功能进行查看、验证。本两例文件名取为 3P044212. ASM、3P044213. ASM。

4.2.4　数据排序程序

在单片机应用程序中，有时要对数据进行排序。排序的方法有按从小到大的次序排，有按从大到小的次序排等。

【例 4-12】设计一个排序程序，将单片机内 RAM 中若干单字节无符号的正整数按从小到大的次序重新排列。

解：程序设计流程图如图 4-12 的所示。先将不等的 11 个任意数据放于 AT89C51 的片内 RAM 的 50H ~ 5AH 单元中，设依次为 56H、88H、34H、57H、18H、62H、42H、24H、01H、31H、11H。

汇编语言程序如下（俗称冒泡法）：

```
      ORG   00H
SORT: MOV   R0,#50H        ;指针送 R0
      MOV   R7,#0AH        ;每次冒泡比较的次数
      CLR   F0             ;交换标志清 0
LOOP: MOV   A,@R0          ;取前一个数
```

```
        MOV     R2,A            ;暂存前一个数于R2
        INC     R0              ;取后一个数
        MOV     30H,@R0         ;后一个数暂存于30H
        CLR     C               ;清进位为0
        CJNE    A,30H,LP1       ;前后两数相比较
        SJMP    LP2
LP1:    JC      LP2             ;前数≤后数,不交换
        MOV     A,@R0
        DEC     R0              ;前数＞后数,则交换
        XCH     A,@R0
        INC     R0
        MOV     @R0,A
        SETB    F0              ;置交换标志
LP2:    DJNZ    R7,LOOP         ;进行下一次比较
        JB      F0,SORT         ;一趟循环中有交换,
                                ;进行下一趟冒泡
        SJMP    $               ;无交换退出
        END
```

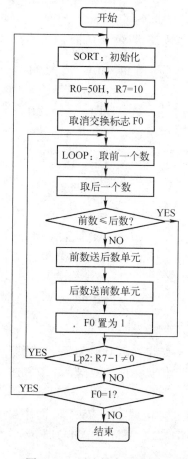

图 4-12　冒泡排序流程图

结果：数据在 RAM 的 50H～5AH 单元中从小到大的次序排列依次为 01H、11H、18H、24H、31H、34H、42H、56H、57H、62H、88H。

仿真调试：根据 3.4 节叙述，在"单片机最小系统"电路环境下，进行添加源程序、编写源程序、汇编生成目标代码文件、加载目标代码文件、设置时钟频率和仿真等操作。进入仿真调试状态，对程序及其各指令功能进行查看、验证。本例文件名取为 3P044214. ASM。

4.2.5　算术计算程序

AT89C51 指令系统中有加、减、乘、除、加1、减1 等指令，可通过设计程序来处理一般不太复杂的算术运算。设计中要注意程序执行对 PSW 的影响。

【例 4-13】设计一个顺序程序，求解 $Y=(3\times X+4)\times 5\div 8-1$。$X$ 的取值范围为 0～15，X 值存放于 30H 中，设 $(X)=4$，计算结果 Y 存放在 31H 中。

解： 程序设计流程图如图 4-13 所示。汇编语言程序如下：

```
        ORG     00H
        LJMP    STAR
        ORG     100H
STAR:   MOV     30H,#4          ;X=4,(30H)=4
        MOV     A,30H
```

```
        CLR     C
        RLC     A               ;2X
        ADD     A,30H           ;(A) = 3X
        MOV     31H,A           ;(31H) = (A) = 3X
        MOV     A,#4
        ADD     A,31H           ;(A) = 3X + 4
        MOV     B,#5
        MUL     AB              ;(A) = 5(3X + 4)
        MOV     B,#8
        DIV     AB              ;(A) = 5(3X + 4)/8
        DEC     A               ;(A) = [5(3X + 4)/8] − 1
        MOV     31H,A           ;结果在 31H 中,
                                ;余数在 B 中
        SJMP    $
        END
```

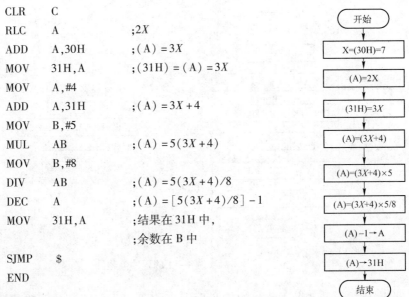

图 4-13　例 4-13 的程序流程图

结果：(31H) = 9。

【例 4-14】用程序实现 $c = a^2 + b^2$。设 a、b、c 存于片内
RAM 的三个单元 R2、R3、R4 中。该题可用子程序来实现，
通过两次调用查平方表子程序来得到 a^2 和 b^2，并在主程序中完成相加。（设 a、b 为 0~9
之间的数，如设 $a = 6$，$b = 4$）

解：程序设计流程图如图 4-14 所示。左图为主程序流程图，右图为实现平方子程序
SQR 的流程图。汇编语言程序如下：

```
        ORG     00H
        MOV     R2,#6           ;赋值(R2) = 6
        MOV     R3,#4           ;赋值(R3) = 4
        MOV     A,R2            ;取第一个被加的数据 a
        ACALL   SQR             ;第一次调用,得 a²
        MOV     R1,A            ;暂存 a² 于 R1 中
        MOV     A,R3            ;取第二个被加的数据 b
        ACALL   SQR             ;第二次调用,得 b²
        ADD     A,R1            ;完成 a² + b²
        MOV     R4,A            ;存 a² + b² 结果到 R4
        SJMP    $
SQR:    INC     A               ;查表位置调整
        MOVC    A,@A + PC       ;查平方表
        RET                     ;子程序返回
TAB:    DB  0,1,4,9,16,25,36,49,64,81 ;1~9 的平方表
        END
```

结果：(R4) = 34H = 52

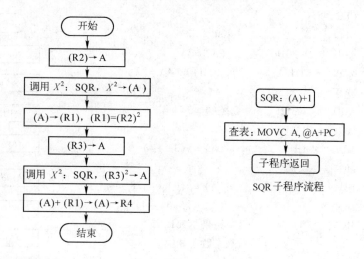

图4-14　例4-14的程序流程图

【例4-15】设计 n 个正整数的求和程序。设 X_i 均为单字节数，并按顺序存放在片内RAM以50H为首地址的连续存储单元中，数据长度（个数） n 存在R2中。求 $S = X_1 + X_2 + \cdots X_n$ ，并将和数 S （双字节）存放在R3、R4中（设和数 < 65536）。

解：取 $n = 5$ ，其程序设计流程图如图4-15所示。程序结构为"计数控制循环结构"。汇编语言程序如下：

```
        ORG     00H
        MOV     50H,#23H        ;为寄存器50H～54H预置数据
        MOV     51H,#05H
        MOV     52H,#0FFH
        MOV     53H,#44H
        MOV     54H,#60H
;以下4条指令为置循环初值
        MOV     R2,#5           ;数据个数计数器R2置数
        MOV     R3,#00H         ;结果高位存储器R3清0
        MOV     R4,#00H         ;结果低位存储器R4清0
        MOV     R0,#50H         ;寄存器(R0)=50H
;以下6条指令为循环体
LOOP:   MOV     A,R4
        ADD     A,@R0
        MOV     R4,A
        CLR     A
        ADDC    A,R3
        MOV     R3,A
;以下3条分别为循环修改、循环控制、退出循环
        INC     R0              ;循环修改
```

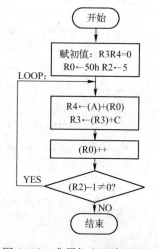

图4-15　求累加和程序流程图

```
DJNZ      R2,LOOP          ;循环控制
SJMP      $                ;退出循环
END
```

结果：高位(R3) =01H；低位(R4) = CBH。

仿真调试：根据 3.4 节叙述，在"单片机最小系统"电路环境下，进行添加源程序、编写源程序、汇编生成目标代码文件、加载目标代码文件、设置时钟频率和仿真等操作。进入仿真调试状态，对程序及其各指令功能进行查看、验证。此三例文件名分别取为3P044215. ASM、3P044216. ASM、3P044217. ASM。

4.3　单片机应用系统 PROTEUS 设计与仿真举例

4.3.1　跑马灯的 PROTEUS 设计与仿真

以 AT89C51 为控制核心的"LED 跑马灯"（简称"跑马灯"）是包括电路和程序设计的简单又典型的实例。设计目的是令单片机 CPU 控制 P1 口的 8 个发光管中的一个点亮，点亮状态由 P1.0 向 P1.7 （由上而下）移动，每隔 500ms 亮点移动一次，形成一个亮点循环流动的现象。

1. "跑马灯"的电路设计

电路原理图如图 4-16 中上部所示，使用元件列于图左上方，时钟频率为 12MHz。

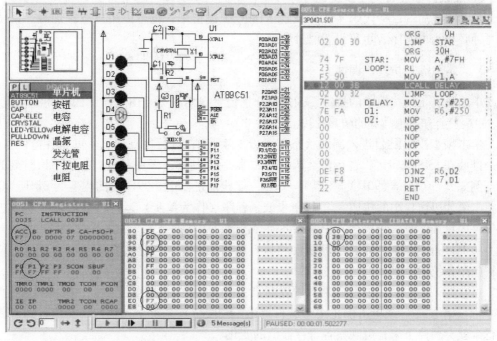

图 4-16　跑马灯电路设计、程序设计、仿真片段及调试调试

电路设计步骤如下（详细参看 1.4 节、2.5 节）：

① 建立、保存设计文件。按 1.4 节叙述建立和保存设计文件，设计文件名为 3P0431. DSN，采用系统默认图纸尺寸（A4）。

② 选取并旋转元件和电源、地终端等，根据图 4-16 所示，在 PROTEUS ISIS 中进行选取元件、放置元件、放置终端（电源、地）等操作。

③ 设置元件属性。按 2.5 节叙述，根据图 4-16 所示对各元件值等属性进行设置。

④ 连接电路。按 2.5 节叙述，根据图 4-16 所示进行电气连线，完成电路设计。

2.＂跑马灯＂程序设计

跑马灯汇编语言参考程序取名为 3P0431. ASM。设计步骤如下（详细参看 3.4 节）：

① 汇编语言程序设计。参考程序如图 4-16 右方所示。建议读者自行设计。

② 新建源程序文件。单击 ISIS 菜单中的＂Source（源程序）＂选项→单击＂Add/Remove Source File（添加/移除源程序文件）＂选项→单击＂Code Generation Tool（代码生成工具）＂选择代码生成工具＂ASEM51＂→单击＂New（新建）＂选择好路径并在文件名栏中写入源程序文件名 3P0431. ASM，最后单击＂OK＂按钮则完成添加源程序文件操作。

③ 编写、编辑源程序。单击 ISIS 菜单中＂Source＂选项→单击源程序文件 3P0431. ASM 则进入源程序编辑器，编写并编辑源程序。

④ 汇编生成目标代码文件。单击菜单中的＂Source＂选项→单击第四选项＂Build ALL（汇编全部）＂对源程序进行汇编。若汇编无错，则生成目标代码文件 3P0431. HEX。

⑤ 加载目标代码文件和设置时钟频率，本例为 12MHz。源程序汇编（Build All）通过会自动将最后的目标代码文件加载到 AT89C51 模型中；也可由用户选择加载。系统默认时钟频率为 12MHz，也可设置时钟频率。

3.＂跑马灯＂仿真、调试

单击仿真工具按钮中的按键 ▶ ，则全速仿真，出现亮点由上而下的循环流动现象。图 4-16 中上方是跑马灯的仿真片段。

单击帧步按钮 ▶▌ 进入调试状态（参看 3.4 节），进行仿真调试。可将各窗口打开，一一排放在 ISIS 编辑区，进行仿真调试，如图 4-16 所示。图中各窗口表示了该时刻的状态。例如，（ACC）＝（90H）＝（P1）＝F7H，堆栈地址 08H、09H 中的内容为 38H、00H。可单击源代码窗口中的按钮 ⬆ 进行单步或子程序（作为单步）运行，单击 ⬇ 单步或进入子程序内单步运行。每执行一步，都可观察各窗口的状态。

从 ISIS 底部状态栏中，还可观察到运行所需的时间。根据这些信息可方便地进行单片机应用系统的调试。

可在调试窗口调试的基础上，设置断点，图 4-16 中设置断点在 LCALL DELAY 所在指令行。单击 ▣ （或单击停止按钮后再单击 ▶ 按钮）系统全速运行，在执行到有断点的行，就会暂停下来，可观察各寄存器值的变化。

从图 4-16 下方的 ISIS 状态栏中还可观察到仿真运行的时间（参看 3.4.2 节），有仿真运行总时间、指令或子程序作为一步运行时间（例如，运行延时子程序的时间）。根据这些信息可方便地进行单片机应用系统的调试。

4. "跑马灯"实际制作

在面包板或实验板上，按仿真通过的电路进行电路安装，再加载仿真通过的程序，上电实验直至实际装置功能、性能都符合要求。图 4-17 所示是制作完成的"跑马灯"及其运行情况照片。

图 4-17　"跑马灯"及其运行情况照片（学生朱嘉制作）

4.3.2　简易 LED 数字显示装置的 PROTEUS 设计与仿真

以 AT89C51 为控制核心的"简易 LED 数字显示装置"（简称"数字显示装置"）是包括电路和程序设计的简单又典型的实例。设计目的是令单片机 CPU 控制 P0 ~ P3 口的 32 个发光管（排列为矩阵式）显示数字 1、2、3。显示由按钮控制，第一次按显 1，再按显 2，再按显 3，再按显 1，……依次循环。

1. 电路设计

电路原理图如图 4-18 右方所示，图左上方为使用元件列表，图左下方为显示数字 2 的效果，正文为其显示码（设计仿真成功后，可将 4 列发光管并起来）。时钟频率为 12MHz。

电路设计步骤如下（详细参看 1.4 节、2.5 节）：

① 建立、保存设计文件。按 1.4 节叙述建立和保存设计文件，设计文件名为 3P0432. DSN，采用系统默认图纸尺寸（A4）。

② 选取并旋转元件和电源、地终端等，按 1.4 节和 2.5 节叙述，根据图 4-18 所示，在 PROTEUS ISIS 中进行选取元件、放置元件、放置终端（电源、地）等操作。

③ 设置元件属性。按 2.5 节叙述，根据图 4-18 所示对各元件值等属性进行设置。

④ 连接电路。按 2.5 节叙述，根据图 4-18 所示，进行电气连线，完成电路设计。

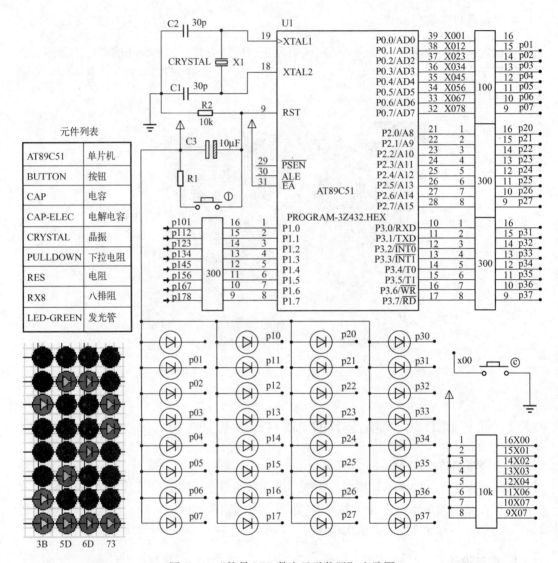

图 4-18 "简易 LED 数字显示装置"电路图

2. 汇编语言程序设计

"数字显示装置"汇编语言程序设计（取名为 3P0432.ASM）如下：

```
         ORG   0H               ANL   A,#01H
STAR0:   MOV   R0,#0            JNZ   LOOP  ;没按下键则转到 LOOP
LOOP:    SETB  P0.0             INC   R0
         MOV   A,P0   ;读 P0 到 A    CJNE  R0,#4,STARX
```

```
STARX: JNC     STAR0                         MOV     P3,A
       MOV     DPTR,#TAB                     LCALL   DELAY
       MOV     A,R0                          SJMP    LOOP
       DEC     A                     TAB3:   MOV     A,#0BBH   ;显 3
       MOVC    A,@A+DPTR                     MOV     P0,A
       JMP     @A+DPTR  ;散转                MOV     A,#6DH
TAB:   DB      TAB1-TAB                      MOV     P1,A
       DB      TAB2-TAB                      MOV     A,#6DH
       DB      TAB3-TAB                      MOV     P2,A
TAB1:  MOV     A,#0FFH  ;显 1                MOV     A,#93H
       MOV     P0,A                          MOV     P3,A
       MOV     A,#7BH                        LCALL   DELAY
       MOV     P1,A                          SJMP    LOOP
       MOV     A,#01H                DELAY:  MOV     R7,#150    ;延时 300ms
       MOV     P2,A                  D1:     MOV     R6,#250
       MOV     A,#7FH                D2:     NOP
       MOV     P3,A                          NOP
       LCALL   DELAY                         NOP
       SJMP    LOOP                          NOP
TAB2:  MOV     A,#03BH  ;显 2                NOP
       MOV     P0,A                          NOP
       MOV     A,#5DH                        DJNZ    R6,D2
       MOV     P1,A                          DJNZ    R7,D1
       MOV     A,#6DH                        RET                ;子程序返回
       MOV     P2,A                          END
       MOV     A,#73H
```

参看 3.4 节，在 PROTEUS 或 Kiel 中进行汇编语言程序设计。

3. 汇编和编程

根据 3.4 节，在 PROTEUS ISIS 中，操作"Source→Build All"，汇编生成目标代码文件 3P0432.HEX。高版本 PROTEUS 汇编时自动将最后的目标代码文件下载到单片机模型中，也可通过单片机属性设置下载到单片机模型中。设置晶振频率为12 MHz。

4. PROTEUS 仿真、调试

单击仿真工具按钮中的按键 ▶️ ，则全速仿真，单击按键显示 1，再单击按键显示 2，……图 4–19 是"LED 数字显示装置"的仿真片段，正在显示 2。

进入仿真调试状态。根据需要打开各窗口，设置断点，操作各种调试按钮进行调试。观察各寄存器的改变、指令、延时子程序及程序走向等。为观察散转指令的功能，可将断点设置在指令行 JMP @A+DPTR 上，如图 4–19 所示。

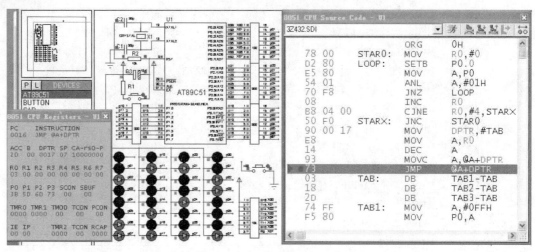

图 4-19 "LED 数字显示装置"的仿真与调试图

实训 4："显示 0～9 的数显装置"的 PROTEUS 设计、仿真与制作

1. 任务与目的

（1）任务

在 PROTEUS ISIS 中，设计基于 AT89C51 的"显示 0～9 的数显装置"，内容包括电路设计、程序设计、仿真和调试、实际制作。要求每按一次键更换一次显示数字，依次循环显示 0,1,2,…,9。

（2）目的

① 掌握 AT89C51 简单应用系统的电路设计和程序设计，熟悉指令的功能与实际应用。

② 掌握 PROTEUS 电路设计、程序设计、仿真技术。学会仿真调试技术。要求设置断点调试并从调试中理解每条指令的功能和程序的走向，特别是查表指令、散转指令及条件转移指令等的功能。

③ 根据仿真设计结果，实际制作"显示 0～9 的数显装置"。

2. 内容与操作

（1）电路设计

在 PROTEUS 中设计"显示 0～9 的 LED 数显装置"的电路。可参考图 4-19 所示的电路原理图。文件取名为 3P0441. DSN。

（2）程序设计

在 PROTEUS ISIS 中进行源程序设计与编辑。文件取名为 3P0441. ASM。

（3）汇编、下载、单片机属性设置

在 PROTEUS ISIS 中应用代码生成（即汇编）工具"ASEM51"对程序汇编，生成目标代码文件（3P0441. HEX）。高版本 PROTEUS 会将最后的目标代码文件自动下载到单片机模型中。设置晶振频率为 12MHz。

（4）仿真与调试

按要求进行仿真与调试。

（5）实际制作

在面包板或实验 PCB 板上，按仿真通过的电路进行电路安装，再加载仿真通过的程序，上电实验直至实际装置功能性能都符合要求。

图 4-20 所示是制作成功的"显示 0～9 的数显装置"及其运行照片。

图 4-20　"显示 0～9 的数显装置"及其运行照片（学生储成成制作）

习题与思考 4

1. 将一个按高低字节存放在 21H、20H 中的双字节数乘以 2 后，再按高低次序将结果存放到 22H、21H、20H 单元中。

2. 试编程，将片外 RAM 中 1000H～1050H 单元的内容置为 55H。

3. 试编写统计数据区长度的程序，设数据区从片内 RAM 的 30H 单元开始，该数据区以 0 结束，统计结果放入 2FH 中。

4. 试编写程序，将片外 RAM 的 2000H～200FH 数据区中的数据由大到小排列。

5. 若晶振频率为 6MHz，试计算下面延时子程序的延时时间。

```
DELAY:   MOV     R7,#0F6H
LP:      MOV     R6,#0FAH
         DJNZ    R6, $
         DJNZ    R7,LP
         RET
```

6. 试分别编写延时 20ms 和 1s 的程序。

7. 试编写利用调用子程序的方法延时 1min 的程序。

8. 用查表程序求 0～6 之间的整数的立方。已知整数存在 A 中，查表结果存入片内 RAM 31H 中。

9. 编写程序，查找在片内 RAM 的 30H～50H 单元中出现 FFH 的次数，并将查找结果存入 51H 单元。

10. 试用子程序求多项式 $Y = (A + B)^2 + (B + C)^2$ 的值。

11. 已知(60H) = 33H，(61H) = 43H，试写出下列程序的功能和运行结果。

```
     ORG     00H              MOV     R1,#70H
SS:  MOV     R0,#61H          ACALL   CRR
```

```
        SWAP    A                          CLR     C
        MOV     @R1,A                      SUBB    A,#30H
        DEC     R0                         CJNE    A,#0AH,NEQ
        ACALL   CRR                        AJMP    BIG
        XCHD    A,@R1             NEQ：     JC      CEN
        SJMP    $                 BIG：     SUBB    A,#07H
CRR：   MOV     A,@R0             CEN：     RET
```

（60H）= _____，（61H）= _____，（70H）= _____。

12. 从片内 RAM 的 30H 单元开始，相继存放 5 个无符号数，其数目 5 存放在 21H 单元中。试编写程序，求出这组无符号数中最小的数，并将其存入 20H 单元中。

13. 写程序实现下列转移功能。

（R2）=0 转向 RR0

（R2）=1 转向 RR1

（R2）=2 转向 RR2

14. 试按子程序形式编程，将单字节二进制数的高 4 位、低 4 位分别转换成 ASCII 码。

第5章　AT89C51 中断系统

5.1　中断系统

"中断系统"是单片机为实现中断、控制中断的功能组成部分。它使单片机能及时响应并处理运行过程中内部或外部的随机突发事件,解决单片机快速 CPU 与慢速外设间的矛盾,提高单片机的工作效率和可靠性。

5.1.1　中断基本概念

1. 中断的定义

单片机执行程序的过程中,为响应内部和外部随机发生的事件和突发事件,CPU 暂时中止执行当前程序,转去处理事件;处理完毕后,再返回继续执行原来中止了的程序。这一过程被称为中断。

2. 中断技术

在单片机应用系统的硬件、软件设计中,应用中断系统处理随机发生事件和突发事件的技术称为中断技术。

3. 中断系统

AT89C51 单片机的中断系统由中断源、与中断控制有关的特殊功能寄存器、中断入口地址、顺序查询逻辑电路等组成,包括 5 个中断请求源、4 个与中断控制有关的特殊寄存器(IE、IP、TCON 和 SCON)、两个中断优先级及顺序查询逻辑电路。中断系统的结构示意图如图 5-1 所示。

5.1.2　中断系统结构

1. 中断源

中断源是指能产生中断、发出中断请求的事件或装置。AT89C51 单片机的中断源有 5 个。

① 外部中断 0($\overline{\text{INT0}}$):中断请求信号从单片机的 P3.2 脚输入。

② 外部中断 1($\overline{\text{INT1}}$):中断请求信号从单片机的 P3.3 脚输入。

③ 内部定时器/计数器 0(T0):溢出中断。

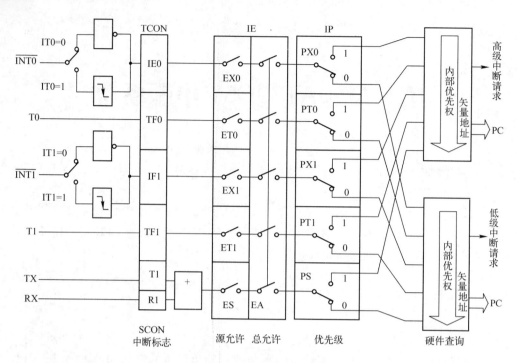

图 5-1　AT89C51 单片机中断系统的结构示意图

④ 内部定时器/计数器 1（T1）：溢出中断。

⑤ 串口中断：包括串行收中断 RI 和串行发中断 TI。

2. 中断入口地址

5 个中断源对应的中断入口地址如表 5-1 所示，它们都在 ROM 中。

若启动中断功能，则在程序设计时必须留出 ROM 中相应的中断入口地址，不得被其他程序占用。中断服务程序的首地址多为中断入口处的转移指令所转地址。

表5-1　中断入口地址及内部优先权

中　断　源	中断入口地址（ROM）	优　先　权	
INT0	0003H	高	
T0	000BH		
INT1	0013H		
T1	001BH		
串口	0023H	低	

3. 中断优先级、优先权、中断嵌套

（1）优先级

通常在系统中有多个中断源，可能会出现两个或更多的中断源同时提出中断请求的情况，应该先响应哪个中断请求呢？设计者应事先根据轻重缓急给中断源确定一个中断级别，即优先级（priority）。AT89C51 单片机可将 5 个中断源分为两个优先级：高优先级和低优先级。当几个中断源同时请求时，CPU 先响应高优先级的中断，后响应低优先级的中断。中断优先级的划分是可编程的，即用指令可设置哪些中断源为高优先级，哪些中断源为低优先级。当发出新的中断申请的优先级与当前已响应中断的优先级相同或更低时，CPU 不立即响应，直到正在处理的中断服务程序执行完以后，才受理该中断。

（2）优先权

单片机也将同一优先级中的所有中断源按优先权先后排序，如表 5-1 右列所示。INT0 中断优先权最高，串口中断优先权最低。若在同一时刻发出请求中断的两个中断源属于同一优先级，CPU 先响应优先权排在前面的中断源中断，后响应优先权排在后面的中断源中断。优先权由单片机决定，而非由编程决定。

（3）中断嵌套（高优先级中断可中断低优先级中断）

当 CPU 响应某一中断请求并进行中断处理时，若有优先级级别高的中断源发出中断申请，则 CPU 要暂时中断正在执行的中断服务程序，保留此时中断的断点（称中断嵌套断点），响应高优先级中断源的中断。高优先级中断处理完后，再回到中断嵌套断点，继续处理被暂时中断的低优先级中断，这就是中断嵌套。中断嵌套只允许"高优先级中断"中断"低优先级中断"。如图 5-2 所示为中断嵌套示意图。

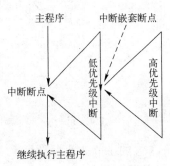

图 5-2　中断嵌套示意图

5.1.3　与中断控制有关的寄存器

在 AT89C51 单片机中涉及中断控制的有 4 个特殊功能寄存器，通过对它们进行置位（置 1）或清零操作，可实现中断控制功能。

1. IE（中断允许寄存器）

单片机是否接受中断申请、接受哪个中断申请由可位寻址的特殊功能寄存器 IE（Interrupt Enable）决定。其字节地址为 A8H，各位名称与位地址如表 5-2 所示。各控制位置"1"表示允许中断，置"0"表示禁止中断。

表 5-2　IE 结构及各位名称、位地址

位　号	IE.7	IE.6	IE.5	IE.4	IE.3	IE.2	IE.1	IE.0
位名称	EA	…	…	ES	ET1	EX1	ET0	EX0
位地址	AFH	…	…	ACH	ABH	AAH	A9H	A8H

EA：中断允许总开关。EA=1 是中断允许的必要条件；EA=0，禁止所有中断。

ES：串口中断允许控制位。

ET1：定时器/计数器 1 溢出中断允许控制位。

EX1：外中断 1 中断允许控制位。

ET0：定时器/计数器 0 溢出中断允许控制位。

EX0：外中断 0 中断允许控制位。

【例 5-1】 如要设置外中断 1 和定时器/计数器 1 中断允许，其他不允许，求 IE 值。

解： 参照表 5-2，根据题意 IE 的设置如表 5-3 所示。

表 5-3　根据题意设置 IE 中断允许位

EA			ES	ET1	EX1	ET0	EX0
1	0	0	0	1	1	0	0

求得(IE) = 8CH。编写程序时，可用下面字节操作指令设置：

    MOV　IE,#8CH

也可用下列位操作指令设置：

SETB EA	CLR　EX0
SETB ET1	CLR　ET0
SETB EX1	CLR　ES

2. TCON（定时器/计数器和外中断控制寄存器）

TCON 的字节地址为 88H，是可位寻址的特殊功能寄存器。表 5-4 所示为 TCON 结构及各位名称、位地址。其中，与中断有关的有 6 位，即 TCON. 0、TCON. 1、TCON. 2、TCON. 3、TCON. 5 和 TCON. 7。与定时器/计数器有关的 TCON. 4、TCON. 6，将在定时器/计数器章节中介绍。

表 5-4　TCON 结构及各位名称、位地址

位　号	TCON. 7	TCON. 6	TCON. 5	TCON. 4	TCON. 3	TCON. 2	TCON. 1	TCON. 0
位名称	TF1	TR1	TF0	TR0	IE1	IT1	IE0	IT0
位地址	8FH	8EH	8DH	8CH	8BH	8AH	89H	88H

TF1：T1 溢出中断请求标志。当定时器/计数器 T1 溢出时，由硬件置"1"，请求中断。

TF0：T0 溢出中断请求标志。其功能、意义与 TF1 相似。

IE1：外中断 1 中断请求标志。当INT1引脚（P3.3）上出现有效的外部中断信号时，由硬件置"1"，请求中断。

IT1：外中断INT1触发方式控制位，由软件置"1"或清零。IT1 = 1，INT1触发方式为边沿触发方式，当 P3.3 引脚出现下跳沿时信号有效；IT1 = 0，INT1触发方式为电平触发方式，当 P3.3 引脚出现低电平时信号有效。

IE0：外中断INT0中断请求标志。其功能、意义与 IE1 类同。

IT0：外中断INT0触发方式控制位。其功能、意义与 IT1 类同。

3. SCON（串口控制寄存器）

SCON 的字节地址是 98H，它是可位寻址的特殊功能寄存器。表 5–5 所示为 SCON 结构及各位名称、位地址。其中只有 TI 和 RI 两位与串口中断控制有关。

TI：串口发送中断请求标志。

RI：串口接收中断请求标志。

CPU 在响应串行发送、接收中断后，TI、RI 不能自动清零，必须用软件清零。

表 5–5 SCON 结构及各位名称、位地址

位 号	SCON.7	SCON.6	SCON.5	SCON.4	SCON.3	SCON.2	SCON.1	SCON.0
位名称	SM0	SM1	SM2	REN	TB8	RB8	TI	RI
位地址	9FH	9EH	9DH	9CH	9BH	9AH	99H	98H

4. IP（中断优先级控制寄存器）

IP 的字节地址为 B8H，它是可位寻址的特殊功能寄存器。高 3 位地址未用，其余位地址由低到高依次是 B8H ~ BCH。表 5–6 所示为 IP 结构及各位名称、位地址。

表 5–6 IP 结构及各位名称、位地址

位 号	…	…	…	IP.4	IP.3	IP.2	IP.1	IP.0
位名称	…	…	…	PS	PT1	PX1	PT0	PX0
位地址	…	…	…	BCH	BBH	BAH	B9H	B8H

中断源中的中断优先级控制位置 "1"，定义为高优先级；清零，定义为低优先级。若 5 个中断源全部置为高优先级或全部置为低优先级，相当于不分优先级。这时，响应中断的先后顺序依系统内规定的优先权行事，如表 5–1 所示。

PS：串口中断优先级控制位。

PT1：T1 中断优先级控制位。

PX1：$\overline{INT1}$ 中断优先级控制位。

PT0：T0 中断优先级控制位。

PX0：$\overline{INT0}$ 中断优先级控制位。

【例 5–2】如果要将 T0、外中断 1 设为高优先级，其他为低优先级，求 IP 的值。

解：根据表 5–6 来设置。IP 的高 3 位位地址未用，可任意取值，设为 000，其他各位根据题目要求设置，如表 5–7 所示。

表 5–7 根据题意设置 IP 各位

			PS	PT1	PX1	PT0	PX0
0	0	0	0	0	1	1	0

求得（IP）=06H，可用下面字节操作指令设置：

```
MOV   IP,#06H
```

也可用下两条位操作指令设置：

```
SETB   PX1                              CLR   PT1
SETB   PT0                              CLR   PS
CLR    PX0
```

5.1.4 中断过程

AT89C51 中断处理过程大致可分为 4 步：中断请求、中断响应、中断服务和中断返回，如图 5-3 所示。其中大部分操作是 CPU 自动完成的，用户只需了解来龙去脉，设置堆栈、设置中断允许、设置中断优先级、编写中断服务程序等，若为外中断还需设置触发方式。

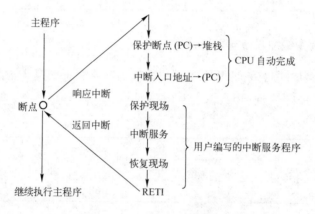

图 5-3 中断过程示意图

1. 中断请求

中断源要求 CPU 为它服务时，必须发出一个中断请求信号。若是外部中断源，则需将外部中断源接到单片机的 P3.2（$\overline{INT0}$）或 P3.3（$\overline{INT1}$）引脚上。当外部中断源发出有效中断信号时，相应的中断请求标志位 IE0 或 IE1 置"1"，提出中断请求。若是内部中断源发出有效中断信号，如 T0、T1 溢出，则相应的中断请求标志位 TF0 或 TF1 置"1"，提出中断请求。CPU 将不断查询这些中断请求标志，一旦查询到某个中断请求标志置位，CPU 就根据中断响应条件响应中断请求。

2. 中断响应

（1）中断响应条件
中断源发出中断请求后，CPU 响应中断必须满足如下条件：
① 已开总中断（EA=1）和相应中断源的中断（相应允许控制位置位）。
② 未执行同级或更高级的中断。
③ 当前执行指令的指令周期已结束。

④ 正在执行的不是 RETI 和访问 IE、IP 指令，否则要再执行一条指令后才能响应。

（2）中断响应操作

CPU 响应中断后，进行如下操作：

① 在一种中断响应后，屏蔽同优先级和低优先级的其他中断。

② 响应中断后，应清除该中断源的中断请求标志位，否则中断返回后将重复响应该中断而出错。有的中断请求标志（TF0、TF1、边沿触发方式下的 IE0、IE1）在 CPU 响应中断后，会由 CPU 自动清除。有的中断标志（如 RI、TI）CPU 不能清除，只能由用户编程清除。还有电平触发方式下的中断请求标志（IE0、IE1），在 CPU 响应中断后也由 CPU 自动清除；但若中断源保持的低电平未消除或保持时间长于完成中断服务程序执行时间，则会重复发生中断，这种情况一般可通过外电路清除。

CPU 响应中断后，首先将中断点的 PC 值压入堆栈保护起来，然后 PC 装入相应的中断入口地址，并转移到该入口地址执行中断服务程序。当执行完中断服务程序的最后一条指令 RETI 后，自动将原先压入堆栈的中断点的 PC 值弹回至 PC 中，返回执行中断点处的指令。

3. 执行中断服务程序

根据要完成的项目和任务编写中断服务程序。一般来说，中断服务程序包含以下几部分。

① 保护现场。一旦进入中断服务程序，便将与断点处有关且在中断服务程序中可能改变的存储单元（如 ACC、PSW、DPTR 等）的内容通过"PUSH direct"指令压入堆栈保护起来，以便中断返回时恢复。

② 执行中断服务程序主体，完成相应操作。中断服务程序中的操作内容和功能是中断源请求中断的目的，是 CPU 完成中断处理操作的核心和主体。

③ 恢复现场。与保护现场相对应，在返回前（即执行返回指令 RETI 前），通过"POP direct"指令将保护现场时压入堆栈的内容弹出，送到原来相关的存储单元后，再中断返回。

4. 中断返回

在中断服务程序的最后，应安排一条中断返回指令 RETI，其作用是：

① 恢复断点地址。将原来压入堆栈中的断点地址弹出，送到 PC 中。这样 CPU 就返回到原中断断点处，继续执行被中断的又尚未完成的程序。

② 开放响应中断时屏蔽的其他中断。

5. 中断响应等待时间和中断请求的撤除

（1）中断响应等待时间

若 CPU 正在执行同级或更高级的中断服务程序，必须等 CPU 执行完这一服务程序返回后，才能响应新的中断。此时，中断响应的等待时间就要看正在执行的同级或更高级的中断服务程序的长短。除此之外，中断响应等待时间一般为 3~8 个机器周期。

（2）中断请求的撤除

对于已响应的中断请求，若其中断请求标志没撤除，则此中断返回后，可能再次进入中断，导致出错。有关中断请求的撤除，具体分析如下。

① CPU 硬件自动撤除。定时器/计数器 T0、T1 和边沿触发方式下的外部中断$\overline{\text{INT0}}$、$\overline{\text{INT1}}$的中断请求标志位 TF0、TF1、IE0、IE1，在中断响应后由 CPU 硬件自动清除。

② 指令清除。CPU 响应串行中断后，其硬件不能自动清除中断请求标志位。用户应在串行中断服务程序中用指令清除标志位 TI、RI。

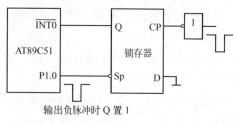

图 5-4　电平触发方式的外中断请求的撤除

③ 在中断电平触发方式下，当外中断源使$\overline{\text{INT0}}$、$\overline{\text{INT1}}$引脚低电平有效时，IE0、IE1 置 1，请求中断。CPU 响应中断，且执行完中断服务程序返回指令之后，若中断源仍是低电平，就会重复引起中断。对于这种情况，可采用外加电路的方法，清除引起置位中断请求标志的来源，如图 5-4 所示是一种外加清除电路。当外部设备有低电平触发方式的外中断请求时，中断请求信号经反相器加到锁存器 CP 端，作为 CP 脉冲。由于 D 端接地，电压为 0，Q 端输出低电平，触发$\overline{\text{INT0}}$产生中断。当 CPU 响应该中断后，在该中断服务程序中安排两条指令：

```
ANL    P1,#0FEH
ORL    P1,#01H
```

使 P1.0 输出一个负脉冲信号，延续时间为两个机器周期，加到锁存器 Sp 端（强迫置 1 端），使锁存器置位，撤销引起重复中断的$\overline{\text{INT0}}$低电平信号，从而撤除中断请求。

5.1.5　有中断的单片机应用程序的编程要点

1. 中断初始化

中断初始化应在产生中断请求前完成，一般放在主程序中，与主程序的其他初始化内容一起完成。主要有：

① 定义中断优先级。将中断优先级控制寄存器 IP 中相关的控制位置位，其余清零。

② 若是外中断，则要定义外中断触发方式，将控制寄存器 TCON 中相关的控制位置位。

③ 开中断。将控制寄存器 IE 中的中断控制位 EA 和相应的中断允许控制位置位，其余清零。

若中断服务程序小于等于 8 个字节，可直接放置在中断入口地址处。否则，在相应的中断入口地址处放置一条跳转指令（SJMP、AJMP 或 LJMP），跳转到中断服务程序的首地址。中断服务程序可放置到 ROM 中合适的空间。

2. 中断服务程序

编写中断服务程序的要求如下：

① 根据需要保护现场。为减轻堆栈负担，保护现场的数据存储单元数量力求少。

② 有些中断的中断请求标志 CPU 响应后不能自动清除，应考虑清除中断请求标志位的其他操作，如串行口中断。

③ 恢复现场。

④ 最后一条指令必须是中断返回指令 RETI。

5.2　中断应用实例及其 PROTEUS 设计与仿真

5.2.1　外中断（INT0）实验装置

1. 电路设计

本实验的电路原理图如图 5-5 所示。使用元件列表如图左侧所示。晶振频率为 12MHz。若应用 PROTEUS 进行电路设计，取名为 3P0521. DSN。

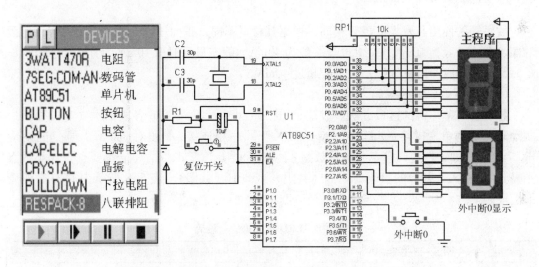

图 5-5　外中断实验电路原理图、使用元件列表及仿真片段

2. LED 数码管简介（以下简称数码管）

（1）数码管的结构与工作原理

数码管是由发光二极管作为显示字段的数码型显示器件。图 5-6 所示为数码管的外形和引脚图。其中，7 只发光二极管分别对应 a、b、c、d、e、f、g 笔段（简称"段"），构成"8"字形，另一只发光二极管 dp 作为小数点。控制数码管的某几段发光，就能显示出某个数码或字符。例如，要显示数字"1"，则只要使 b、c 两段二极管点亮即可。

数码管的结构有共阳极、共阴极两种，如图 5-7 所示。共阴极数码管中的各段二极管的负极连在一起，作为公共端 com，使用时接低电平，当其中某段二极管的正极为高电平时，此段二极管点亮。共阳极数码管中的各二极管正极并接在一起作为公共端com，使用时接高电平，当其中某段二极管的负极为低电平时，此段二极管点亮。所以，在两种极型的数码管上显示同一个字符，虽点亮相同的段，但送入各段点亮信号组成的二进制码（简称段码）正好相反。

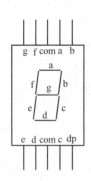

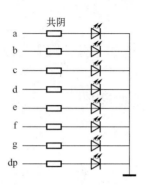

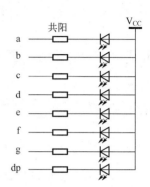

图 5-6 数码管的外形和引脚图   图 5-7 共阴极、共阳极数码管

数码管的使用与发光二极管相同，根据其材料不同，正向压降一般为 1.5～2V，每段的额定电流一般为 10mA，最大电流一般为 40mA。静态显示时取 10mA 为宜；动态扫描显示时，可加大脉冲电流，但一般不要超过 40mA。

（2）LED 数码管的编码方式

数码管与单片机的接口方法一般是 a、b、c、d、e、f、g、dp 各段依次（有的要通过驱动元件）与单片机某一并行口 PX.0～PX.7 顺序相连接，a 段对应 PX.0 端，dp 对应 PX.7 端。例如，在数码管上要显示数字 8，那么 a、b、c、d、e、f、g 都要点亮（小数点不亮），则送入并行口的段码为 7FH（共阴）或 80H（共阳）。表 5-8 所示为 LED 数码管的七段码。

表 5-8 LED 数码管的七段码

显示字符	共阳段码	共阴段码	显示字符	共阳段码	共阴段码	显示字符	共阳段码	共阴段码
0	C0	3F	5	92	6D	A	88	77
1	F9	6	6	82	7D	B	83	7C
2	A4	5B	7	F8	7	C	C6	39
3	B0	4F	8	80	7F	D	A1	5E
4	99	66	9	90	6F	E	86	79

（3）LED 数码管的显示方式

LED 数码管一般分为静态显示和动态（扫描）显示两种方式。

（4）LED 数码管静态显示方式

静态显示时，共阳数码管的 com 端接在电源上，共阴数码管的 com 端接地。显然，静态显示方式显示稳定，无闪烁感；但每一段都要接一 I/O 口线，所以占用单片机 I/O 口线资源多。本章采用静态共阳显示方式。

3. 程序设计

程序流程图如图 5-8、图 5-9 所示。

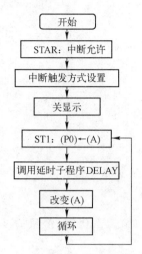

图 5-8　主程序流程图

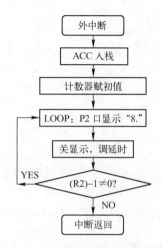

图 5-9　中断服务程序流程图

汇编语言程序设计如下:

```
            ORG     00H
            SJMP    STAR
            ORG     03H           ;INT0中断入口地址
            SJMP    INT0S         ;转INT0中断服务
            ORG     30H
STAR:       MOV     IE,#10000001B ;INT0开中断
            MOV     TCON,#1H      ;INT0边沿触发方式
            MOV     A,#0FEH       ;P0口输出初值
ST1:        MOV     P0,A
            ACALL   DELAY         ;延时
            RL      A             ;改变输出数据
            SJMP    ST1           ;主程序循环
INT0S:      PUSH    ACC           ;保护现场
            MOV     R2,#8         ;INT0中断服务,R2计数器赋初值
LOOP:       CLR     A
            MOV     P2,A          ;数码管亮
            ACALL   DELAY         ;延时
            MOV     A,#0FFH
            MOV     P2,A          ;数码管各段全暗
            ACALL   DELAY         ;延时
            DJNZ    R2,LOOP       ;循环8次
```

```
            POP      ACC               ;恢复现场,A
            RETI
    DELAY:  MOV      R7,#250           ;延时子程序,500ms
    D1:     MOV      R6,#250
    D2:     NOP
            NOP
            NOP
            NOP
            NOP
            NOP
            DJNZ     R6,D2
            DJNZ     R7,D1
            RET
            END
```

若应用 PROTEUS 或 Keil 进行汇编语言程序设计，取名为 3P0521. ASM 。

4. 汇编和编程

根据 3.4 节，在 PROTEUS ISIS 中，操作"Source→Build All"，汇编生成目标代码文件 3P0521. HEX。

高版本 PROTEUS 在汇编生成最后的目标代码文件后，会将它自动下载到单片机模型中。也可通过对单片机进行属性设置，由用户下载。

5. PROTEUS 仿真、调试、实际制作

在 PROTEUS ISIS 中，单击仿真工具按钮中的按键▶️，则全速仿真。在 P0 口上的数码管中，各段按 a～g 的顺序点亮，每一时刻只有一段亮，循环进行。当单击外中断 0 源按钮时发生外中断 0，与 P2 口相接数码管中的各段全部点亮 0.5s，再暗 0.5s，如此循环 8 次后，返回主程序继续中断前的工作。图 5-10 显示出了外中断实验的 PROTEUS 仿真片段。

图 5-10 外中断实验装置（学生干星雨制作）

5.2.2　中断优先级实验装置

设置 INT1 为高优先级、INT0 为低优先级。图 5-11 所示为高优先级中断低优先级的示意图，图 5-12 所示为低优先级等待高优先级返回后再执行的示意图。高优先级可中断低优先级，但低优先级的中断请求不能中断高优先级；同一优先级不能相互中断。

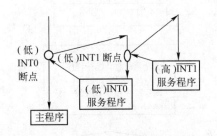
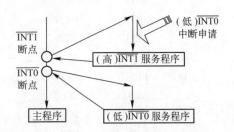

图 5-11　高优先级中断低优先级的示意图　　图 5-12　低优先级等待高优先级返回执行

1. 电路设计

"中断优先级实验装置"电路原理图如图 5-13 所示。该图左侧为其使用元件列表。应用 PROTEUS 进行电路设计，取名为 3P0522.DSN。设置晶振频率为 4MHz。

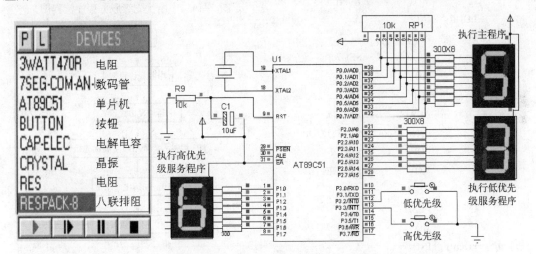

图 5-13　"中断优先级实验装置"电路原理图、元件列表及仿真片段

2. 汇编语言程序设计

"中断优先级实验装置"汇编语言程序设计（取名为 3P0522.ASM）流程图如图 5-14、图 5-15 所示。程序设计如下：

```
ORG     00H
SJMP    STAR
ORG     3
```

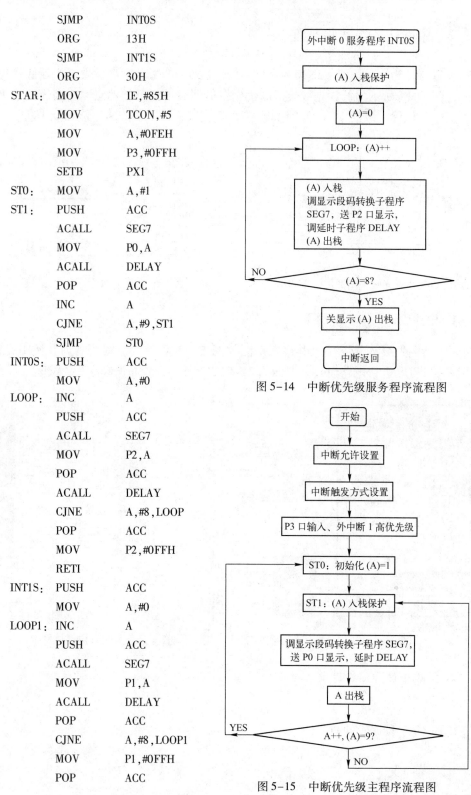

```
         SJMP    INT0S
         ORG     13H
         SJMP    INT1S
         ORG     30H
STAR:    MOV     IE,#85H
         MOV     TCON,#5
         MOV     A,#0FEH
         MOV     P3,#0FFH
         SETB    PX1
ST0:     MOV     A,#1
ST1:     PUSH    ACC
         ACALL   SEG7
         MOV     P0,A
         ACALL   DELAY
         POP     ACC
         INC     A
         CJNE    A,#9,ST1
         SJMP    ST0
INT0S:   PUSH    ACC
         MOV     A,#0
LOOP:    INC     A
         PUSH    ACC
         ACALL   SEG7
         MOV     P2,A
         POP     ACC
         ACALL   DELAY
         CJNE    A,#8,LOOP
         POP     ACC
         MOV     P2,#0FFH
         RETI
INT1S:   PUSH    ACC
         MOV     A,#0
LOOP1:   INC     A
         PUSH    ACC
         ACALL   SEG7
         MOV     P1,A
         ACALL   DELAY
         POP     ACC
         CJNE    A,#8,LOOP1
         MOV     P1,#0FFH
         POP     ACC
```

图 5-14　中断优先级服务程序流程图

图 5-15　中断优先级主程序流程图

```
        RETI
DELAY: MOV        R7,#250
D1:     MOV        R6,#250
D2:     NOP
        NOP
        NOP
        NOP
        NOP
        NOP
        DJNZ       R6,D2
        DJNZ       R7,D1
        RET
SEG7:   INC        A
        MOVC       A,@ A + PC
        RET
        DB 0C0H,0F9H,0A4H,0B0H
        DB 99H,92H,82H,0F8H,80H
        END
```

（请读者注释每条指令的功能）

参看 3.4 节，在 PROTEUS 或 Keil 中进行汇编语言程序设计。

3. 汇编和编程

根据 3.4 节，在 PROTEUS ISIS 中，操作"Source→Build All"，汇编生成目标代码文件 3P0522. HEX。高版本 PROTEUS 汇编时自动将最后的目标代码文件下载到单片机模型中；也可通过单片机属性设置，下载到单片机模型中。设置晶振频率为 4MHz。

4. PROTEUS 仿真、调试、实际制作

正确完成以上步骤后，单击仿真按钮进行仿真。观察到单片机主程序控制 P0 口数码管循环显示 1～8。按以下两种操作方式做中断优先级实验：

① 先单击高优先级 INT1 按钮，发生$\overline{INT1}$中断，在$\overline{INT1}$响应中断未返回时单击低优先级 INT0 按钮，观察现象，并给出合理的解释。

② 先单击低优先级 INT0 按钮，发生$\overline{INT0}$中断，在$\overline{INT0}$响应中断未返回时单击高优先级 INT1 按钮，观察现象，并给出合理的解释。

图 5-16 所示为中断优先级实验装置及其运行情况照片。

图 5-16 "中断优先级实验装置"及其
运行情况照片（学生屠俞炳制作）

实训 5："扩展中断源装置"的 PROTEUS 设计、仿真与制作

1. 任务与目的

（1）任务

在 PROTEUS ISIS 中，设计一款"扩展中断源装置"，其控制核心是 AT89C51。要求扩展三路外中断，即 0 路、1 路、2 路；并用三个 LED 发光管分别表示那个中断被选中的标志。哪一路中断，对应的指示 LED 亮 1s 后熄灭。晶振频率为 12MHz。

任务包括 PROTEUS 电路设计、程序设计、仿真及实际制作。

（2）目的

① 通过"扩展中断源装置"设计，熟悉 AT89C51 中断技术及其应用，熟悉中断扩展技术及其应用。

② 掌握 PROTEUS ISIS 基本操作，熟悉应用中断的单片机应用系统的 PROTEUS 电路、程序设计及仿真。

③ 培养实际制作单片机应用系统的能力。

2. 内容与操作

（1）电路设计

应用 PROTEUS 设计"扩展中断源装置"，由读者设计。这里仅提供参考电路原理图，如图 5-17 所示。其中右方三个按钮代表三个扩展的外中断源，左方三个 LED 发光管为对应某个扩展中断源被响应而设。晶振频率为 12MHz。设计文件取名为 3P0531. DSN。

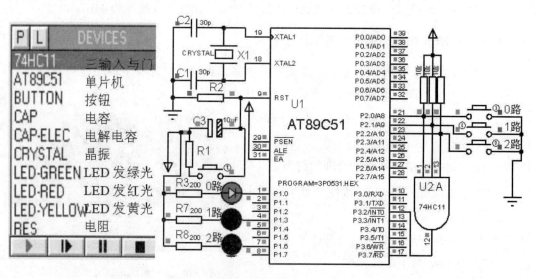

图 5-17　"扩展中断源装置"的原理图、元件列表及仿真片段

（2）汇编语言程序设计

根据 3.4 节，在 PROTEUS ISIS 中应用 PROTEUS 源程序编辑器 SRCEDIT 进行程序设计，由读者设计。这里仅提供参考程序设计，并对重要指令进行注释。文件取名为 3P0531. ASM。

```
            ORG     0H
            LJMP    STAR
            ORG     03H
            LJMP    INT00       ;转 INT0 服务程序
    STAR：  MOV     P2,#0FFH
            MOV     P1,#0FFH
            SETB    EA          ; INT0 初始化
            SETB    EX0
            SJMP    STAR
    INT00： PUSH    ACC         ; INT0 服务程序
            PUSH    PSW
            JNB     P2.0,EXT0
            JNB     P2.1,EXT1
            JNB     P2.2,EXT2
    EXIT：  LCALL   DELAY
            LCALL   DELAY
            POP     PSW
            POP     ACC
            RETI
    EXT0：  CLR     P1.0        ;扩展 0 服务程序
            SJMP    EXIT
    EXT1：  CLR     P1.3        ;扩展 1 服务程序
            SJMP    EXIT
    EXT2：  CLR     P1.6        ;扩展 2 服务程序
            SJMP    EXIT
    DELAY： MOV     R7,#250     ;延时 0.5s 子程序
    D1：    MOV     R6,#250
    D2：    NOP
            NOP
            NOP
            NOP
            NOP
            NOP
            DJNZ    R6,D2
            DJNZ    R7,D1
            RET
            END
```

（3）汇编、下载、单片机属性设置

根据 3.4 节，在 PROTEUS ISIS 中，操作"Source→Build All"，汇编生成目标代码文件 3P0531. HEX。高版本 PROTEUS 汇编时自动将最后的目标代码文件下载到单片机模型中；也可通过单片机属性设置，下载到单片机模型中。设置晶振频率为 12MHz。

（4）仿真与调试

"扩展中断源装置"的 PROTEUS 仿真片段也如图 5-16 所示。单击代表扩展外中断源的各按钮，对应发光管亮 1s，然后灭。

图 5-18 "扩展中断源装置"及其运行情况照片（学生屠俞炳制作）

（5）实际制作

正确完成"扩展中断源装置"的 PROTEUS 设计与仿真后，根据图 5-17 选择好元件，在单片机课程教学实验板（或面包板、实验 PCB 等）上安装好线路。电路安装及目标代码文件固化无误后即可上电运行。分别按 0 路、1 路和 2 路按钮，则可观察到对应 LED 闪亮 1s。

图 5-18 所示是制作成功的"扩展中断源装置"及其运行情况照片。

习题与思考 5

1. 什么叫中断？设置中断有什么优点？

2. 写出 AT89C51 单片机 5 个中断源的入口地址、中断请求标志位名称、位地址及其所在的特殊功能寄存器。

3. 开 AT89C51 单片机的外中断 0，如何操作？写出操作指令。

4. 中断处理过程包括哪 4 个步骤？简述中断处理过程。

5. 中断响应需要哪些条件？

6. 为什么在执行 RETI 指令或访问 IE、IP 指令时，不能立即响应中断？

7. 在响应中断的过程中，PC 的值如何变化？

8. 在 AT89C51 单片机内存中应如何安排程序区？

9. 为什么一般的中断服务程序要在中断入口地址处设一条转移指令？

10. AT89C51 单片机中断优先级有几级？优先级与优先权如何区别？

11. 试分析以下中断源得到 CPU 服务的先后顺序的可行性。若行，应如何设置中断源的中断优先级？若不行，请讲出理由。

（1）T0、T1、$\overline{INT0}$、$\overline{INT1}$、串口

（2）串口、$\overline{INT0}$、T0、$\overline{INT1}$、T1

（3）$\overline{INT0}$、T1、$\overline{INT1}$、T0、串口

（4）$\overline{INT0}$、$\overline{INT1}$、串口、T1、T0

（5）串口、T1、$\overline{INT1}$、$\overline{INT0}$、T0

（6）T0、$\overline{\text{INT1}}$、T1、$\overline{\text{INT0}}$、串口

（7）$\overline{\text{INT0}}$、串口、T0、T1、$\overline{\text{INT1}}$

12. AT89C51 单片机外中断采用电平触发方式时，如何防止 CPU 重复响应外中断？

13. AT89C51 单片机响应中断的优先顺序应依照什么原则？

14. 什么叫保护现场？需要保护哪些内容？什么叫恢复现场？恢复现场与保护现场有什么关系？需遵循什么原则？

15. 已知有 5 台外围设备，分别为 EX1～EX5，均需要中断。现要求 EX1～EX3 合用$\overline{\text{INT0}}$，余下的合用$\overline{\text{INT1}}$，且用 P1.0～P1.4 查询，试画出连接电路并编制程序。当 5 台外设请求中断（中断信号为低电平）时，分别执行相应的中断服务子程序 SEVER1～SEVER5。

第6章 定时器/计数器

6.1 定时器/计数器基础

定时器/计数器是单片机的重要功能部件，可用来实现定时控制、延时、频率测量、脉冲宽度测量、信号发生、信号检测等功能。定时器/计数器还可作为串行通信中的波特率发生器。AT89C51 有两个可编程的定时器/计数器：T0 和 T1。它们可以工作在定时工作状态，也可以工作在计数工作状态。作为定时器时，不能再作为计数器；反之亦然。

6.1.1 定时器/计数器概述

1. 定时器/计数器是"加1计数器"

AT89C51 有两个 16 位的定时器/计数器（T0 和 T1），其核心是一个"加 1 计数器"，基本功能是加 1 功能。

2. 计数器

当定时器/计数器作为计数器用时，可对接到 14 引脚（T0/P3.4）或 15 引脚（T1/P3.5）的脉冲信号数进行计数。每当引脚上发生从"1"到"0"的负跳变时，计数器加 1。单片机内部操作是在一个机器周期内检测到该引脚为高电平"1"，在相邻的下一机器周期内检测到低电平"0"时，计数器确认加 1。所以，每检测一个外来脉冲信号，至少需要两个机器周期。若晶振频率为 12MHz，则所能检测到的最高外部脉冲信号频率为 500kHz。

还要注意：当计数器用时，要求外部计数脉冲的高电平、低电平的持续时间至少各要一个机器周期，但占空比无特别要求。

3. 定时器

当定时器/计数器作为定时器用时，定时信号来自内部时钟发生电路，每个机器周期等于 12 个振荡周期，每过一个机器周期，计数器加 1。当晶振频率为 12MHz 时，则机器周期为 $1\mu s$。在此情况下，若计数器中的计数为 100，则定时时间 $= 100 \times 1\mu s = 100\mu s$。

4. 与定时器/计数器有关的特殊功能寄存器

为实现定时器/计数器的各种功能，还用到 SFR 中的几个特殊功能寄存器，如表 6-1 所示。

表 6-1 与定时器/计数器有关的特殊功能寄存器

定时器/计数器的 SFR	用 途	地 址	有无位寻址
TCON	控制寄存器	88H	有
TMOD	方式寄存器	89H	无
TL0	定时器 T0 低字节	8AH	无
TL1	定时器 T1 低字节	8BH	无
TH0	定时器 T0 高字节	8CH	无
TH1	定时器 T1 高字节	8DH	无

6.1.2 定时器/计数器的控制

AT89C51 单片机定时器/计数器的工作由两个特殊功能寄存器 TMOD 和 TCON 的相关位来控制。TMOD 用于设置它的工作方式，TCON 相关位用于控制其启动和中断请求。

1. 工作方式寄存器 TMOD

TMOD 用于设置定时器/计数器的工作方式，其字节地址为 89H。低 4 位用于 T0，高 4 位用于 T1。TMOD 不能位操作。TMOD 中的结构和各位名称如表 6-2 所示。

表 6-2 TMOD 结构及各位名称

	T1				T0			
位名称	GATE	$C/\overline{T}$	M1	M0	GATE	$C/\overline{T}$	M1	M0

① M1、M0：工作方式选择位，可表示 4 种工作方式，如表 6-3 所示。

表 6-3 T0/T1 的工作方式

M1M0	工作方式	功 能	容 量
00	0	13 位计数器，$N=13$	$2^{13}=8192$
01	1	16 位计数器，$N=16$	$2^{16}=65536$
10	2	两个 8 位计数器，初值自动装入，$N=8$	$2^8=256$
11	3	两个 8 位计数器，仅适用于 T0，$N=8$	$2^8=256$

② $C/\overline{T}$：计数/定时方式选择位。

$C/\overline{T}=1$，为计数工作方式，对输入到单片机 T0、T1 引脚的外部信号脉冲计数，负跳变脉冲有效，用作计数器。

$C/\overline{T}=0$，为定时工作方式，对片内机器周期信号计数，用作定时器。

③ GATE：门控位。

GATE $=0$，定时器/计数器的运行只受 TCON 中的运行控制位 TR0/TR1 的控制。

GATE $=1$，定时器/计数器的运行同时受 TR0/TR1 和外中断输入信号（$\overline{INT0}$ 和 $\overline{INT1}$）的双重控制，如表 6-4 所示。

表 6-4　GATE 对 T0/T1 的制约

GATE	INT0/INT1	TR0/TR1	功　能
0	无关	0/0	T0/T1 停止
0	无关	1/1	T0/T1 运行
1	1/1	1/1	T0/T1 运行
1	1/1	0/0	T0/T1 不运行
1	0/1	1/1	T0 不运行，T1 运行
1	1/0	1/1	T0 运行，T1 不运行

2. 控制寄存器 TCON

TCON 是可位寻址的特殊功能寄存器，其字节地址为 88H，位名称和位地址如表 6-5 所示。TCON 的低 4 位只与外中断有关，其高 4 位与定时器/计数器有关。

表 6-5　TCON 结构及各位名称、位地址

位　号	TCON.7	TCON.6	TCON.5	TCON.4	TCON.3	TCON.2	TCON.1	TCON.0
位名称	TF1	TR1	TF0	TR0	IE1	IT1	IE0	IT0
位地址	8FH	8EH	8DH	8CH	8BH	8AH	89H	88H

① TF1：定时器/计数器 T1 的溢出标志。若 T1 被允许计数后，T1 从初值开始加 1 计数，至最高位产生溢出时，TF1 被自动置"1"，即表示计数溢出，同时提出中断请求。若允许中断，CPU 响应中断后，由硬件自动对 TF1 清零。也可在程序中用指令查询 TF1 或将 TF1 清零。

② TF0：定时器/计数器 T0 的溢出标志。其意义和功能与 TF1 相似。

③ TR1：定时器/计数器 T1 的启动控制位。由软件置位/清零来开启/关闭。

④ TR0：定时器/计数器 T0 的启动控制位。由软件置位/清零来开启/关闭。

6.1.3　定时器/计数器的工作方式

1. 工作方式 0

当 M1M0 = 00 时，定时器/计数器 T0 工作于方式 0，图 6-1 所示是定时器/计数器 0 在方式 0 下的示意图。内部计数器为 13 位，由 TL0 低 5 位和 TH0 高 8 位组成，TL0 的低 5 位计数满时不向 TL0 的第 6 位进位，而是向 TH0 进位。13 位计数溢出时，TF0 置 1，请求中断。最大计数值为 2^{13} =8192（计数器初值为 0 时）。

2. 工作方式 1

当 M1M0 = 01 时，定时器/计数器 T0 工作于方式 1，图 6-2 所示是定时器/计数器 0 在方式 1 下的示意图。内部计数器为 16 位，由 TL0 低 8 位和 TH0 高 8 位组成。16 位计数溢出时，TF0 置 1，请求中断。最大计数值为 2^{16} =65536（计数器初值为 0 时）。

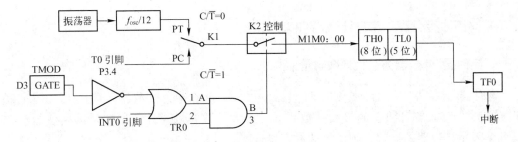

图 6-1　T0 工作方式 0：13 位计数器

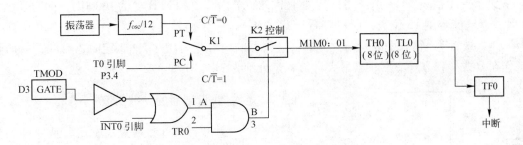

图 6-2　T0 工作方式 1：16 位计数器

3. 工作方式 2

当 M1M0 = 10 时，定时器/计数器 T0 工作于方式 2，图 6-3 所示是定时器/计数器 0 在方式 2 下的示意图。在方式 2 情况下，定时器/计数器为 8 位，最大计数值为 $2^8 = 256$。方式 2 仅用 TL0 计数，计数满溢出后，使溢出标志 TF0 = 1，请求中断；另外，使原来装在 TH0 中的初值装入 TL0。所以，方式 2 能自动恢复定时器/计数器初值。而在方式 0 和方式 1 下，定时器/计数器的初值不能自动恢复，必须用指令重新给 TH0、TL0 赋值。可以看出，方式 2 的优点是定时初值可自动恢复，缺点是计数范围小。

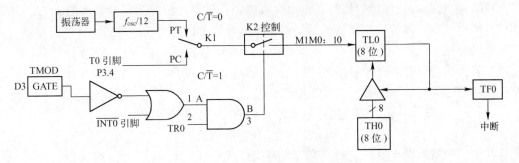

图 6-3　T0 工作方式 2：8 位计数器

4. 工作方式 3

当 M1M0 = 11 时，定时器/计数器工作于方式 3。T0 有方式 3，T1 无方式 3。有关方式 3 的情况这里不讲，读者可参阅有关资料。

6.1.4 定时器/计数器的计数容量及初值

1. 定时器/计数器的最大计数容量

定时器/计数器本质上是个加 1 计数器，每来一个脉冲，计数器计数加 1。其最大的计数量就是定时器/计数器的最大计数容量，最大计数容量与计数器的二进制位数有关。若用 N 表示计数器的位数，则最大计数容量 $= 2^N$。

若定时器/计数器工作在方式 1，则 $N = 16$，为 16 位加 1 计数器，计数容量为 65536。若从 0 开始计数，当计到第 65536 个数时，计数器内容由 FFFFH 变为 10000H，因 16 位加 1 计数器只能容纳 16 位数，所以计数产生"溢出"，定时器/计数器的中断标志位（TF0 或 TF1）被置 1，请求中断。与此同时，计数器的内容变为 0。显然，定时器/计数器分别工作在方式 0 和方式 2 下，其最大计数容量分别为 $2^{13} = 8192$ 和 $2^8 = 256$。

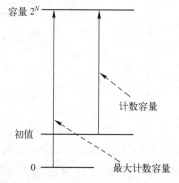

图 6-4 初值与计数容量的关系示意图

2. 定时器/计数器的计数初值

定时器/计数器的计数起点不一定要从 0 开始。计数起点可根据需要，预先设定为 0 或任何小于最大计数容量的值。这个预先设定的计数起点值称为计数初值（以下简称初值）。显然，从该初值开始计数，直到计数溢出，计数容量为（2^N – 初值）。所以，当定时器/计数器的工作方式确定后，其计数容量就由初值决定。初值与计数容量的关系如图 6-4 所示。

3. 定时器/计数器用作定时器时的初值计算

（1）定时初值计算公式

定时器/计数器用作定时器时，由单片机内部提供脉冲源，为晶振频率的 1/12，其周期就是机器周期。即每一个脉冲的周期都相等，且等于机器周期。显然，计数容量就代表了时间的流逝。只要对定时器/计数器设置不同的计数初值，就能得到不同的定时时间；反之，若给出定时时间，便可得到定时初值。当工作方式确定后，N 便可确定。定时时间与计数初值之间有如下关系式：

$$定时时间 = (2^N – 初值) \times 机器周期$$

$$初值 = 2^N – 定时时间/机器周期$$

其中，机器周期 $= (12/f_{osc})$。所以又有

$$初值 = 2^N – (定时时间 \times f_{osc})/12$$

显然，初值为 0 时的定时时间最大，称为最大定时时间。

（2）初值计算举例

【**例 6-1**】① 若晶振频率为 12MHz，定时器/计数器分别工作在方式 1 和方式 2 下的最大定时时间为多少？② 求工作在方式 1 时的定时时间为 50ms 的初值；③ 求工作在方

式 2 时的定时时间为 $200\mu s$ 的初值。

解： 因晶振频率为 $12MHz$，因此机器周期，即定时脉冲的周期是 $1\mu s$，即 $10^{-6}s$。方式 1 和方式 2 的 N 分别为 16 和 8。

① 根据定时时间 = $(2^N - 初值) \times 机器周期$，可分别求得：

方式 1 时，最大定时时间 = $65536\mu s$ = $65.536ms$

方式 2 时，最大定时时间 = $256\mu s$

② 当定时时间为 $50ms$，即 $50 \times 10^{-3}s$ 时，代入公式：初值 = $2^N - 定时时间/机器周期$，求得初值 = 15536 = $3CBOH$。

③ 当定时时间为 $200\mu s$，即 $200 \times 10^{-6}s$ 时，代入公式：初值 = $2^N - 定时时间/机器周期$，求得初值 = 56。

【例6-2】 若晶振频率为 $6MHz$，当定时器/计数器工作在方式 2 时，求初值为 56 的定时时间。

解： 因晶振频率为 $6MHz$，因此机器周期是 $2\mu s$。因工作在方式 2 下，所以 $N = 8$。将它们和初值 56 代入公式：定时时间 = $(2^N - 初值) \times 机器周期$。求得定时时间 = $400 \times 10^{-6}s$ = $400\mu s$。

可见，定时初值与单片机所选的晶振、定时器/计数器的工作方式和所要求的定时时间有关。初值越大，定时时间越短。

6.2　定时器/计数器应用

6.2.1　定时器/计数器应用的基本步骤

（1）合理选择定时器工作方式

根据所要求的定时时间、定时的重复性，合理选择定时器工作方式，确定实现方法。一般定时时间长，宜用方式 1；定时时间短（≤255 个机器周期）且需自动恢复定时初值时，宜用方式 2。

（2）计算定时器的定时初值

（3）编制应用程序

① 定时器/计数器的初始化，包括定义 TMOD、写入定时初值、启动定时器运行等。若使用中断，则要设置中断系统等。

② 注意是否需要重装定时初值。若需要连续反复使用原定时时间，且未工作在方式 2，则应重装定时初值。若使用中断，要正确编写定时器/计数器的中断服务程序。

③ 若将定时器/计数器用于计数方式，则外部事件脉冲必须从 P3.4（T0）或 P3.5（T1）引脚输入。

6.2.2　定时器/计数器应用举例

【例6-3】 用定时器/计数器 1（T1）的工作方式 1，采用查询方法设计一个定时 1s 的程序段。

解：

问题分析：定时器/计数器 1 工作在方式 1，若采用 12MHz 的晶振，最大定时时间为 65.536ms。要实现 1s 的定时，先用定时器/计数器 1 做一个 50ms 的定时器，再循环 20 次。设置 R0 寄存器初值为 20。每查询到定时器溢出标志为 1 时，则进行清溢出标志、重置定时器初值、判断 R0 中内容减 1 后是否为零等操作。若非零，返回 LP1 做循环；若为零（已循环 20 次），则结束子程序。因采用查询方法，所以不要开通中断。在这种情况下，定时器/计数器 1 的溢出标志位 TF1 由程序指令清零。50ms 定时初值已由例 6-1 算出为 3CB0H。

程序设计：

```
DELAY:  MOV   R0,#20          ;置 50ms 定时循环计数初值
        MOV   TMOD,#10H        ;置 T1 工作方式 1
        MOV   TH1,#03CH        ;置 T1 初值
        MOV   TL1,#0B0H
        SETB  TR1             ;启动 T1
LP1:    JB    TF1,LP2          ;若查询溢出标志位 TF1 为 1,跳转到 LP2
        SJMP  LP1             ;未到 50ms 定时,继续加 1 计数
LP2:    CLR   TF1             ;清 TF1 为零
        MOV   TH1,#3CH         ;重置定时器初值
        MOV   TL1,#0B0H
        DJNZ  R0,LP1           ;未到 1s,继续循环
        CLR   TR1             ;关 T1
        SJMP  $
        END
```

【例 6-4】 要求在 P1.0 引脚输出周期为 400μs 的方波。设 $f_{osc} = 12\text{MHz}$。使用 T1，设计分别在方式 0、方式 1 和方式 2 下的程序。

解：

问题分析：按要求输出周期为 400μs 的脉冲方波，即使 P1.0 状态（高电平或低电平）每 200μs 翻转一次。这样一来，问题变为 200μs 定时溢出时，P1.0 状态取反的问题。因 $f_{osc} = 12\text{MHz}$，所以机器周期 $= (12/f_{osc}) \times 10^6 \mu s = 1\mu s$。

1. 工作方式 0

（1）计算定时初值

$$初值 = 2^{13} - 200\mu s / 1\mu s = 8192 - 200 = 7992 = 1F38H$$

1F38H = 0001 1111 0011 1000B = 000 <u>11111001</u> <u>11000</u>B；（TH1：8 位，TL1：5 位）
所以 TH1 = F9H，TL1 = 18H。

（2）设置 TMOD
无关位为 0，所以 TMOD = 0。

（3）程序设计

图 6-5 和图 6-6 分别为程序的主程序流程图和定时 200μs 的中断服务程序流程图。

```
        ORG     00H
        LJMP    STAR              ;转主程序
        ORG     001BH             ;T1 中断入口地址
        AJMP    T1F               ;转 T1 中断服务程序
        ORG     0100H             ;主程序起址
STAR：  MOV     TMOD,#00000000B   ;置 T1 为定时器,工作方式 0
        MOV     TH1,#0F9H         ;置 T1 定时初值
        MOV     TL1,#18H
        MOV     IP,#00001000B     ;置 T1 为高优先级
        MOV     IE,#0FFH          ;全部开中断
        SETB    TR1               ;T1 运行
        SJMP    $                 ;等待 T1 中断
        ORG     200H              ;中断服务程序起址
T1F：   CPL     P1.0              ;输出波形取反
        MOV     TH1,#0F9H         ;重装 T1 定时初值
        MOV     TL1,#18H
        RETI                      ;中断返回
        END                       ;程序结束
```

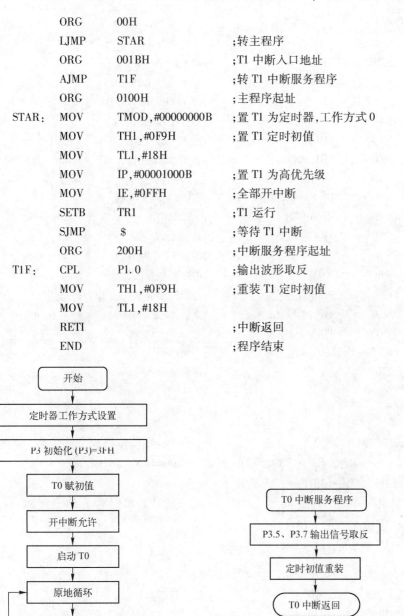

图 6-5　主程序流程图　　　　图 6-6　定时 200μs 的中断服务程序流程图

2. 工作方式 1

（1）计算定时初值

$$初值 = 2^{16} - 200\mu s/1\mu s = 65536 - 200 = 65336 = FF38H$$

所以 TH1 = FFH，TL1 = 38H。

（2）设置 TMOD

无关位为 0，所以 TMOD = 10H。

（3）程序设计

```
              ORG     00H
              LJMP    STAR                ;转主程序
              ORG     001BH               ;T1 中断入口地址
              AJMP    T1F                 ;转 T1 中断服务程序
              ORG     0100H               ;主程序起址
    STAR：    MOV     TMOD,#00010000B     ;置 T1 为方式 1
              MOV     TH1,#0FFH           ;置 T1 定时初值
              MOV     TL1,#38H            ;
              MOV     IP,#00001000B       ;置 T1 为高优先级
              MOV     IE,#0FFH            ;全部开中断
              SETB    TR1                 ;T1 运行
              SJMP    $                   ;等待 T1 中断
              ORG     200H                ;中断服务程序起址
    T1F：     CPL     P1.0                ;输出波形取反
              MOV     TH1,#0FFH           ;重装 T1 定时初值
              MOV     TL1,#38H
              RETI                        ;中断返回
              END                         ;程序结束
```

3. 工作方式 2

（1）计算定时初值

$$初值 = 2^8 - 200\mu s/1\mu s = 256 - 200 = 56 = 38H$$

所以 TH1 = 38H，TL1 = 38H。

（2）设置 TMOD

无关位为 0，所以 TMOD = 20H。

（3）程序设计

```
              ORG     00H
              LJMP    STAR                ;转主程序
              ORG     001BH               ;T1 中断入口地址
              LJMP    T1F                 ;转 T1 中断服务程序
              ORG     0100H               ;主程序起址
    STAR：    MOV     TMOD,#00100000B     ;置 T1 为方式 2
              MOV     TH1,#038H           ;置 T1 定时初值
              MOV     TL1,#38H
              MOV     IP,#00001000B       ;置 T1 为高优先级
              MOV     IE,#0FFH            ;全部开中断
```

```
        SETB    TR1                 ;T1 运行
        SJMP    $                   ;等待 T1 中断
        ORG     200H                ;中断服务程序起址
T1F:    CPL     P1.0                ;输出波形取反
        RETI                        ;中断返回
        END                         ;程序结束
```

从以上三种方式可以看到，方式 0 与方式 1 除定时初值及 TMOD 值不同外，其余相同。方式 2 与方式 0、方式 1 相比，优点是定时初值不需重装。

【例 6-5】参照图 4-16，采用定时器/计数器 0 及其中断实现 LED 亮点由低位到高位的循环流动，每个亮点亮 1s，f_{osc} = 12MHz。

解：

问题分析：这是采用定时器/计数器溢出中断方法，设计较长时间定时的例子。宜采用方式 1，因采用 12MHz 的晶振，最大定时为 65.536ms。要实现 1s 的定时，先用定时器/计数器 0 做一个 50ms 的定时器，定时时间到了以后并不进行亮点流动的操作，而是将中断溢出计数器中的内容加 1。如果此计数器计数到了 20，就进行亮点流动的操作，并清除此计数器中的值；否则直接返回。如此一来，就变成了 20 次定时中断为 1s 的定时，因此定时时间就成了 20×50ms，即 1s 了。

程序设计：

```
        ORG     00H
        AJMP    STAR
        ORG     000BH               ;定时器 0 的中断向量地址
        SJMP    T0F                 ;跳转到 T0 中断服务程序
        ORG     30H
STAR:   MOV     P1,#0FFH           ;关所有的灯
        MOV     30H,#00H            ;软件计数器预清零
        MOV     TMOD,#00000001B    ;定时器/计数器 0 工作于方式 1
        MOV     TH0,#3CH            ;装入定时初值
        MOV     TL0,#0B0H           ;15536 的十六进制
        SETB    EA                  ;开总中断允许
        SETB    ET0                 ;开定时器/计数器 0 允许
        SETB    TR0                 ;定时器/计数器 0 开始运行
        MOV     P1,#0FEH
        SJMP    $
T0F:    INC     30H                 ;定时器 0 的中断处理程序
        MOV     A,30H
        CJNE    A,#20,T_RET         ;判断 30H 单元中的值是否到 20
        MOV     A,P1                ;到 20,亮点流动
        RL      A
        MOV     P1,A
        MOV     30H,#0              ;清软件计数器
```

```
T_RET:  MOV     TH0,#3CH
        MOV     TL0,#0B0H              ;重置定时常数
        RETI
        END
```

注意： 有的汇编（编译）器（如 PROTEUS 中的 ASEM51）可分别用 MOV TH0,#high（15536）、MOV TL0,#low（15536）代替 MOV TH0, #3CH、MOV TL0, #0B0H。

【例 6-6】 已知 $f_{osc}=6MHz$，检测 T0 引脚上的脉冲数，并将 1s 内的脉冲数保存在片内 RAM 的 30H 及 31H 单元中。（设 1s 内脉冲数 ≤65536 个。）

解：

问题分析：根据题意，可选定时器/计数器 0（T0）作为计数器，定时器/计数器 1（T1）作为定时器。因 $f_{osc}=6MHz$，所以机器周期 $=(12/f_{osc})\times 10^6 \mu s = 2\mu s$。因要求定时 1s，故 T1 取工作方式 1 为宜。这时定时最大值约为 131ms，取定时值为 100ms 来计算初值，定时中断 10 次，便可实现 1s 的定时。因 1s 内脉冲计数 ≤65536 个，故 T0 取工作方式 1 为宜，且 T0 不会溢出。所以，程序中不开 T0 计数中断。程序中使用工作寄存器 R7，其初值 R7=10，为定时中断的次数，递减 10 次后为 0 便是定时 1s 时间到。

（1）计算定时初值

$$初值 = 2^{16} - 100000\mu s/2\mu s = 65536 - 50000 = 15536 = 3CB0H$$

所以 TH1=3CH，TL1=B0H。

（2）设置 TMOD

无关位为 0，所以 TMOD=15H。

TMOD	T1				T0			
位名称	GATE	$C/\overline{T}$	M1	M0	GATE	$C/\overline{T}$	M1	M0
设置值	0	0	0	1	0	1	0	1

（3）程序设计

```
        ORG     00H
        SJMP    STAR           ;转主程序
        ORG     001BH          ;T1 中断入口地址
        LJMP    T1F            ;转 T1 中断服务程序
        ORG     0020H          ;主程序起始地址
STAR:   MOV     SP,#60H        ;置堆栈
        MOV     R7,#10         ;计时 1s
        MOV     TMOD,#15H      ;置 T0 计数方式 1,T1 定时方式 1
        MOV     TH0,#00H       ;置 T0 计数初值
        MOV     TL0,#00H
        MOV     TH1,#3CH       ;置 T1 定时初值
        MOV     TL1,#0B0H
        SETB    PT1            ;置 T1 为高优先级
        MOV     IE,#10001101B  ;T0、串口不开中断,其余开中断
```

```
            SETB      TR0                  ;T0 运行
            SETB      TR1                  ;T1 运行
            MOV       R7,#10               ;置 100ms 溢出计数初值
            SJMP      $                    ;等待 T1 中断
   T1F:     MOV       TH1,#3CH             ;重置 T1 定时初值
            MOV       TL1,#0B0H
            DJNZ      R7,RTN
            CLR       TR1
            CLR       TR0
            MOV       30H,TH0
            MOV       31H,TL0
   RTN:     RETI
            END                            ;程序结束
```

6.3　定时器/计数器应用实例及其 PROTEUS 设计、仿真

6.3.1　基于 AT89C51 的 60s 倒计时装置

应用定时器/计数器及其中断实现 60s 倒计时，并将倒计时过程显示在 LED 数码管上，直到显示 00 为止。此装置是实际倒计时牌的设计基础。

1. 问题分析

用定时器/计数器 T1，选 12MHz 的晶振，宜选用方式 1。基本定时时间为 50ms，则定时溢出次数计数达 20 次为定时 1s。显示器采用共阳数码管，静态显示。每 1s 显示刷新一次。

2. 电路设计

60s 倒计时电路原理图如图 6-7 所示。

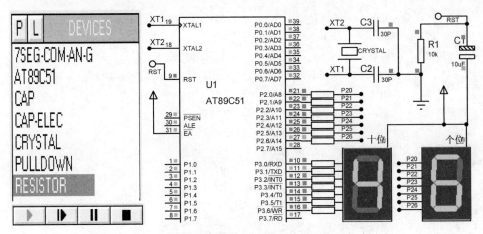

图 6-7　60s 倒计时装置电路原理图、元件列表及仿真片段

若应用 PROTEUS 进行电路设计，取名为 3P0631. DSN。

3. 程序设计

程序设计主流程图和定时中断服务流程图分别如图 6-8、图 6-9 所示。

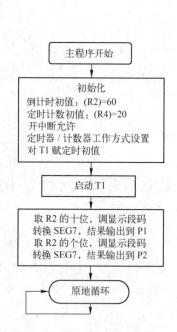

图 6-8　60s 倒计时主流程图

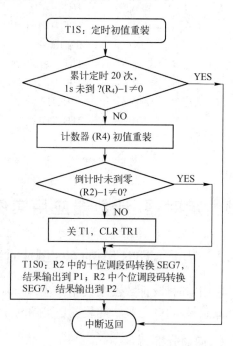

图 6-9　60s 倒计时定时中断服务流程图

汇编语言程序设计：

```
        ORG     00H
        SJMP    STAR
        ORG     1BH
        SJMP    T1S             ;转 T1 中断服务程序
        ORG     30H
STAR:   MOV     R2,#60          ;倒计时初值
        MOV     R4,#20          ;定时中断溢出计数器 R4 初值为 20
        MOV     IE,#88H         ;T1 开中断
        MOV     TMOD,#10H       ;T1 方式 1
        MOV     TH1,#3CH        ;定时初值
        MOV     TL1,#0B0H       ;定时初值
        SETB    TR1             ;启动 T1
        ACALL   DIS             ;调用显示子程序
        SJMP    $
T1S:    MOV     TH1,#3CH        ;中断程序
        MOV     TL1,#0B0H       ;重装初值
```

```
          DJNZ      R4,T1S1          ;定时 1s 到否
          MOV       R4,#20           ;到 1s,重置 R4 = 20
          DJNZ      R2,T1S0          ;倒计时递减
          CLR       TR1              ;倒计时结束,关定时器
T1S0:     ACALL     DIS              ;调显示
T1S1:     RETI                       ;中断返回
SEG7:     INC       A                ;(A)←(A)+1
          MOVC      A,@A+PC          ;取显示断段
          RET
          DB 0C0H,0F9H,0A4H,0B0H     ;0~3 的共阳型显示码
          DB 99H,92H,82H,0F8H        ;4~7 的共阳型显示码
          DB 80H,90H,88H,83H         ;8~B 的共阳型显示码
          DB 0C6H,0A1H,86H,8EH       ;C~F 的共阳型显示码
DIS:      MOV       A,R2             ;单字节十六进制数转为十进制数
          MOV       B,#10
          DIV       AB
          ACALL     SEG7
          MOV       P3,A             ;显示十位
          MOV       A,B
          ACALL     SEG7
          MOV       P2,A             ;显示个位
          RET                        ;子程序返回
          END
```

若应用 PROTEUS 或 Keil 进行汇编语言程序设计，取名为 3P0631.ASM。

4. 汇编和编程

在 PROTEUS ISIS 中操作"Source→Build All"，通过应用代码生成（即汇编）工具 "ASEM51" 对程序汇编，生成目标代码文件（3P0631.HEX）。高版本 PROTEUS 汇编后，会自动将最后的目标代码文件下载到单片机中。也可通过单片机属性设置，由用户下载。若目标代码文件（3P0631.HEX）由 Keil 编辑后编译而成，则需通过单片机属性设置，由用户下载到单片机中。

5. PROTEUS 仿真

当 PROTEUS 电路设计、程序设计无误后，单击仿真工具按钮 ▶️，则全速仿真。数码管先显示 60，然后每隔 1s 递减 1，直到 00。仿真片段也如图 6-7 所示。

6. 实际安装、上电运行

PROTEUS 电路设计、程序设计、仿真通过后，在单片机课程教学实验板（或面包板、实验 PCB）上安装好电路。读懂程序，并将使用编程器固化好目标代码的单片机安装到电路的单片机插座上。若使用 AT89S51 则可通过 ISP 下载目标代码。

单片机原理、应用与 PROTEUS 仿真（第 3 版）

上电运行，则可进行 60s 倒计时，并将倒计时过程显示在 LED 数码管上，从 60 开始直到显示 00 为止。只要安装正确，元件选择合适，即可获得高成功率。

图 6-10 所示为制作成功的"60s 倒计时装置"及其运行情况照片。

图 6-10 "60s 倒计时装置"及其运行情况照片（学生陈敏杰制作）

问题：分析本装置用了什么中断，其作用如何。

6.3.2 基于 AT89C51 的按键发声装置

此装置原理图如图 6-11 所示，按 DO、RE、MI 三个键可发出"DO"、"RE"、"MI"三种声音，它是实际单片机音乐装置的设计基础，使用 12MHz 晶振。

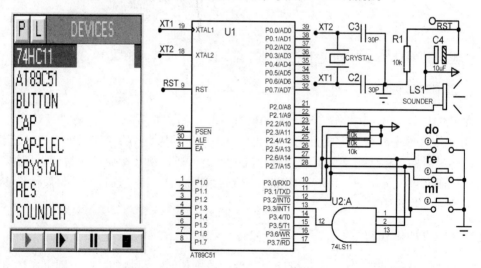

图 6-11 基于 AT89C51 的按键发声装置的电路原理图、元件列表及仿真片段

1．问题分析

① 发声原理。发声是一种机械振动，若能在单片机某引脚上输出声频交变的方波电信号，经陶瓷发声片将电信号转换成声振动，即可发声。

② 由定时器产生声波的计算。C 调音乐下"DO"、"RE"、"MI"的频率分别为

523Hz、578Hz、659Hz。利用定时器产生相应频率的方波，即可发出这三种声音。方波产生原理可参阅例6-6。设 $f_{osc} = 12MHz$，声音频率为 f_r，定时器工作在方式1，则声音振动的半周期定时初值为

$$2^n - 定时时间/机器周期 = 65536 - (1/(2f_r))/(12/f_{osc})$$

由此可得"DO"、"RE"、"MI"三个音的定时初值分别是 FC44H、FC9FH、FD09H。

③ 由 P2.7 发"DO"音的程序段设计。

```
            ...
            MOV     TMOD,#00000001B        ;T0 方式 1
DOS:        MOV     TH0,#0FCH              ;T0 定时初值
            MOV     TL0,#44H
            SETB    TR0                    ;启动 T0
            JNB     TF0, $
            CPL     P2.7                   ;发声
            CLR     TF0                    ;TF0 清零
            SJMP    DOS
```

2. 电路设计

基于 AT89C51 的按键发声电路原理图如图6-11所示。该图左方为其所用元件列表。若应用 PROTEUS 进行电路设计，取名为 3P0632.DSN。

3. 程序设计

汇编语言程序设计：

```
            ORG     00H
            SJMP    STAR
            ORG     0013h
            LJMP    INT11                  ;转向中断服务子程序 INT11
            ORG     30H
STAR:       MOV     TMOD,#1                ;定时 0 方式 1
            MOV     IE,#84H                ;开 INT1 中断
            MOV     P3,#0FFH
            SJMP    STAR
INT11:      JNB     P3.0,DOS               ;转向发音子程序 DOS
            JNB     P3.1,RES               ;转向发音子程序 RES
            JNB     P3.2,MIS               ;转向发音子程序 MIS
INT12:      RETI                           ;中断返回
DOS:        MOV     TH0,#0FCH
            MOV     TL0,#44H
            SJMP    YIN
RES:        MOV     TH0,#0FCH
```

```
        MOV      TL0,#9FH
        SJMP     YIN
MIS:    MOV      TH0,#0FDH
        MOV      TL0,#09H
YIN:    SETB     TR0
        JNB      TF0,$
        CLR      TF0
        CPL      P2.7
        CLR      TF0
        LJMP     INT12
        END
```

若应用 PROTEUS 或 Keil 进行汇编语言程序设计，取名为 3P0632.ASM。

4. 汇编和编程

在 PROTEUS ISIS 中操作"Source→Build All"，通过应用代码生成（即汇编）工具"ASEM51"对程序汇编，生成目标代码文件（3P0632.HEX）。高版本 PROTEUS 汇编后，会自动将最后的目标代码文件下载到单片机中；也可通过单片机属性设置，由用户下载。

若目标代码文件（3P0632.HEX）由 Keil 编辑后编译而成，则需通过单片机属性设置，由用户下载到单片机中。

5. PROTEUS 仿真

PROTEUS 电路设计、程序设计无误后，下载好目标代码程序，设置好时钟频率为12MHz，单击仿真工具按钮 ▶ ，则全速仿真。分别按"DO"、"RE"、"MI"键，则对应发出"DO"音、"RE"音、"MI"音；松开键不发声。仿真片段也如图 6-11 所示。仿真时在元件引脚上的红色小方块表示高电平，蓝色小方块表示低电平。

6. 实际安装、上电运行

PROTEUS 电路设计、程序设计、仿真通过后，在单片机课程教学实验板（或面包板、实验 PCB）上安装好电路。读懂程序，并将使用编程器固化好目标代码的单片机安装到电路的单片机插座上。

图 6-12 "按键发声装置"及其运行情况照片（学生李臻制作）

上电运行，进行如下操作：分别按"DO"、"RE"、"MI"键，则对应发出"DO"音、"RE"音、"MI"音；松开键不发声。观察结果，并分析结果。只要安装正确，元件选择合适，成功率会很高。

图 6-12 所示是制作成功的"按键发声装置"及其运行情况照片。下排三键从左至右分别为"DO"、"RE"、"MI"按键。

问题：分析本装置用了什么中断，其作用如何；用了什么定时器/计数器，其作用如何。

实训 6："简易跑表"的 PROTEUS 设计、仿真与制作

1. 任务与目的

（1）任务

在 PROTEUS ISIS 中，设计一款竞赛用的简易跑表（又称马表），其控制核心是AT89C51。其计时范围为 0～99s，精度较高。它有计时、计时暂停、计时清零等功能。设计完成后进行仿真及仿真调试，并测试出计时 1s 的精度。

最后实际制作并进行实际操作。

（2）目的

① 通过跑表设计，熟悉 AT89C51 应用系统的电路设计和程序设计。

② 通过跑表设计，进一步掌握 PROTEUS ISIS 的基本操作，基本掌握 PROTEUS 的仿真调试。

③ 通过跑表设计，学会在单片机应用系统中使用定时器/计数器、中断等资源。

④ 通过实际制作，培养实际动手能力。

2. 内容与操作

（1）电路设计

应用 PROTEUS 设计简易跑表电路，由读者设计。这里仅提供参考电路原理图，如图 6-13 所示。其中暂停、继续和复位按钮完成计时、计时暂停、计时清零等功能。文件取名为 3P0641.DSN。晶振频率为 12MHz。

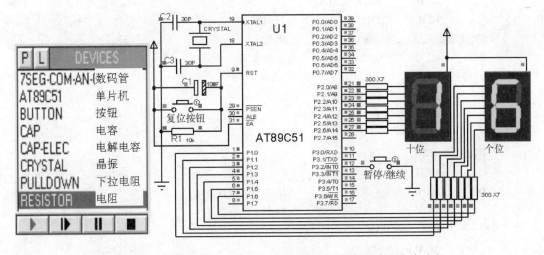

图 6-13　"简易跑表（0～99s）"电路原理图、元件列表及仿真片段

（2）汇编语言程序设计

在 PROTEUS ISIS 中应用 PROTEUS 源程序编辑器 SRCEDIT 进行程序设计，由读者设计。这里仅提供参考的程序设计，并对重要指令进行注释。文件取名为 3P0641. ASM。

```
            ORG     00H
            SJMP    STAR
            ORG     03H
            AJMP    INT0S           ;转 INT0 中断服务程序
            ORG     1BH
            SJMP    T1S             ;转 T1 中断服务程序
            ORG     30H
STAR：      MOV     R2,#0           ;计时初值
            MOV     R4,#20          ;定时中断溢出计数器 R4 初值为 20
            MOV     IE,#89H         ;开 T1、INT0 中断
            SETB    IT0
            MOV     TMOD,#10H       ;T1 方式 1
            MOV     TH1,#3CH        ;定时初值
            MOV     TL1,#0B0H       ;定时初值
            SETB    TR1             ;启动 T1
            ACALL   DIS             ;调用显示子程序
            SJMP    $
T1S：       MOV     TH1,#3CH        ;中断程序
            MOV     TL1,#0B0H       ;重装初值
            DJNZ    R4,T1S1         ;定时 1s 到否
            MOV     R4,#20          ;到 1s,重置 R4 = 20
            INC     R2
            CJNE    R2,#99,T1S0
            CLR     TR1             ;计时满 99,关定时器
T1S0：      ACALL   DIS             ;调显示
T1S1：      RETI                    ;中断返回
INT0S：     CPL     F0
            JNB     F0,INT0A
            CLR     TR1
            RETI
INT0A：     SETB    TR1
            RETI
DIS：       MOV     A,R2            ;单字节十六进制数
            MOV     B,#10           ;转为十进制数
            DIV     AB
            ACALL   SEG7
            MOV     P2,A            ;显示十位
            MOV     A,B
```

```
          ACALL    SEG7
          MOV      P1,A           ;显示个位
          RET                     ;子程序返回
SEG7：    INC      A              ;(A)←(A)+1
          MOVC     A,@A+PC        ;取显示断段
          RET
          DB 0C0H,0F9H,0A4H,0B0H  ;0~3 的共阳型显示码
          DB 99H,92H,82H,0F8H     ;4~7 的共阳型显示码
          DB 80H,90H,88H,83H      ;8~B 的共阳型显示码
          DB 0C6H,0A1H,86H,8EH    ;C~F 的共阳型显示码
          END
```

（3）汇编、下载、单片机属性设置

根据 3.4 节，在 PROTEUS ISIS 中操作"Source→Build All"，通过应用代码生成（即汇编）工具"ASEM51"对程序汇编，生成目标代码文件（3P0641.HEX）。高版本 PRO-TEUS 汇编后，会自动将最后的目标代码文件下载到单片机中；也可通过单片机属性设置，由用户下载。设置晶振频率为 12MHz。

（4）仿真与调试

使用参考电路、参考程序的 PROTEUS 仿真片段也如图 6-13 所示。可按暂停/继续键进行暂停、继续操作；按复位键可进行清零开始操作。

按 4.3 节内容进行仿真调试。测试出计时 1s 的精度。

（5）实际制作

正确完成 PROTEUS 设计与仿真后，根据图 6-13 选择好元件，在单片机课程教学实验板（或面包板、实验 PCB 等）上安装好线路。设计安装完成后，要仔细检查电路。

电路安装及目标代码文件固化无误后则可上电运行。分别操作"复位"按钮、"暂停/继续"按钮，完成计时、暂停、继续、清零等功能测试。

图 6-14 所示是制作成功的"简易跑表（0~99s）"及其运行情况照片。

图 6-14 "简易跑表（0~99s）"及其运行情况照片（学生陈伟鹏制作）

习题与思考 6

1. 如何理解加法计数器和减法计数器？

2. 定时器/计数器在什么情况下是定时器？在什么情况下是计数器？

3. 定时器/计数器有哪些控制位？各控制位的含义和功能是什么？

4. 定时器/计数器的工作方式如何设定？

5. 试归纳 AT89C51 单片机的定时器/计数器工作方式 0、工作方式 1、工作方式 2 各自的特点、初始化设置及使用方法。

6. 定时器/计数器的最大定时容量、定时容量、初值之间的关系如何？

7. 已知 $f_{osc} = 6\text{MHz}$，试编写程序，使 P1.7 输出高电平宽 $40\mu s$，低电平宽 $360\mu s$ 的连续矩形脉冲。

8. 已知 $f_{osc} = 6\text{MHz}$，试编写程序，利用 T0 工作在方式 2，使 P1.0、P1.1 分别输出周期为 1ms 和 $400\mu s$ 的方波。

9. 当 $f_{osc} = 6\text{MHz}$ 和 $f_{osc} = 12\text{MHz}$ 时，最大定时值各为多少？

10. 已知 $f_{osc} = 12\text{MHz}$，试编写程序，在 P1.0 输出脉冲，每秒产生一个脉宽为 1ms 的正脉冲，每分钟产生一个脉宽为 10ms 的正脉冲。

11. 已知 $f_{osc} = 6\text{MHz}$，试采用查询方式编写 24 小时制的模拟电子钟程序，秒、分钟、小时分别存放于 R2、R3、R4 中。

12. 试编写程序，使 T0 每计满 500 个外部输入脉冲后，由 T1 定时，在 P1.0 输出一个脉宽 10ms 的正脉冲（假设在 10ms 内外部输入脉冲少于 500 个）。

第7章 AT89C51 人机交互通道接口技术

7.1 项目1：单片机与数码管动态显示的接口技术

1. 项目目标

设计、仿真并制作一款单片机控制"数码管动态显示装置"，实现数码管稳定显示"3210"。

2. 项目要求

掌握单片机与数码管动态显示的接口电路设计、程序设计、仿真与实际制作技术。

7.1.1 基础知识

1. LED 数码管动态显示方式

数码管静态显示稳定，但占用单片机 I/O 口线多。在多位数码管显示的情况下，为节省口线，简化电路，将所有数码管段选线一一对应并联在一起，由（有时要通过驱动元件）单片机同一个 8 位 I/O 口控制；而位选线独立，分别（一般要通过驱动元件）由各 I/O 口线控制。本项目采用四联（位）共阳数码管。其实物照片、结构示意图如图 7-1 所示。

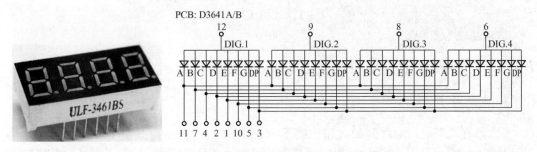

图 7-1 四联共阳数码管照片、结构示意图

图 7-2 所示为单片机控制四联（位）数码管动态显示的典型电路原理图。4 个数码管的段码共用一个 I/O 口 P2，在每个瞬间，数码管的段码相同。要达到多位显示的目的，就要在每一瞬间只有一位数码管 com 端有效，即只选通一位数码管，4 位数码管依次轮流选通，每位显示本位的字符，并延时一段时间，以适应视觉暂留的效果。

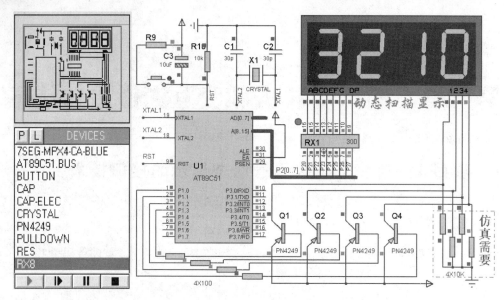

图 7-2 "数码管动态显示装置"的典型电路原理图及仿真片段

2. 延时时间的估算

延时可由人眼视觉暂留时间来估算。一般来说，1s 内对 4 位数码管扫描 24 次，就可看到不闪烁的显示，即扫描一次时间约 42ms。由此可以计算出，对应于每位数码管显示延时约为 11ms。经实验证实，每位延时超过 18ms，则可以观察到明显闪烁。本项目中选择每位数码管延时时间为 10ms。

3. 数码管 LED 限流（保护）电阻的估算

数码管由 LED 发光管组成。一般数码管的压降（V_{LED}）为 1.8V 左右。若电源电压为 5V，数码管每段 LED 的电流为 10mA，则估算的限流电阻阻值为

$$R = (V - V_{LED})/0.010 = 320\Omega$$

本项目取为 300Ω。

7.1.2 "数码管动态显示装置"电路设计和程序设计

1. 电路设计

"数码管动态显示装置"的典型电路原理图如图 7-2 所示，其左下方为使用元件列表。晶振频率为 12MHz，设计采用四联共阳数码管动态显示方式，它既满足 4 个数码管的显示要求，又节省了单片机的 I/O 口资源，只使用 12 条 I/O 口线（静态显示方式则需 32 条）。电路中与四联共阳数码管相串接的 8 只限流电阻采用 8 电阻排（8 排阻），其 8 个电阻均为 300Ω。图中右下角 4 个数码管位下拉电阻（100kΩ），实际制作中可不要。

2. 汇编语言程序设计

程序功能：使 4 个数码管动态从右至左稳定显示 "0123"，要求视觉无闪烁。

```
        ORG         00H
        SJMP        STAR
        ORG         30H
STAR:   MOV         P1,#0FFH            ;关闭位选口
        MOV         P2,#0FFH            ;关闭段选口
ST1:    MOV         R0,#0              ;(R0)=0
        MOV         R1,#0FEH           ;选通 P1.0 控制的显示器
ST2:    MOV         A,R0
        LCALL       SEG7               ;将 R0 中数字转换为显示码,从 P2 口
                                       ;输出
        CPL         A                  ;取反,将阴码变为阳码
        MOV         P2,A               ;通过 R0 得到的显示段码送 P2 口
        MOV         A,R1               ;位选通数据送 P1
        MOV         P1,A
        LCALL       DLY                ;延时 10ms
        MOV         P1,#0FFH           ;关闭位选通
        INC         R0                 ;计数 +1
        CJNE        R0,#4H,ST3         ;4 位是否扫描完
        SJMP        ST1                ;0～3 扫描完,重新开始
ST3:    MOV         A,R1               ;0～3 依次显示
        RL          A                  ;更新选通位
        MOV         R1,A
        SJMP        ST2                ;循环,显示下一位
DLY:    MOV         R7,#20             ;延时 10ms
        MOV         R6,#0
DLY1:   DJNZ        R6,$
        DJNZ        R7,DLY1
        RET
SEG7:   INC         A                  ;将数字转换为显示码
        MOVC        A,@A+PC
        RET
        DB          3FH,6,5BH,4FH      ;共阴极段码:0,1,2,3
        DB          66H,6DH,7DH,7      ;4,5,6,7
        DB          7FH,6FH,77H,7CH    ;8,9,A,B
        DB          39H,5EH,79H,71H    ;C,D,E,F
        END
```

7.1.3　"数码管动态显示装置" PROTEUS 设计、仿真、调试

1. PROTEUS 电路设计

根据图 7-2 所示原理图及图左下方所示的元件列表,在 PROTEUS ISIS 中进行电路设

计，以文件名 3P0712. DSN 存盘。

2. PROTEUS 程序设计

PROTEUS 程序设计包括程序编辑、汇编、下载。

按 3.4 节叙述和 7.1.2 节的汇编语言程序，在 PROTEUS ISIS 中单击菜单选项"Source（源程序）"，进行添加程序文件、编写程序、汇编程序生成目标代码等操作。程序取名为 3P0712. ASM，汇编生成目标代码文件 3P0712. HEX。

PROTEUS 高版本汇编后会自动将最后的目标代码文件下载到单片机模型中，也可打开单片机属性设置进行下载，并在 Clock Frequency 栏中设定时钟频率，本例为 12MHz。

3. PROTEUS 仿真、调试

上述各操作完成后，则可单击仿真工具按钮中的按键 ▶ 进行全速仿真。仿真片段也如图 7-2 所示。数码管动态稳定显示"3210"，视觉无闪烁。

为观察动态扫描过程和理解动态扫描原理，可降低时钟频率，如为 1 MHz；这时仿真看到：先显示 0，然后依次显示 1、2、3。这反映出了动态扫描的过程；也反映出加大时钟频率，利用人的视觉暂留才能达到稳定显示效果。

在仿真调试状态下，可设置适当断点，观察动态显示是依次扫描循环显示 0、1、2、3；测量各延时子程序的延时时间。

7.1.4 "数码管动态显示装置"实际制作、运行、思考

1. 制作

根据图 7-2 所示的电路原理图在单片机课程教学实验板（或面包板、实验 PCB 等）上安装好电路。将已固化目标代码的单片机安装到电路板对应的插座上。晶振频率为 12MHz。

若采用 AT89S51/52、STC89C51/52，可通过 ISP 下载线将目标代码固化到相应单片机中。

图 7-3 所示是制作完成的"数码管动态显示装置"及运行情况照片。

2. 运行

检查电路无误后，上电运行。在 12 MHz 晶振下则可观察到 4 个数码管稳定显示字符 0、1、2、3。

换接较低频率晶振再进行上电运行，观察运行结果，并解释不同结果的原因。

图 7-3 "数码管动态显示装置"及运行情况照片（学生李臻制作）

3. 思考

① 上述电路中用的是共阳 LED 数码管，而程序中用的是共阴 LED 数码管的段码表，但显示正确，为什么？

② 在上述程序中，指令"MOV P1，#0FFH；关闭位选通"的作用是什么？没有它会发生什么现象？（提示：从显示效果方面考虑。）

③ 若用共阴 LED 数码管直接取代上述接口电路中的共阳数码管行吗？为什么？

7.2　项目 2：单片机与 LCD 液晶显示器的接口技术

1. 项目目标

设计、仿真并制作一款"字符型液晶显示装置"，实现在 LCD 上显示"^_^　TO LCD"和"Glad to see you"两行字符。

2. 项目要求

掌握单片机与 LCD 的接口电路设计、程序设计、仿真与实际制作技术。

7.2.1　基础知识

1. LCD 液晶显示器优点和分类

在单片机应用系统中，LCD 液晶显示器因具有微功耗、小体积、使用灵活等优点而得到了广泛应用。LCD 可分笔段型、点阵字符型和点阵图符型。各类型都有与之配套的控制、驱动芯片。本项目以"字符型 LCD 液晶显示装置"（简称"字符型液晶显示装置"）为例讲解单片机与 LED 显示器的接口技术。该装置使用点阵字符型（简称字符型）1602C。首先熟悉有关字符型 LCD 液晶显示器等的基础知识。

2. 字符型 LCD 液晶显示器

字符型 LCD 液晶显示器是专用于显示字母、数字、符号等的点阵式 LCD。它多与 HD44780 控制驱动器集成在一起，构成字符型 LCD 液晶显示模块，用 LCM（Liquid Crystal Display Module）表示，有 16 ×1、16×2、20×2、40×2 等产品。图 7-4 所示是 16×2（可显示两行 16 个字符）的 1602 型字符液晶模块 JM1602C LCM 实物照片。

图 7-4　JM1602C LCM 实物照片

3. 液晶显示模块 LCM

液晶显示模块 LCM 由字符型 LCD 液晶显示器和 HD44780 控制驱动器构成。HD44780 由 DDRAM、CGROM、IR、DR、BF、AC 等大规模集成电路组成，具有简单且功能较强的指令集，可实现字符移动、闪烁等显示效果。

（1）引脚定义

字符型 LCM 通常有 14 条引脚线（也有 16 条引脚线的 LCD，根据各厂家的定义而应用，其控制原理与 14 脚的 LCD 完全一样），引脚定义如表 7-1 所示。

表 7-1　字符型 LCD 引脚功能

引　脚	符　号	功　能　说　明		
1	GND	接地		
2	V_{CC}	+5 V		
3	Vl	显示字符的明暗对比。接一个可变电阻，调整输入电压。通常为得到最大的明暗对比，直接将此脚接地		
4	RS	寄存器选择	0	指令寄存器 IR（WRITE）
				Busy Flag，地址计数器（READ）
			1	数据寄存器 DR（WRITE，READ）
5	$R/\overline{W}$	READ：1；　　　WRITE：0		
6	E	读/写使能（下降沿使能）		
7	DB0	数据总路线 以 8 位数据读/写方式，DB0 ~ DB7 均有效； 若以 4 位数据读/写，则仅高 4 位有效，低 4 位悬空不接	低 4 位三态，双向数据总线	
8	DB1			
9	DB2			
10	DB3			
11	DB4		高 4 位三态，双向数据总线 另外，BD7 为忙碌 BF 标志位	
12	DB5			
13	DB6			
14	DB7			

（2）数据显示 RAM

数据显示 RAM（Data Display RAM，DDRAM）用以存放要显示的字符码，只要将标准的 ASCII 码放入 DDRAM 中，内部控制线路就会自动将数据传送到显示器上，并显示出该 ASCII 码对应的字符。

（3）指令寄存器 IR、数据寄存器 DR

LCD 内有两个寄存器：一个是指令寄存器（Instruction Register，IR），另一个是数据寄存器（Data Register，DR）。IR 用来存放由 CPU 送来的指令代码，如光标复位、清屏、CGRAM、DDRAM 地址信息等；DR 则用来存放要显示的数据。字符型 LCD 寄存器选择如表 7-2 所示。

表 7-2　字符型 LCD 寄存器选择

RS	$R/\overline{W}$	操　作　说　明
0	0	写入指令寄存器
0	1	读 Busy Flag（DB7）及地址计数器 AC（DB0 ~ DB6）
1	0	写入数据寄存器 DR
1	1	从数据寄存器 DR 读取数据

（4）忙碌标志 BF

当 BF = 1 时，LCM 正忙于处理内部数据，执行完当前指令后，系统会自动清除 BF。

写指令前必须先检查 BF 标志，当 BF = 0 时，才可将指令写入 LCM 控制器。

（5）显示器地址

① 地址计数器 AC。AC 根据指令对 DDRAM 或 CGRAM 指派地址。当指令地址写入 IR 时，地址信息也由 IR 送入 AC 中。执行将数据写入 DDRAM 或 CGRAM（或由此读出）命令后，AC 的内容会自动加 1 或减 1。当读命令寄存器 IR 时（RS = 0、R/$\overline{\text{W}}$ = 1），AC 的内容输出到 DB0 ~ DB6。由此得到当前字符显示地址，判断是否需要换行。

② 字符在 LCD 上的显示地址如表 7-3 所示。DB7 = 1（DB6 ~ DB0），第一行为 80H，81H，…，8FH，第二行为 C0H,C1H,…,CFH。

表 7-3　字符在 LCD 上的显示地址

	DB7	DB6	DB5	DB4	DB3	DB2	DB1	DB0
第一行（外）	1	0	×	×	×	×	×	×
第二行（外）	1	1	×	×	×	×	×	×

（6）LCD 字库

HD44780 内置了 192 个常用字符，存于字符产生器 CGROM（Character Generator ROM）中。另外，还有由用户自定义的字符产生 RAM，称为 CGRAM（Character Generator RAM）。用户可以通过编程将字符图案写入 CGRAM 中，可写 8 个 5×8 点阵或 4 个 5×10 点阵的字符图案。

字库中的 0x00 ~ 0x0F 为用户自定义 CGRAM，0x20 ~ 0x7F 为标准的 ASCII 码，0xA0 ~ 0xFF 为日文字符和希腊文字符，其余字符码（0x10 ~ 0x1F 及 0x80 ~ 0x9F）没有定义。

（7）指令组表

表 7-4 列出了 LCM 指令组表，说明如下。

表 7-4　LCM 指令组表

指 令 说 明	指 令 码								
	RS	R/$\overline{\text{W}}$	D7	D6	D5	D4	D3	D2	D1	D0
清屏，光标回至左上角	0	0	0	0	0	0	0	0	0	1
光标回原点，屏幕不变	0	0	0	0	0	0	0	0	1	×
进入模式设定：设定读/写一个字节后，光标移动方向（I/$\overline{\text{D}}$）及是否要移位显示（S）	0	0	0	0	0	0	0	1	I/$\overline{\text{D}}$	S
	I/$\overline{\text{D}}$ = 1（或 0）：当读（或写）一个字符后，地址指针加 1（减 1），光标也加 1（减 1） S = 1：当写一个字符后，整个屏幕左移（I/$\overline{\text{D}}$ = 1）或右移（I/$\overline{\text{D}}$ = 0），以得到光标不移动而屏幕移动的效果。S = 0：当写一个字符时，屏幕不移动									
显示屏开/关	0	0	0	0	0	0	1	D	C	B
	D = 1：开显示屏；D = 0：关显示屏，数据仍保留在 DDRAM 中。 C = 1：开光标显示；C = 0：关闭光标。 B = 1：光标所在位置的字符闪烁；B = 0：字符不闪烁									
移位：移动光标位置或令显示屏移动	0	0	0	0	0	1	S/C	R/L	×	×
	不读/写数据的情况下，（不影响 DDRAM 数据）。 S/C = 1：显示屏移位；S/C = 0：光标移位。 R/L = 1：右移；R/L = 0：左移									

续表

指 令 说 明	指 令 码								
	RS	R/$\overline{W}$	D7	D6	D5	D4	D3	D2	D1	D0
功能设定：设定数据库长度与显示格式	0	0	0	0	1	DL	N	F	×	×
	DL = 1：数据长度为 8 位；DL = 0：数据长度为 4 位。N = 1：两行显示；N = 0：一行显示。F = 1：5×10 字形；F = 0：5×7 字形									
CGRAM 地址设定	0	0	0	1	CGRAM 地址					
DDRAM 地址设定	0	0	1	DDRAM 地址						
忙 BF/地址计数器	0	1	BF	地址计数器内容						
写入数据	1	0	写入数据							
读取数据	1	1	读出数据							

① 清除显示屏，即将 20H（空格的 ASCII 码）填入所有的 DDRAM，使 LCD 显示器全部清除，地址计数器清零，光标移到原点。

② 光标回原点（屏幕左上角），DDRAM 中的数据库不变。

③ CGRAM 地址设定。此命令用来设定 CGRAM 地址，由 A5 ~ A0 位决定，范围为 0 ~ 3FH。地址存放在地址计数器 AC 中。写入本指令后，随后必须是数据写入/读取 CGRAM 的指令。

④ DDRAM 地址设定。由 A6 ~ A0 来决定地址，并存放于 AC 中，写入本指令后，随后必须是数据写入/读取 DDRAM 的指令。

⑤ 读取 BF/地址计数器。读取数据前可检查 BF，BF = 1，不可存取 LCD，直到 BF = 0。而地址计数器的内容则为 DDRAM 或 CGRAMM 的地址。

⑥ 写入 CGRAM 或 DDRAM。在地址设定指令后，本指令把字符码写入 DDRAM 内，以便显示相应的字符，或把自创的字符码存入 CGRAM 中。

⑦ 读取 CGRAM 或 DDRAM 中的数据。在地址设定指令后，用来读取 CGRAM 或 DDRAM 中的数据。

7.2.2 "字符型液晶显示装置"电路设计和程序设计

1. 电路设计

单片机与 16×2 字符型 LCM 的接口电路如图 7-5 所示，图左下方为所用元件列表。图中的 16×2 LCD 采用 1602，它的引脚说明如表 7-1 所示。晶振频率为 12MHz。

2. 汇编语言程序设计

程序功能：用单片机控制 LCD 显示两行字符。第一行显示 "^_^ TO LCD"，第二行显示 "Glad to see you"，并循环显示。

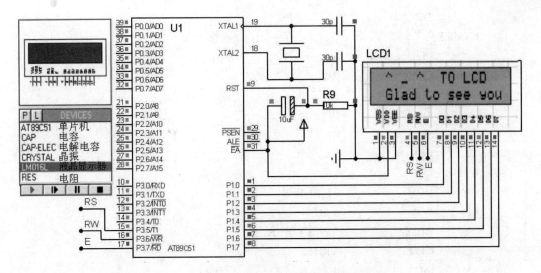

图 7-5　字符型 LCD 液晶显示装置的电路原理图

ORG	00H	
RS	EQU P3.5	;位定义
RW	EQU P3.6	
E	EQU P3.7	
MOV	P3,#0FFH	
MOV	P1,#01H	;清除屏幕
ACALL	ENABLE	
MOV	P1,#38H	;8 位、两行、5×7 点阵
ACALL	ENABLE	
MOV	P1,#0FH	;开显示
ACALL	ENABLE	
MOV	P1,#06H	;移动光标
ACALL	ENABLE	
MOV	P1,#80H	;显示位置
ACALL	ENABLE	
L3: MOV	P1,#01H	
ACALL	ENABLE	
MOV	DPTR,#TAB1	;送第一字符
CALL	WRITE1	
MOV	P1,#0C0H	;写入显示起始地址(第二行第一个位置)
ACALL	ENABLE	;调用写入命令子程序
MOV	DPTR,#TAB2	;送第二字符
CALL	WRITE1	
CALL	DELAY	
CALL	DELAY	
CALL	DELAY	

```
        JMP             L3
ENABLE:                                  ;送命令,LCD 使能
        CLR             RS
        CLR             RW
        CLR             E
        ACALL           DELAY
        SETB            E
        RET
WRITE1:                                  ;送字符串
        MOV             R1,#00H
A1:     MOV             A,R1
        MOVC            A,@ A + DPTR
        CALL            WRITE2
        INC             R1
        CJNE            A,#00H,A1        ;以 00H 做字符串结束标志
        RET
WRITE2:                                  ;送单个字符
        MOV             P1,A
        SETB            RS
        CLR             RW
        CLR             E
        CALL            DELAY
        SETB            E
        RET
DELAY:                                   ;延时子程序
        MOV             R7,#255
D1:     MOV             R6,#255
D2:     DJNZ            R6,D2
        DJNZ            R7,D1
        RET
;以下每个表格都是一行字符,以 00H 作为结尾
TAB1:   DB '^_^ TO LCD ',00
TAB2:   DB 'Glad to see you ',00
        END
```

7.2.3 "字符型液晶显示装置" PROTEUS 设计、仿真、调试

1. PROTEUS 电路设计

根据图 7-5 所示原理图及图左侧所示的元件列表，在 PROTEUS ISIS 中进行电路设计。完成后的结果也如图 7-5 所示，以文件名 3P0722.DSN 存盘。

2. PROTEUS 程序设计

PROTEUS 程序设计包括程序编辑、汇编、下载。

按 3.4 节的叙述和 7.2.2 节的汇编语言程序，在 PROTEUS ISIS 中单击菜单选项 "Source（源程序）"，进行添加程序文件、编写程序、汇编程序生成目标代码等操作。程序取名为 3P0722.ASM，汇编生成目标代码文件 3P0722.HEX。

PROTEUS 高版本汇编后会自动将最后的目标代码文件下载到单片机模型中，也可打开单片机属性设置对话框下载，并在 Clock Frequency 栏中设定时钟频率，本例为 12MHz。

3. PROTEUS 仿真、调试

上述各步完成后，可单击仿真工具按钮中的按键 ![按键] 进行仿真。仿真片段也如图 7-5 所示。液晶显示器循环显示，第一行显示^_^ TO LCD；第二行显示 Glad to see you。

可根据需要（如显示不正常），进入仿真调试状态，设置断点，进行调试。

7.2.4 "字符型液晶显示装置"实际制作、运行、思考

1. 制作

PROTEUS 电路设计、程序设计、仿真、调试通过后，根据图 7-5 所示的电路原理图在单片机课程教学实验板（或面包板、实验 PCB 等）上安装好电路。将已固化目标代码的单片机安装到电路板对应的插座上。

若采用 AT89S51/52、STC89C51/52 可通过 ISP 下载线将目标代码固化到相应单片机中。

2. 运行

检查电路无误后，上电运行。可观察到 LCD 显示屏上第一行字符一个个跳出来 "^_^　TO LCD"，接着第二行字符一个个跳出来 "Glad to see you"，然后循环。

图 7-6 所示是制作完成的 "字符型液晶显示装置" 及其运行情况照片。

图 7-6　"字符型液晶显示装置"
及其运行情况照片

3. 思考

上述接口程序设计控制字符是一个一个跳出来显示的，试问能将整行的字符同时显示出来吗？若能，怎样设计？

7.3　项目 3：单片机与矩阵式键盘的接口技术

1. 项目目标

设计、仿真并制作一款 "矩阵式键盘接口装置"，实现将键盘按键值实时显示在数码管上。

2. 项目要求

掌握单片机与矩阵键盘的接口电路设计、程序设计、仿真与实际制作技术。

7.3.1 基础知识

1. 键的可靠输入

按键和键盘是单片机应用系统中的重要输入设备，其作用是控制系统的工作状态，向系统输入数据和命令。根据按键的作用可分为数字键和功能键；根据按键的连接方式可分为独立式按键和矩阵式键盘；根据按键结构有机械型按键、触摸型按键之分。本项目以"AT89C51 与 4×4 矩阵式键盘接口装置"（以下简称"矩阵式键盘接口装置"）为例来讲解单片机与矩阵式键盘的接口技术。

机械型按键的开、关分别是机械触点的合、断作用。按键的电波形如图 7-7 所示（设按键口平时接高电平，有键按下时为低电平）。由于机械触点的弹性作用，在闭合及断开的瞬间均有抖动过程，会出现一系列电脉冲。抖动时间长短，与开关的机械特性、按键动作等因素有关，一般为 5~10ms。

按键的键稳定时间，由操作者的按键动作决定，一般大于 0.1s。为保证单片机对键的一次闭合仅做一次键输入处理，必须去除抖动影响。通常可用硬件或软件方法去除抖动影响。硬件消抖可采用 R-S 触发器或单稳态电路，软件消抖可用延时法。单片机在检测到有键按下时，执行约 10ms 的延时程序，以消除前沿抖动影响。接着检查该键是否仍保持键闭合状态电平，若保持闭合状态电平，则确认该键按下。再检测按键是否弹起，一旦检测到按键弹起，再延时约 10ms，消除后沿抖动影响，完成一个完整的确认按键的过程。

2. 独立式按键

独立式按键是指直接用 I/O 口线构成的单个按键电路，如图 7-8 所示。每个独立式按键单独占有一个 I/O 口线，其工作状态不会影响其他 I/O 口线的工作状态。按键输入采用低电平有效，上拉电阻保证了按键断开时 I/O 口线有确定的高电平。当 I/O 口内部有上

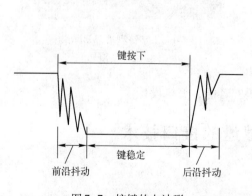

图 7-7 按键的电波形

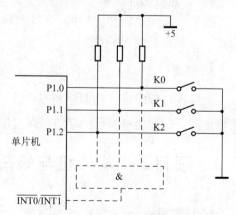

图 7-8 独立式按键电路

拉电阻时，外电路可以不接上拉电阻。图中虚线部分（将各按键输入端口通过与门输出到中断口）为中断按键处理法而设。当不考虑虚线内电路时，相关独立式按键程序可设计如下（键转功能 WORK0、WORK1、WORK2 子程序未写出）。

KEY:	MOV	P1,#0FFH	;置 P1 口为输入态
	MOV	A,P1	;读键
	CPL	A	;取反
	ANL	A,#07H	;屏蔽高 5 位
	JZ	RETT	;无键闭合,返回
	LCALL	DELALY	;有按键,前沿消抖动,延时 10ms
	JB	ACC.0,KEY0	;转 K0 键功能程序
	JB	ACC.1,KEY1	;转 K1 键功能程序
	JB	ACC.2,KEY2	;转 K2 键功能程序
RETT:	SJMP	KEY	
KEY0:	LCALL	WORK0	;执行 K0 键功能程序
KEY1:	LCALL	WORK1	;执行 K1 键功能程序
KEY2:	LCALL	WORK2	;执行 K2 键功能程序

在按键较多时，独立式按键占用口线资源多，不宜采用，应采用矩阵式键盘。

3. 矩阵式键盘

矩阵式键盘又称行列式键盘。用 I/O 口线组成行、列结构，按键设置在行列的交点上。N 条口线最多可构造 N^2 个按键。4×4 的行列结构可构成 16 个键的键盘，如图 7-9 中部所示。无按键时各行、列线彼此相交而不相连。当有键按下时，如按下 "F" 键，则与 "F" 相连的行线 P2.3、列线 P2.7 相连。由行、列线的电平状态可以识别唯一与之相连的按键，此识别过程称为读键。

键盘读键程序设计一般有两种方法，即反转读键法和扫描读键法。两种方法其效果一样，程序长度差不多，执行速度也相近。所以本书只介绍反转读键法，另一种读键法参看参考文献［2］。

采用反转读键盘法，行、列轮流作为输入线，如图 7-9 所示。

第一步：先置行线 P2.0 ~ P2.3 为输入线，列线 P2.4 ~ P2.7 为输出线，且输出为 0。相应的 I/O 口的编程数据为 0FH。若读入低 4 位的数据不等于 F，则表明有键按下，保存低 4 位数据。其中为电平 "0" 的位对应的是被按下键的行位置。

第二步：设置输入、输出口对换，行线 P2.0 ~ P2.3 为输出线，且输出为 0，列线 P2.4 ~ P2.7 为输入线，I/O 口编程数据为 F0H。若读入高 4 位数据不等于 F，即可确认按下的键。读入高 4 位数据中为 0 的位为列位置。保存高 4 位数据，将两次所读的数值组合，便得按键码。

7.3.2 "矩阵式键盘接口装置"电路设计和程序设计

1. 电路设计

"矩阵式键盘接口装置"电路原理图如图 7-9 所示。该图左下方为所用元件列表。图中数码管为共阳型，晶振频率为12MHz。

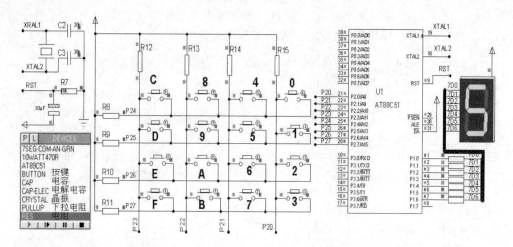

图7-9 矩阵式键盘接口电路原理图

2. 汇编语言程序设计

程序功能：按哪个数码键，数码管就显示该码号。

反转读键法的程序设计：

```
            ORG     00H
            SJMP    STAR
            ORG     30H
    STAR:   ACALL   DE100       ;调用延时
    KEY:    MOV     P2,#0FH     ;查键开始,行定义输入,列定义输出为0
            MOV     A,P2        ;读入 P2 的值
            CPL     A
            ANL     A,#0FH      ;确保低4位
            JZ      KEY         ;无键按下,返回
            MOV     R5,A        ;有键按下,暂存
            MOV     P2,#0F0H    ;列定义输入,行定义输出为0
            MOV     A,P2
            CPL     A
            ANL     A,#0F0H
            JZ      KEY
            MOV     R4,A        ;暂存高4位输入
            LCALL   DE10        ;消抖动
    KEY1:   MOV     A,P2        ;等待键松开
            CPL     A
            ANL     A,#0F0H
            JNZ     KEY1        ;按键没松开,等待
```

164

```
              LCALL      DE10
              MOV        A,R4              ;取列值
              ORL        A,R5              ;与行值相或为组合键值
              MOV        B,A               ;结果暂存于 B 中
              MOV        R1,#0             ;键值寄存器 R1 赋初值 = 0
              MOV        DPTR,#TAB         ;取键码表首地址到 DPTR
     VAL0：   MOV        A,R1
              MOVC       A,@ A + DPTR      ;查键码表
              CJNE       A,B,VAL           ;非当前按键码,继续查找
              ACALL      KEYV              ;以按键码查显示码
              MOV        P1,A              ;查找到显示码送 P1 二极管显示
              SJMP       KEY               ;下一次按键输入,循环
     VAL：    INC        R1
              SJMP       VAL0
     TAB：    DB         11H,21H,41H,81H   ;组合键码
              DB         12H,22H,42H,82H
              DB         14H,24H,44H,84H
              DB         18H,28H,48H,88H
     KEYV：   MOV        A,R1
              INC        A
              MOVC       A,@ A + PC        ;取显示码(即共阳段码)
              RET
              DB         0C0H,0F9H,0A4H,0B0H    ;共阳段码 0,1,2,3
              DB         99H,92H,82H,0F8H       ;共阳段码 4,5,6,7
              DB         80H,90H,88H,83H        ;共阳段码 8,9,A,B
              DB         0C6H,0A1H,86H,8EH      ;共阳段码 C,D,E,F
     DE100：  MOV        R6,#200           ;延时 100ms
     D1：     MOV        R7,#250
              DJNZ       R7,$
              DJNZ       R6,D1
              RET
     DE10：   MOV        R6,#20            ;延时 10ms
     D2：     MOV        R7,#248
              DJNZ       R7,$
              DJNZ       R6,D2
              RET
              END
```

7.3.3 "矩阵式键盘接口装置" PROTEUS 设计、仿真、调试

1. PROTEUS 电路设计

根据图 7-9 所示原理图及图左下方所示的元件列表,在 PROTEUS ISIS 中进行电路设

计。完成后的结果也如图 7-9 所示，以文件名 3P0732. DSN 存盘。

2. PROTEUS 程序设计

PROTEUS 程序设计包括程序编辑、汇编、下载。

按 3.4 节的叙述和 7.3.2 节的汇编语言程序，在 PROTEUS ISIS 中单击菜单选项 "Source（源程序）"，进行添加程序文件、编写程序、汇编程序生成目标代码等操作。程序取名为 3P0732. ASM，汇编生成目标代码文件 3P0732. HEX。

PROTEUS 高版本汇编后会自动将最后的目标代码文件下载到单片机模型中，也可打开单片机属性设置对话框下载，并在 Clock Frequency 栏中设定时钟频率，本例为 12MHz。

3. PROTEUS 仿真、调试

上述各步操作正确完成后，则可单击仿真工具按钮中的按键 ▶ 进行仿真。仿真片段也如图 7-9 所示。在矩阵键盘上按什么键，数码管就显示什么键号。

进入仿真调试状态，设置断点，进行调试。观察程序走向、测量消抖动延时时间。

7.3.4 "矩阵式键盘接口装置"实际制作、运行、思考

1. 制作

PROTEUS 电路设计、程序设计、仿真、调试通过后，根据图 7-9 所示的电路原理图在单片机课程教学实验板（或面包板、实验 PCB 等）上安装好电路。将已固化目标代码的单片机安装到电路板对应的插座上。

若采用 AT89S51/52、STC89C51/52，可通过 ISP 下载线将目标代码固化到 AT89S51 中。

图 7-10 "矩阵式键盘接口装置"
及其运行情况照片（学生吴世敏制作）

2. 运行

检查电路无误后，上电运行。按键从行到列依次为 0,1,2,…,E,F。当按下矩阵式键盘上的某键时，数码管将显示该按键值，直到有新的不同的按键输入才更新显示。

图 7-10 所示是制作完成的"矩阵式键盘接口装置"及其运行情况照片。矩阵键盘按键按行列依次为 0,1,…,E,F。

3. 思考

指出上述程序中消除按键抖动影响的指令，并说明这些指令为什么能消除由于按键而导致的抖动影响。

第8章　AT89C51后向通道接口技术

8.1　项目4："简易信号发生器"的接口技术

项目目标

以"简易信号发生器"为项目，掌握单片机与D/A（DAC0832）的接口电路设计、接口程序设计、仿真和实际制作技术；实现幅值为5V、周期为3ms的锯齿波，幅值为2.5V、周期为1ms的半圆波。

8.1.1　基础知识

1. 数字量转换为模拟量

单片机处理的是数字量。实际应用中，常常需要将数字量转换成模拟量以推动、控制外设或为外部所用（如单片机信号发生器）。D/A转换器就是一种将数字量转换成模拟量（电流、电压等）的接口IC。由单片机、D/A转换器组成的电路加上相应的程序，便可产生外设所需的各种模拟信号。显然，该技术是单片机应用系统后向通道的接口技术。

本项目以"AT89C51和DAC0832构成的简易信号发生器"（以下称"简易信号发生器"）为例来讲解AT89C51后向通道接口技术。

2. D/A转换器DAC0832

（1）主要性能指标

① 分辨率。分辨率是输出数字量变化一个相邻数码所需的模拟电压的变化量。一个N位的D/A转换器的分辨率定义为满刻度电压与2^N的比值，其中N为ADC的位数。分辨率习惯上以输入数字量的位数表示。满量程为10V的8位D/A转换器（如DAC0832）的分辨率为$10V \times 2^{-8} \approx 39mV$；满量程为10V的10位D/A转换器（如DAC1208）的分辨率为$10V \times 2^{-10} \approx 2.4mV$。

② 线性度。通常用非线性误差的大小表示D/A转换的线性度。在理想情况下，D/A转换特性应该是线性的，实际转换中，把理想输入/输出特性的偏差与满刻度输入之比的百分数，称为非线性误差。

③ 转换精度。转换精度以最大静态转换误差的形式给出，包含非线性误差、比例系数误差及漂移误差等综合误差。精度与分辨率是两个不同的概念。精度是指转换后所得的实际值与理论值的接近程度，而分辨率是指能够对转换结果发生影响的最小输入量。分辨

率很高的转换器并不一定具有很高的精度。

④ 建立时间。建立时间是指当 D/A 转换器的输入数据发生变化后，输出模拟量达到稳定数值的时间，该指标反映了 D/A 转换器转换速度的快慢。

⑤ 温度系数。温度系数是指在满刻度输出的条件下，温度每升高 1℃，输出变化的百分数。该项指标表明了温度变化对 D/A 转换精度的影响。

（2）主要特性

① 分辨率为 8 位，转换电流建立时间为 1μs。

② 直通、单缓冲、双缓冲工作方式。

③ 非线性误差：0. 20% FSR（Full Scale Range，满刻度）。

④ 逻辑电平输入与 TTL 兼容。

⑤ 单一电源供电（ +5 ~ +15V）。

⑥ 低功耗（20mW）。

（3）逻辑符号图和引脚功能

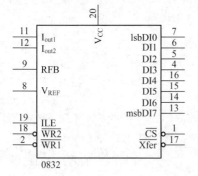

图 8-1 DAC0832 逻辑符号图

如图 8-1 所示为 DAC0832 的逻辑符号图。

DAC0832 是具有 8 位分辨率的 D/A 转换集成芯片。DAC0832 以其价廉、接口简单、转换控制容易等优点，在单片机应用系统中得到了广泛的应用。属于该系列的芯片还有 DAC0830、DAC0831 等。DAC0832 由 8 位输入寄存器、8 位 DAC 寄存器、8 位 D/A 转换电路及转换控制电路构成。

DI0 ~ DI7：8 位数据输入总线。

ILE：输入锁存允许，高电平有效。

$\overline{CS}$：片选信号，低电平有效；与 ILE 联合使能 $\overline{WR1}$。

$\overline{WR1}$：输入寄存器写选通信号，低电平有效。

$\overline{Xfer}$：数据传送控制信号，低电平有效。

$\overline{WR2}$：DAC 寄存器的写选通信号，低电平有效。

V_{REF}：基准电源输入；最大值 ±25V，一般选 -10V ~ +10V。

RFB：反馈信号输入引脚，反馈电阻在芯片内部。

I_{OUT1}：电流输出端 1，当 DAC 寄存器数据为全 0 时等于 0，全 1 时为最大值。

I_{OUT2}：电流输出端 2，$I_{OUT1} + I_{OUT2} = $ 常数（固定的参考电压下满刻度值）。

V_{CC}：电源输入端；最大值为 17V，一般可选 5 ~ 15V。

AGND：模拟地（3 脚）。

DGND：数字地（10 脚）。

（4）应用特性

① 有两级锁存控制功能，能够实现多通道 D/A 的同步转换输出。

② 内部无参考电压，需外接参考电压电路。

③ 为电流输出型 D/A 转换器，要获得模拟电压输出时，需要外加转换电路。

（5）与 AT89C51 单片机的接口方法

DAC0832 内部有输入寄存器和 DAC 寄存器，5 个控制端：ILE、$\overline{\text{CS}}$、$\overline{\text{WR1}}$、$\overline{\text{WR2}}$、$\overline{\text{Xfer}}$，能实现三种工作方式：直通方式、单缓冲方式和双缓冲方式。

① 直通方式。直通方式是指两个寄存器 $\overline{\text{WR1}}$、$\overline{\text{WR2}}$ 都设置为有效。只要数字量送到数据输入端，就立即进入 D/A 转换器进行转换输出。图 8-6 为该电路设计方法之一。

② 单缓冲器方式。单缓冲器方式是指只有一个寄存器受到控制。这时将另一个寄存器的有关控制信号预置为有效，使之开通；或者将两个寄存器的控制信号连在一起，两个寄存器合为一个使用。若应用系统中只有一路 D/A 转换或虽然是多路转换，但并不要求同步输出时，则采用单缓冲器方式接口，图 8-2 为这种用法的一个电路，两级寄存器的写信号都由单片机的 $\overline{\text{WR}}$ 端控制。当地址线选择好 DAC0832 后，只要输出 $\overline{\text{WR}}$ 控制信号，DAC0832 就能一步完成数字量的输入锁存和 D/A 输出。

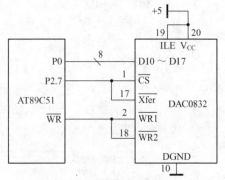

图 8-2　单缓冲器方式接口电路

③ 双缓冲器同步方式。双缓冲器同步方式是指两个寄存器分别受到控制，如图 8-3 所示。当 ILE、$\overline{\text{CS}}$ 和 $\overline{\text{WR1}}$ 信号均有效时，8 位数字量被写入输入寄存器，此时并不进行 D/A 转换。当 $\overline{\text{WR2}}$ 和 $\overline{\text{Xfer}}$ 信号均有效时，原存在输入寄存器中的数据被写入 DAC 寄存器，并进行 D/A 转换。在一次转换完成后到下次转换开始之前，由于寄存器的锁存作用，数据保持不变，因此 D/A 转换的输出也保持不变。对于多路 D/A 转换接口，要求同步进行 D/A 转换输出时，必须采用双缓冲器同步方式。

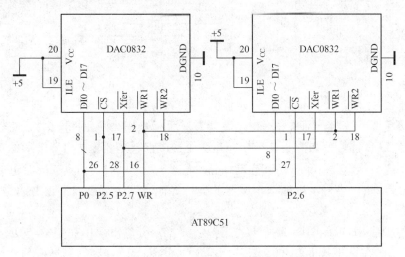

图 8-3　双缓冲器同步方式接口电路

DAC0832 采用双缓冲器同步方式时，数字量的输入锁存和 D/A 转换输出是分两步完成的，即 CPU 的数据总线分时地向各路 D/A 转换器输入要转换的数字量，并将数据锁存在各自的输入寄存器中。然后 CPU 对所有的 D/A 转换器发出控制信号，使各个 D/A 转换器输入寄存器的数据被存入 DAC 寄存器中，实现同步转换输出。与单缓冲线路不同的是，双缓冲器同步方式仅将$\overline{\text{CS}}$和$\overline{\text{Xfer}}$分别独立由单片机控制。

3. PROTEUS 虚拟四踪数字示波器使用

以 4.3.1 节"跑马灯"为例，讲述使用"PROTEUS 虚拟四踪数字示波器"（简称"虚拟示波器"）的基本操作，以及如何应用它来观测信号。

（1）虚拟示波器的选用、连接和启用

① 选用虚拟示波器。在设计好电路的 ISIS 窗口编辑区中，单击工具栏中虚拟仪器按钮，则可在对象选择器中列出 PROTEUS 一系列的虚拟仪器。单击其中的"OSCILLOSCOPE"，再在 ISIS 编辑区中的适当位置单击，放置虚拟示波器。它是四信道虚拟数字示波器，有 A、B、C、D 4 个信道，如图 8-4 所示。

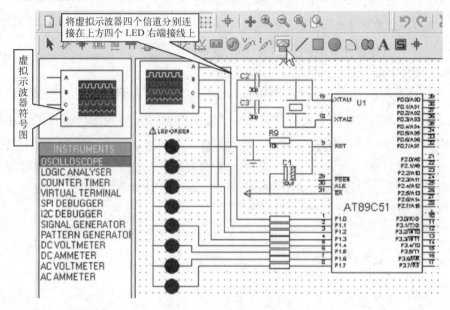

图 8-4　虚拟示波器的选用、连接

② 连接虚拟示波器。调整好虚拟示波器方位后（操作类同元件操作），将信道 A、B、C、D 与 4 个 LED 连接，如图 8-4 所示。这 4 个连接点就是要检测电压波形的 4 个点。

③ 启用虚拟示波器。单击仿真启动按钮　▶　，则可以启动仿真，同时也启动了虚拟示波器，ISIS 编辑区中显示出虚拟示波器的运行界面，左边显示波形，右边是调整面板，如图 8-5 所示。

若启动仿真未显示如图 8-5 所示的虚拟示波器，可单击菜单栏中的"Debug"选项，出现下拉菜单。在此下拉菜单中单击"Digital Oscilloscope"选项，则在 ISIS 中显示出虚拟示波器。

（2）虚拟示波器面板的主要功能钮及其使用

①"信道操作"块。示波器右边显示出 4 个信道操作块，即 ChannelA、ChannelB、

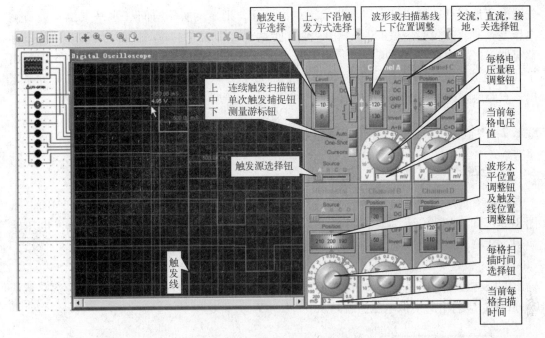

图 8-5　虚拟示波器在使用中

ChannelC 和 ChannelD，并分别用黄色、蓝色、红色、绿色加以区别。现以 ChannelA 为例，介绍其主要功能钮的使用。图 8-5 中已标注出主要钮的功能，其余三个信道类同。当前各信道选择的都是交流耦合，每格电压值为 1V。波形各信道上下位置不同，分别为120、40、-40、-120。当前使用 4 个信道。

②"触发操作"块。标签为"Trigger"的块属于触发部分。当前为上沿触发方式，触发电平为 -10，触发源为 A 信道。若要单次触发捕捉，单击"One - Shot"，该按钮变为亮粉红色，触发结束后恢复为灰色。图 8-5 中为单次触发捕捉后的状态。

③"水平功能操作"块。标签为"Horizontal"的块属于"水平功能操作"部分。当观察和测量波形时，"Source"钮一般选择最左边位置，即扫描位置。图 8-5 示出了其余钮的功能。"每格扫描时间选择钮"就是一般示波器的"时基"选择，可根据被测波形的频率（或周期）来选择。

（3）波形的观察与测量

根据被测信号情况（如信道、频率、振幅、是否为周期性等）正确选择好各功能钮的位置，便可启动仿真并对虚拟示波器中显示的波形进行观测。图 8-5 中显示了虚拟示波器仿真片段，显示了当时的 4 个 LED 观测点的电压波形，低电平是 LED 显示亮的状态，从波形容易看出 LED 依次点亮的状态。每个 LED 持续亮的时间可根据低电平所占水平格数来粗略测量，可看出它们都约占 2.5 格。从虚拟示波器中看出，当前每格扫描时间为0.2s。所以亮点持续时间约为 0.2s × 2.5 = 0.5s，即 500ms。并可看出，上一个 LED 灭，相继下一个 LED 就亮。若要进行较精密的测量，则可采用"Cursors"（测量游标钮）测量。单击"Cursors"钮，钮呈亮粉红色。将鼠标移至示波器显示窗口，出现测量游标。

171

先对准测量起点，按住鼠标移至测量终点再松开，则显示所测时间（水平方位）或所测电压差（垂直方位）。从图 8-5 看出，测出上两个 LED 亮的持续时间都为 500ms。将鼠标移至波形区域中某点，还可直接显示出该点的电压与相对触发线的时间。图 8-5 中测出了 A 信道波形区 LED 灭时的电压（或电平）为 4.95V（鼠标箭头所指），在其上方显示出该点距触发线的时间为 −650.00ms。

8.1.2 "简易信号发生器"电路设计和程序设计

1. 电路设计

图 8-6 所示为简易信号发生器电路原理图，左侧为元件列表。晶振频率为 6MHz。从图 8-6 可知，AT89C51 为其控制核心，采用单缓冲方式。图中 LM358N 作电流 − 电压转换用，其第 1 脚为模拟电压信号输出端。

$$V_{OUT} = -(I_{OUT1} \times R_{fb}) = -V_{REF}(DIGITAL\ INPUT)_{10}/256$$

输出电压与参考电压 V_{REF} 及输入的数字量成正比。图中 $V_{REF} = -5V$，所以输入的数字量从 0 ~ FFH 对应输出的模拟电压值就是从 0 ~ 4.98V。

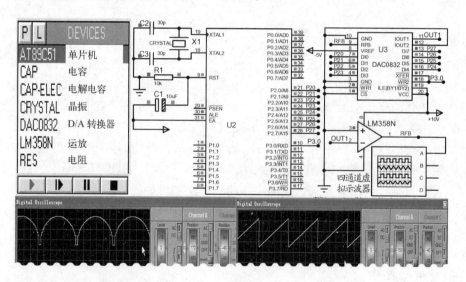

图 8-6 简易信号发生器原理图、元件、仿真片段及虚拟示波器显示的锯齿波及半圆波

2. 汇编语言程序设计

AT89C51 程序一、程序二与 D/A 接口电路配合分别产生锯齿波、半圆波。半圆波是根据事先计算好的半圆十六进制数据，用查表法依次查出数据，再通过 AT89C51 和 D/A 接口电路产生。可见，用这种方法也可产生其他波形，如正弦波。本项目晶振频率为 6MHz。

（1）程序一

程序功能：产生幅值为 5V、周期为 3ms 的锯齿波。

```
          ORG       00H
JUCHI：   MOV       A,#00        ;第一个数据
JUCHI1：  SETB      P3.0         ;2μs;
          MOV       P2,A         ;2μs;输出数据到 DA
          INC A                  ;2μs;数据更新，+1
          CLR       P3.0         ;2μs;
          SJMP      JUCHI1       ;4μs;循环
          END                    ;结束
```

锯齿波周期为：
$12\mu s \times 256 = 3.072ms$

（2）程序二

程序功能：产生幅值为 2.5V、周期为 1ms 的半圆波，晶振频率为 6MHz。

```
            ORG      00H
BANYUAN：   MOV      R2,#00        ;2μs;数据序号起始为 0
            MOV      R1,#40        ;2μs;数据长度为 40
BANY1：     SETB     P3.0          ;2μs;关闭 DA 器件的输出
            MOV      DPTR,#TAB2    ;4μs;数据首址送到 DPTR
            MOV      A,R2          ;2μs;距首址的偏移量
            MOVC     A,A+DPTR      ;4μs;从 ROM 中读数据
            MOV      P2,A          ;2μs;通过 P2 口送数据到 DAC 器件
            CLR      P3.0          ;2μs;允许 DA 器件输出
            DJNZ     R1,BANY2      ;4μs;40 个数未取完，循环取数;
            SJMP     BANYUAN       ;4μs;复位，重新开始
BANY2：     INC      R2            ;2μs;数据序号+1
            SJMP     BANY1         ;4μs;进行下一次 DA 转换
TAB2：      DB       0,40,56,67,77,85,91,97,102,107,111;要送出到 DA 的数据表、
                                  共 40 个数
            DB       114,117,120,122,124,125,127,127,128
            DB       128,127,127,125,124,122,120,117,114
            DB       111,107,102,97,91,85,77,67,56,40,0
            END
```

1042μs
$26\mu s \times 40 - 6 = 1034\mu s$

问题：请设计出产生三角波或正弦波的程序。

注意：有的接口电路设计，单片机往往将其外设（如 DAC 0832、ADC0808/0809）视为片外 RAM 的一个地址单元，对它们的控制或读写数据可用 MOVX 指令。（参看参考文献［3］。）

8.1.3 "简易信号发生器" PROTEUS 设计、仿真、调试

1. PROTEUS 电路设计

根据图 8-6 中原理图及图左上方所示的元件列表，在 PROTEUS ISIS 中进行电路设计。完成后的结果也如图 8-6 所示，以文件名 3P0812.DSN 存盘。

2. PROTEUS 程序设计

PROTEUS 程序设计包括程序编辑、汇编、下载。

按 3.4 节叙述和本节汇编语言程序（锯齿波和半圆波），在 PROTEUS ISIS 中单击菜单选项"Source（源程序）"，进行添加程序文件、编写程序、汇编程序生成目标代码等操作。程序分别取名为 3P0812_1.ASM（锯齿波）和 3P0812_2.ASM（半圆波），分别汇编生成目标代码文件 3P0812_1.HEX 和 3P0812_2.HEX。

PROTEUS 高版本汇编后会自动将最后的目标代码文件下载到单片机中；也可通过单片机属性设置，将其下载到单片机中。

打开单片机属性设置对话框，在 Clock Frequency 栏中设定时钟频率，本例为 6MHz。

3. PROTEUS 仿真、调试

上述各步操作正确完成后，则可单击仿真工具按钮中的按键进行仿真。仿真片段也如图 8-6 所示。图下方为仿真时该虚拟示波器分别测得的从模拟量输出端输出的半圆波及锯齿波信号图。

若仿真中出现与实际设计要求不一致或不满意的地方，可进入仿真调试状态，进行设置断点等调试，直至满意为止。

8.1.4 "简易信号发生器"实际制作、运行、思考

1. 制作

PROTEUS 设计、仿真和调试通过并满意后，则可根据图 8-6 所示的电路原理图，在单片机课程教学实验板（或面包板、实验 PCB 等）上安装好电路。将目标代码通过编程器固化到单片机中。

若使用 AT89S51/52、STC89C51/52 单片机，则可通过 ISP 下载线将目标代码固化到相应单片机中。

2. 运行

将接口电路的"模拟电压输出"端接到示波器的 Y 输入端。调整好示波器上的控制旋钮。分别上电运行后，则在示波器上显示如图 8-6 下方所示的两种波形。

图 8-7 所示为制作完成的"简易信号发生器"及其运行情况照片。

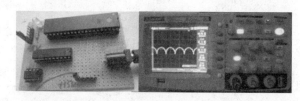

图 8-7 "简易信号发生器"及其运行情况照片（学生金鑫制作）

3. 思考

若要产生三角波或正弦波,如何设计程序?(设源程序文件名为 3P0812_3.ASM。)

8.2 项目5:AT89C51 控制步进电动机的接口技术

1. 项目目标

用 AT89C51 控制步进电动机步进正转,每按键一次正转一步。

2. 项目要求

掌握"AT89C51 控制步进电动机装置"(简称"控制步进电动机装置")的电路设计、程序设计、仿真与制作技术。

8.2.1 基础知识

1. 步进电动机的种类

步进电动机是一种将电脉冲转化为角位移的执行机构,每给一个有效脉冲就转一个角度,一般用于精确的运动控制,常嵌入于应用系统中。图 8-8 所示的是一种小型步进电动机的外形照片。

常见的步进电动机分为三种:永磁式(PM,分为单极性、双极性电动机)、反应式(VR)和变磁阻步进电动机(HB,混合式)。

步进电动机按绕在定子上的线圈配置分类可分为 2 相、4 相、5 相等。

本节使用的步进电动机是电磁式、4 相、单极步进电动机,型号为 20BY20H01,用脉冲信号进行驱动与控制。单极步进电动机绕组图如图 8-9 所示。

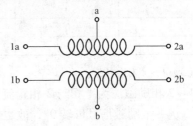

图 8-8 步进电动机   图 8-9 单极步进电动机绕组图

2. 步进电动机的工作原理

当给电动机适当的脉冲信号(也称励磁信号),电动机各相的通电状态就发生变化,转子会转过一定的角度(称为步进角)。步进电动机转过的总角度和输入的脉冲数成正比,可以通过控制脉冲个数来控制角位移量,从而达到准确定位的目的。电动机的转速与输入脉冲的频率保持严格的对应关系,不受电压波动和负载变化的影响。调整脉冲信号的频率可以改变步进电动机的转速，正转、反转可由脉冲顺序来控制。若步进电动机的步进角为 18°，则每来一个励磁脉冲，电动机转动 18°，来 20 个励磁信号，电动机就转动一周。

3. 步进电动机的励磁方式

步进电动机的励磁方式可分为全部励磁及半步励磁，其中全部励磁又有 1 相励磁及 2 相励磁之分，而半步励磁又称 1~2 相励磁。

（1）1 相励磁法

1 相励磁法是指在每一瞬间只有一个线圈导通。这种方法消耗的电力小、精确度好，但转矩小、振动较大，每送一个励磁信号可转过一个步进角度。若以 1 相励磁法控制步进电动机正转，其励磁顺序如表 8-1 所示。若励磁信号反向传送，则步进电动机反转。

表 8-1　1 相励磁脉冲

步 进 数	激励信号状态			
	1a	1b	2a	2b
1	1	0	0	0
2	0	1	0	0
3	0	0	1	0
4	0	0	0	1

（2）2 相励磁法

2 相励磁法在每一瞬间会有两个线圈同时导通。因 2 相励磁法转矩大、振动小，故为目前使用最多的励磁方式，每送一个励磁信号可转过一个步进角度。若以 2 相励磁法控制步进电动机正转，其励磁顺序如表 8-2 所示。若励磁信号反向传送，则步进电动机反转。

表 8-2　2 相励磁脉冲

步 进 数	激励信号状态			
	1a	1b	2a	2b
1	1	1	0	0
2	0	1	1	0
3	0	0	1	1
4	1	0	0	1

（3）1~2 相励磁法

1~2 相励磁法为 1 相与 2 相轮流交替导通。因 1~2 相励磁法分辨率提高，且运转平滑，每送一个励磁信号可转 9°，故也广泛被采用。若以 1~2 相励磁法控制步进电动机正转，其励磁顺序如表 8-3 所示。若励磁信号反向传送，则步进电动机反转。

表 8-3　1~2 相励磁脉冲

步 进 数	激励信号状态			
	1a	1b	2a	2b
1	1	0	0	0
2	1	1	0	0
3	0	1	0	0

续表

步 进 数	激励信号状态			
	1a	1b	2a	2b
4	0	1	1	0
5	0	0	1	0
6	0	0	1	1
7	0	0	0	1
8	1	0	0	1

　　步进电动机的负载转矩与速度成反比，速度越快，负载转矩越小，但速度快至其极限时，步进电动机不再运转。所以在每走一步后，程序必须延时一段时间，以限制转速。

4. 步进电动机的驱动

　　一般来说，驱动步进电动机需要较大的驱动电流。AT89C51 单片机的 I/O 口不能直接驱动，所以要加驱动芯片。2003 是较常用的驱动芯片，它的每个引脚的驱动电流可达 50mA。图 8-10 所示为 2003 芯片引脚图及内部逻辑图。

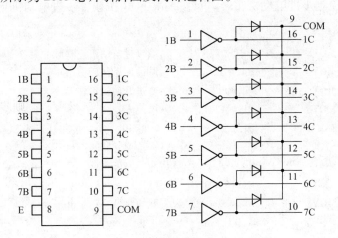

图 8-10　2003 芯片引脚图及内部逻辑图

8.2.2　"控制步进电动机装置"电路设计和程序设计

1. 电路设计

　　本设计用 AT89C51 控制步进电动机步进正转，每按键一次正转一步。其电路原理图如图 8-11 所示，左侧为元件列表。图中与 P1.1 相接的按键 FOR 用来控制步进运行，单片机 P2.0 ~ P2.3 经驱动器 ULN2003A 连接到步进电动机的控制线。

　　本接口电路通过按键，用 1 相励磁法实现步进。单片机采用 12MHz 晶振。单片机 I/O 口线的 P2.0 ~ P2.3 端按正向励磁顺序 1a→1b→2a→2b→1a 输出脉冲，步进电动机正转。每按一次 FOR 按钮，步进电动机正转一个步进角。

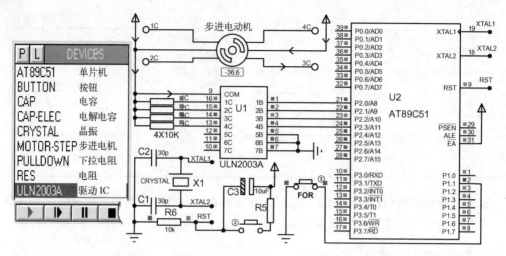

图 8-11　单片机控制步进电动机电路原理图及仿真片段

2. 汇编语言程序设计

程序功能：控制步进电动机正转。每按一次 FOR 按钮，步进电动机正转一个步进角。

```
        ORG     00H
START： MOV     DPTR,#TAB1    ;取步进电动机控制脉冲表首地址
        MOV     R4,#0H        ;脉冲序号初始值(R4)=0
        MOV     P2,#0         ;步进电动机不转
WAIT：  MOV     P1,#0FFH      ;P1 为输入
        JNB     P1.1,POS      ;判断 P1.1 上的按钮是否按下,按下转 POS
        SJMP    WAIT          ;未按下,循环等待
POS：   INC     R4            ;脉冲序号 +1
        CJNE    R4,#5,POS1    ;脉冲序号≠5 时转 POS1
        MOV     R4,#1         ;脉冲序号 =5 时,重置为 1
POS1：  MOV     A,R4          ;正转 18°
        MOVC    A,@A+DPTR     ;根据脉冲序号,取脉冲数据
        MOV     P2,A          ;脉冲数据送 P2 口,控制步进电动机转动
        ACALL   DELAY         ;延时
        AJMP    WAIT          ;循环
DELAY： MOV     R6,#5         ;延时
DD1：   MOV     R5,#080H      ;256×2×128×5 = 0.328s
DD2：   MOV     R7,#0
DD3：   DJNZ    R7,DD3
        DJNZ    R5,DD2
        DJNZ    R6,DD1
        RET
TAB1：  DB      0,1,2,4,8;    ;1 相励磁正转脉冲数据
        END
```

若采用 AT89S51/52、STC89C51/52，上述程序可通过 ISP 下载线将目标代码件固化到相应单片机中。

8.2.3 "控制步进电动机装置" PROTEUS 设计、仿真、调试

1. PROTEUS 电路设计

根据图 8-11 所示原理图及元件列表，在 PROTEUS ISIS 中进行电路设计。完成后的结果也如图 8-11 所示，以文件名 3P0822. DSN 存盘。

2. PROTEUS 程序设计

PROTEUS 程序设计包括程序编辑、汇编、下载。

按 3.4 节叙述和本节汇编语言程序，在 PROTEUS ISIS 中单击菜单选项 "Source（源程序）"，进行添加程序文件、编写程序、汇编程序生成目标代码等操作。程序取名为 3P0822. ASM，汇编生成目标代码文件 3P0822. HEX。

PROTEUS 高版本汇编后会自动将最后的目标代码文件下载到单片机中；也可通过单片机属性设置，将其下载到单片机中。

打开单片机属性设置对话框，在 Clock Frequency 栏中设定时钟频率，本例为 12MHz。

3. PROTEUS 仿真、调试

上述各步操作完成后，则可单击仿真工具按钮中的按键 ▶ 进行仿真。仿真片段也如图 8-11 所示。每按一次 FOR 键，步进电动机转动一个步进角，可从单片机控制引脚的色块观察控制信号的电平状态。

步进角设置：双击步进电动机，弹出属性设置对话框，在 Step Angle 栏中填上所需角度（本项目设置为 18°）即可。

进入仿真调试状态，设置断点，观察单片机如何通过励磁脉冲控制步进电动机步进。

8.2.4 "控制步进电动机装置" 实际制作、运行、思考

1. 制作

PROTEUS 设计、仿真和调试成功后，根据图 8-11 所示的电路原理图，在单片机课程教学实验板（或面包板、实验 PCB 等）上安装好电路，仔细检查安装是否正确、合理，元件是否选择正确。晶振频率为 12MHz。

将已固化目标代码的单片机安装到电路板对应插座上。若使用 AT89S51/52、STC89C51/51 单片机，则可通过 ISP 下载线将目标代码固化到相应单片机中。

2. 运行

上电运行，则可观察到每按键一次，步进电动机正转一个步进角，按 20 次键，步进电动机转动一周。

图 8-12 所示是制作完成的"控制步进电动机装置"及其运行情况照片。

图 8-12 "控制步进电动机装置"及其运行情况照片（学生朱嘉制作）

3. 思考

（1）若要用按键控制步进电动机单步正转、连续正转、停转，该如何设计？

（2）若要用按键控制步进电动机单步反转、连续反转、停转，该如何设计？

第9章 AT89C51 前向通道接口技术

9.1 项目6:"简易数字电压表"的设计与制作

项目目标

通过"简易数字电压表"的设计、仿真、实际制作,掌握单片机与ADC0808/0809 的(A/D)接口电路设计、程序设计、仿真与制作技术。要求在两位数码管上实时显示 0~5V 模拟量所对应的数字量。

9.1.1 基础知识

在单片机检测和控制系统中,许多被测量、控制量往往是模拟量。这些模拟量经过预处理(放大、I/V 转换等)后,在进入单片机之前必须经过 A/D 转换,变成数字量。

A/D 转换可用专用的 A/D 转换器完成,是单片机应用系统前向通道接口技术中的重要环节。A/D 转换技术的主要内容是合理选择 A/D 转换器及其外围元件、与单片机的正确连接及设计接口程序。A/D 转换器有逐次比较型、双积分型、量化反馈型和并行型等之分;有 8 位、10 位等数据输出之分;还有并行、串行输出之分。

A/D 转换器 ADC0808(ADC0809)是逐次比较型、8 位二进制并行输出。其数据输出符合 8 位单片机(如 AT89C51、AT89S51)数据总线的要求,与单片机接口的兼容性好,具有程序简单、转换精度较高、速度较快等优点,是目前单片机应用系统中应用很广的A/D 转换器类型之一。

本节以 AT89C51 与 A/D 转换器 ADC0808(ADC0809)(简写为 ADC080808/09)构成的"简易数字电压表"为项目,讲述单片机与 A/D 转换的接口技术。

1. ADC0808/09 的主要性能指标

ADC0808/09 是同类的逐次比较型 A/D 转换芯片。芯片引脚相同,性能指标基本相同。

① 分辨率为 8 位。

② 最大不可调误差为±1LSB(0808 为±1/2LSB)。LSB(Least Significant Bit)是数字量的最小有效值所表示的模拟量。

③ 单电源 +5V 供电,基准电压由外部提供,典型值为 +5V。此时允许输入模拟电压为 0~5V。具有锁存控制的 8 路模拟选通开关。

④ 可锁存三态输出,输出电平与 TTL 电平兼容,可直接连接到单片机的数据总线上。

⑤ 功耗为 15mW。

⑥ 转换速度取决于芯片的时钟频率。时钟频率范围为 10～1280kHz。典型的时钟频率为 640kHz，此时 A/D 转换的时间最小为 90μs，典型值为 100μs，最大为 116μs。

2. ADC0808/09 逻辑图与引脚功能

ADC0808/09 的逻辑符号如图 9-1 所示。

21	msb2⁻¹		
20	2-2	IN-7	5
19	2-3	IN-6	4
18	2-4	IN-5	3
8	2-5	IN-4	2
15	2-6	IN-3	1
14	2-7	IN-2	28
17	lsb2⁻⁸	IN-1	27
10	CLOCK	IN-0	26
		REF(+)	12
9	ENABLE		
		REF(−)	16
6	START		
22	ALE	ADD-A	25
		ADD-B	24
7	EOC	ADD-C	23

08/09

图 9-1　ADC0808/09 的逻辑符号

① IN-0～IN-7：8 路模拟信号输入端。

② ADD-A、ADD-B、ADD-C：3 位地址码输入端。8 路模拟信号转换选择由 A、B、C 决定。C=0，B=0，A=0，则为 IN-0 A/D 通道；C=0，B=0，A=1，则为 IN-1A/D 通道；一共有 8 路 A/D 通道：IN-0～IN-7。

③ CLOCK：外部时钟输入端。时钟频率越高，A/D 转换速度越快。当 AT89C51 单片机无读/写片外 RAM 操作时，ALE 端信号固定为 CPU 时钟频率的 1/6。此时 CLK 可直接与 ALE 相接。

④ msb2⁻¹～lsb2⁻⁸：数字量输出端。

⑤ ENABLE（Output Enable）：A/D 转换结果输出允许控制端。通常与单片机的 $\overline{RD}$ 端相接，或者通过门电路相接。转换结束后，结果存放在输出锁存器中，当单片机对 ENABLE 发出高电平信号时，选通 AD 芯片内部的三态输出缓冲器将数据取出。

⑥ ALE：锁存由 A、B、C 决定的 8 路模拟通道地址允许信号。

⑦ START：启动 A/D 转换信号。当输给 START 一个正脉冲时，则启动 A/D 转换。

⑧ EOC：A/D 转换结束信号。当启动转换后，EOC 输出低电平；转换结束后，EOC 输出高电平，表示可读取 A/D 转换结果。此端可作为查询信号，也可取反后作为请求单片机中断的信号。

⑨ REF(+)、REF(−)：正、负基准电压输入端。基准电压的典型值为 +5V，可与电源电压 +5V 相连，但电源电压往往有一定的波动，会影响转换精度。因此在精度要求较高时，可用高稳定度基准电源输入。当模拟信号电压较低时，基准电压可取低于 5V 的数值。

ADC0808 转换精度为 ±0.2%；ADC0809 转换精度为 ±0.4%。

3. 编写 ADC0808/09 转换程序的三种方式

（1）中断方式

中断方式是最方便、最及时、效率最高的方式，但必须占用一个外中断资源。该方式的电路设计中应将 ADC0808/09 的 EOC 端通过反向器与单片机的 P3.2（外中断 0）或 P3.3（外中断 1）相接；程序设计中要启动相应中断。本节中的"简易数字电压表"未采用此方式。

（2）查询方式

ADC0808/09 的 EOC 端与单片机的任一位 I/O 端口相连。启动 A/D 后，不断查询此

I/O 口，直到 EOC 变为高电平，转换结束，再读 A/D 的值。本节的"简易数字电压表"未采用此方式。

（3）延时方式

不使用 ADC0808/09 的 EOC 端转换结束信号。启动 A/D 后，由程序设计延时一段时间，再读 A/D 的值。延时时间不能小于 A/D 转换器的转换时间，否则 A/D 转换尚未结束，便得到不正确的转换结果。本节的"简易数字电压表"采用此方式。

9.1.2　"简易数字电压表"电路设计和程序设计

1. 电路设计

图 9-2 所示是 AT89C51 与 ADC0808 构成的简易数字电压表的接口电路原理图，左侧为元件列表。被测电压（≤5V）从 ADC0808 的第 0 道模拟信号端 IN-0 输入（输入通道选择位 ADD-A、ADD-B、ADD-C 三端直接接地），用 AT89C51 的 P2.7 脚控制 ADC0808 的启动。转换结果（十六进制）显示在两个数码管上。晶振频率采用 6 MHz。该图的右下部为虚拟电压表。为清楚起见，现将虚拟电压表、电位器的放大截图置于左上方。

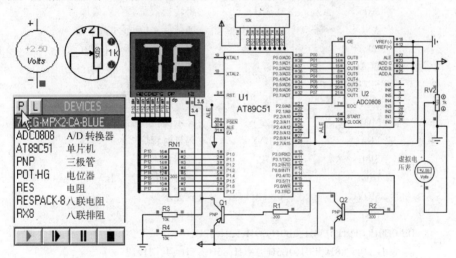

图 9-2　简易数字电压表电路原理图、元件列表及仿真片段

2. 汇编语言程序设计

程序功能：在单片机控制下，令 ADC0808 转换所得的电压数字量（十六进制）显示在两数码管上。可用三种方式编写 ADC0808 转换程序，即中断方式、查询方式和延时方式。本程序采用延时方式。

```
        ORG     0H
        LJMP    MAIN
        ORG     100H
MAIN:   CLR     P2.7
```

```
                CLR         P2.6
LOOP：          SETB        P3.4            ;关显示
                SETB        P3.5            ;关显示
                SETB        P2.7            ;启动 0809
                CLR         P2.7
                MOV         R6,#18          ;编程方式为延时
                DJNZ        R6,$            ;6MHz 延时 72μs
                SETB        P2.6
                MOV         A,P0            ;读 A/D 转换数
                CLR         P2.6
                MOV         30H,A           ;暂存 RAM 30H 单元
                ANL         A,#0FH          ;屏蔽高 4 位,显示低 4 位
                LCALL       SEG7            ;查出显示码
                SETB        P3.4            ;关显示高位
                CLR         P3.5            ;开显示低位
                MOV         P1,A            ;显示低位
                LCALL       DELAY           ;延时 1ms
                MOV         A,30H           ;将转换数重新存入累加器
                ANL         A,#0F0H         ;屏蔽低 4 位,显示高 4 位
                SWAP        A               ;累加器 A 的高低 4 位互换
                LCALL       SEG7            ;查出显示码
                SETB        P3.5            ;关显示低位
                CLR         P3.4            ;开显示高位
                MOV         P1,A            ;显示高位
                LCALL       DELAY           ;调延时程序
                SJMP        LOOP            ;返回再来
SEG7：          INC         A               ;查表位置调整
                MOVC        A,@A+PC         ;查显示码
                RET                         ;返回
            DB 0C0H,0F9H,0A4H,0B0H,99H,92H,82H,0F8H
            DB 80H,90H,88H,83H,0C6H,0A1H,86H,8EH    ;共阳段码
DELAY：         MOV         R5,#2           ;延时
DEL1：          MOV         R6,#249
DEL2：          DJNZ        R6,DEL2
                DJNZ        R5,DEL1
                RET
                END
```

9.1.3 "简易数字电压表" PROTEUS 设计、仿真、调试

1. PROTEUS 电路设计

根据图 9-2 所示原理图及图中左下方所示的元件列表，在 PROTEUS 中进行电路设

计。完成后的结果也如图 9-2 所示，取文件名为 3P0912. DSN。

2. PROTEUS 程序设计

PROTEUS 程序设计包括程序编辑、汇编、下载。

按 3.4 节叙述和本节的汇编语言程序，在 PROTEUS ISIS 中单击菜单选项"Source（源程序）"，进行添加程序文件、编写程序、汇编程序生成目标代码等操作。程序取名为 3P0912. ASM，汇编生成目标代码文件 3P0912. HEX。

PROTEUS 高版本汇编后会自动将最后的目标代码文件下载到单片机中；也可通过单片机属性设置，将其下载到单片机中。

打开单片机属性设置对话框，在 Clock Frequency 栏中设定时钟频率，本例为 6MHz。

3. PROTEUS 仿真、调试

因以 ALE 信号作为 ADC 的 CLOCK 信号，故设置其有效：在单片机的属性窗口设置 `Simulate Program Fetches` `Yes`。单击 ▶ 进行仿真。仿真片段如图 9 - 2 所示。缓慢调节电位器输入不同的电压（模拟量 0～5V），则实时从数码管上看到对应电压的数字量（00～FFH）。当数码管显示 7F 时，图 9-2 的右下部的虚拟电压表测得与其相对应的模拟电压为 +2.5V。

进入仿真调试状态，在必要处设置断点，进行仿真调试。观察程序走向、测量延时程序的延时时间等。

9.1.4　"简易数字电压表"实际制作、运行、思考

1. 制作

PROTEUS 设计、仿真、调试通过后，根据图 9-2 所示的电路原理图，在单片机课程教学实验板（或面包板、实验 PCB 等）上安装好电路，将已固化目标代码的单片机安装到电路板的对应插座上。晶振频率为 6 MHz。

2. 运行

上电运行，调精密电位器输入不同的模拟电压，则可看到数码管上的显示值随之变化。当输入的电压从 0V 到 5V 慢慢上升时（可通过电压表观测），数码管上同步从 00H 到 FFH 变化。

图 9-3 所示为制作完成的"简易数字电压表"及其运行情况照片。当调节右下方电位器时，数码管显示同步变化。

3. 思考

单片机应用系统中往往将其外设（如 DAC0832、ADC0808/09）视为片外 RAM 的一个地址单元，对

图 9-3　"简易数字电压表"及其运行情况照片（学生陈敏杰制作）

它们的控制或读/写数据可用 MOVX 指令（参看参考文献［3］）。你能根据此思想将本节程序修改而实现同样目标吗？

9.2 项目 7：AT89C51 控制直流电动机的接口技术

1. 项目目标

设计、仿真并制作一款"控制直流电动机装置"，控制直流电动机的转向与转速。

2. 项目要求

转速的控制上要求用串行的 ADC 通过单片机输出脉宽调制（PWM）信号控制电动机的转速。通过该项目掌握单片机控制直流电动机的电路设计、程序设计、仿真与实际制作。

9.2.1 基础知识

1. 直流电动机控制电路

直流电动机应用极广，种类、型号很多，本节只讲 AT89C51 对普通直流电动机进行控制的接口技术，即控制转向、转速。转速由控制输出占空比的 PWM 波调节，而占空比的控制是通过单片机采集 ADC0831 的（A/D）转换结果来实现的。ADC0831 是 8 位串行逐次逼近式 A/D 转换器，所以这里既用到前向接口电路，又用到后向接口电路。（思考：哪部分电路属前向接口电路？哪部分电路属后向接口电路?）

图 9-6 右方所示是一种常用的直流电动机控制电路图。DIR 端控制转向，PWM 端控制转速。

当 DIR 端输入为高电平时，VT4 和 VT2 导通，VT1 和 VT3 关断，此时图中电动机左端为低电平。当 PWM 端输入低电平时，VT6 和 VT8 关断，VT5 和 VT7 导通，电流从 VT5 流向 VT2，电动机正转；这时若 PWM 端输入高电平，VT6 和 VT8 导通，VT5 和 VT7 关断，没有电流通过电动机。当 DIR 端输入低电平时，VT4 和 VT2 关断，VT3 和 VT1 导通，当 PWM 端为高电平时，VT8 和 VT6 导通，VT5 和 VT7 关断，电流从 VT1 流向 VT6，电动机反转；这时若 PWM 端为低电平，则 VT8 和 VT5 关断，没有电流通过电动机。所以，只要控制 DIR 和 PWM 的电平就可控制直流电动机正转、反转、停转。在 DIR 电平确定（高或低）的情况下，若输入 PWM 端的电控信号是脉冲信号，则还可以通过脉冲信号的占空比控制电动机的转速。

本接口电路将单片机的 P3.2 口、P3.7 口分别接到电动机控制电路的 DIR 端和 PWM

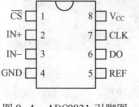

图 9-4　ADC0831 引脚图

端，通过单片机控制电动机的正转、反转及其转速。

2. 串行 A/D 转换器 ADC0831

本设计采用 8 位串行逐次逼近型 A/D 转换器 ADC0831。ADC0831 采用单 5V 供电，输入电压范围为 0～5V，其引脚如图 9-4 所示。图中，$\overline{CS}$ 为片选信号输入端，IN + 和 IN – 为差分输入端，REF 为参考电压输入端，DO 为 A/D 转换数据输出端，CLK 为时钟信号输入端。ADC0831 的工作时序如图 9-5 所示。

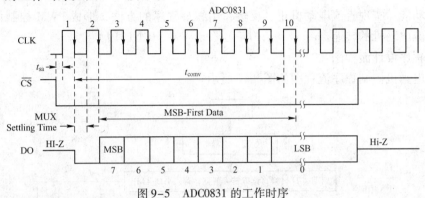

图 9-5　ADC0831 的工作时序

ADC0831 的工作过程如下。

首先，将 ADC0831 的时钟线拉低，再将片选端CS置低，启动 A/D 转换。接下来在第一个时钟信号的下降沿到来时，ADC0831 的数据输出端被拉低，准备输出转换数据。从时钟信号的第二个下降沿到来时开始，ADC0831 开始输出转换数据，直到第十个下降沿为止，共 8 位，输出的顺序为从最高位到最低位。

9.2.2　"控制直流电动机装置" 电路设计和程序设计

1. 电路设计

单片机控制直流电动机装置的原理图由两部分组成，即图 9-6 中部的单片机控制电路和图 9-6 右方的直流电动机控制电路，它们通过标号 DIR 、PWM 联系起来。用一个电位器（RV1）调节 ADC0831 的模拟量输入，最大输入电压及参考电压均为 5V。单片机的 P3.2 口接一个单刀双掷开关 SW - SPDT，在程序运行时查询开关所选通的电平，从而决定电动机的旋转方向。调节电位器输出到 ADC0831 的电压，该电压经 ADC0831 转换为对应的数字量，该数字量经单片机 P2.5 引脚输进单片机，单片机处理后经其引脚 P3.7 输出对应占空比的 PWM 信号，最后由此信号控制电动机转速。本电路晶振频率为 12MHz。

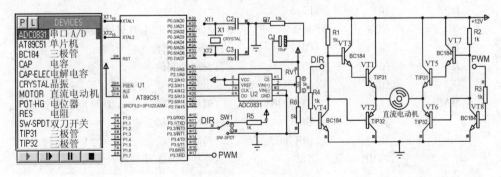

图 9-6　单片机控制直流电动机装置的接口电路原理图、元件列表及仿真片段

2. 汇编语言程序设计

设计功能：实现直流电动机正、反转，用编写程序的方法，形成 PWM 控制信号，从而控制直流电动机的转速。

（1）程序设计流程图

直流电动机控制程序流程图如图 9-7 所示。

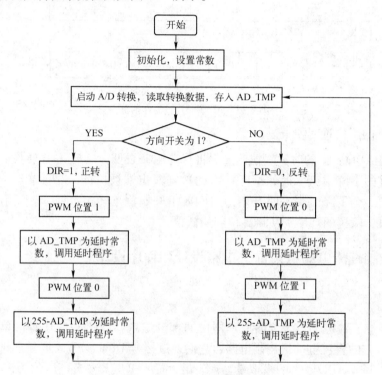

图 9-7　直流电动机控制程序流程图

（2）程序设计

CS	BIT	P2.0	;ADC0831 各信号位定义
CLK	BIT	P2.4	
DO	BIT	P2.5	
AD_TMP	EQU	30H	;ADC0831 的 A/D 转换结果寄存器
PWM	BIT	P3.7	;PWM 输出位
DIR	BIT	P3.2	;方向控制位
	ORG	00H	
MAIN:	LCALL	AD_CONV	;调用 ADC0831 的 A/D 转换子程序
	SETB	DIR	;方向控制端为输入
	JB	DIR,POS	;判断开关状态,开关位为 1,则正转
	AJMP	NEG	;开关位为 0,则反转
POS:	SETB	PWM	;正转
	MOV	A,AD_TMP	;PWM =1,时间常数为 AD_TMP

188

```
          LCALL     DELAY
          CLR       PWM              ; PWM = 0,时间常数为 255 - AD_TM
          MOV       A,#255
          SUBB      A,AD_TMP
          LCALL     DELAY            ;调用延时
          SJMP      MAIN
NEG:      CLR       PWM              ;反转
          MOV       A,AD_TMP         ;PWM = 0,时间常数为 AD_TM
          LCALL     DELAY
          SETB      PWM              ;PWM = 1,时间常数为 255 - AD_TM
          MOV       A,#255
          SUBB      A,AD_TMP
          LCALL     DELAY            ;调用延时
          SJMP      MAIN             ;循环
;AD 转换子程序,转换值存放在 AD_TMP 中,范围为 128 ~ 255
AD_CONV:  SETB      CS               ; 0831 AD 子程序
          CLR       CLK              ;CLK = 0
          NOP
          NOP
          CLR       CS               ;CS = 0
          NOP
          NOP
          SETB      CLK              ;CLK = 1
          NOP
          NOP
          CLR       CLK              ;片选信号有效,启动 ADC0831
          NOP
          NOP
          SETB      CLK              ;CLK = 1
          NOP
          NOP
          CLR       CLK              ;CLK = 0,开始转换
          NOP
          NOP
          SETB      CLK              ;CLK = 1
          NOP
          MOV       R0,#08H
AD_READ:  CLR       CLK              ;下降沿,串行数据移出一位
          MOV       C,DO             ;读取 DO 端数据
          RLC       A
          SETB      CLK              ;CLK = 1
          NOP
```

```
                NOP
                DJNZ        R0,AD_READ      ;8 位 AD 结果未读完,继续读
                SETB        CS              ;数据读完,片选置高,结束一次转换
                MOV         AD_TMP,A        ;A/D 转换结果写入 AD_TMP
                RET
        ;延时子程序
        ;根据 A/D 转换的结果,确定延时时间,即为 1 + 2×5 + 256×2×((A) −1)) + 2×(A) +2
        DELAY:  MOV         R6,#5           ;1ms
        D1:     DJNZ        R6,D1           ;
                DJNZ        ACC,D1          ;5×2 + 256×2×((A) −1)) + 2×(A)(ms)
                RET                         ;2ms
                END
```

9.2.3 "控制直流电动机装置"PROTEUS 设计、仿真、调试

1. PROTEUS 电路设计

根据图 9-6 所示原理图及图中左方所示的元件列表，在 PROTEUS ISIS 中进行电路设计。完成后的结果也如图 9-6 所示，取文件名为 3P0922. DSN。

2. PROTEUS 程序设计

PROTEUS 程序设计包括程序编辑、汇编、下载。

按 3.4 节叙述和本节的汇编语言程序，在 PROTEUS ISIS 中单击菜单选项"Source（源程序）"，进行添加程序文件、编写程序、汇编程序生成目标代码等操作。程序取名为 3P0922. ASM，汇编生成目标代码文件 3P0922. HEX。

PROTEUS 高版本汇编后会自动将最后的目标代码文件下载到单片机中；也可通过单片机属性设置，将其下载到单片机模型中。

打开单片机属性设置对话框，在 Clock Frequency 栏中设定时钟频率，本例为 12MHz。

3. PROTEUS 仿真、调试

上述各步操作正确完成后，则可单击仿真工具按钮中的按键 ▶ 进行全速仿真。仿真片段也如图 9-6 所示。操作 SW1 和调节电位器 RV1，则可观察到电动机的正转、反转及其转速变化情况。

进入仿真调试状态，按需要设置断点，进行程序流程观察与分析，测量根据 A/D 转换结果确定的延时时间等。

9.2.4 "控制直流电动机装置"实际制作、运行、思考

1. 制作

PROTEUS 设计与仿真通过后，根据图 9-6 所示的电路原理图，在单片机课程教学实

验板（或面包板、实验 PCB 等）上安装好电路，仔细检查电路安装是否正确，确认元件选择是否正确。将已固化目标代码的单片机安装到电路板对应的插座上，连接好电动机。

若单片机为 AT89S51/52、STC89C51/52，则可用 ISP 下载线固化目标代码到相应单片机中。

2. 运行

检查电路无误后，上电运行。操作 SW1 和调节电位器 RV1，观察到电动机的正转、反转及其转速变化情况。可观察到实际运行结果与 PROTEUS 仿真结果一致。

图 9-8 所示为制作完成的"控制直流电动机装置"及其运行情况照片。单片机右下方为控制电动机正、反转拨动开关，电动机右下方为调节转动速度的电位器。

图 9-8　"控制直流电动机装置"及其运行情况照片（学生陈伟鹏制作）

3. 思考

试分析程序中如何通过延时时间来确定占空比。

第 10 章　AT89C51 串行通信通道接口技术

10.1　项目 8：AT89C51 间串行通信的接口技术

1. 项目目标

实现两个单片机之间相互正确地传递数据。甲发给乙，乙将收到的数据加 1 后再发给甲，两机显示接收到对方的数据。

2. 项目要求

熟悉单片机串行通信及通信接口电路的设计、程序设计、仿真与制作。

10.1.1　基础知识

1. 三线制连接方式

AT89C51 单片机有一个串行通信口。单片机的 11 脚（TXD）为发送数据引脚，10 脚（RXD）为接收数据的引脚；容易构成单片机之间和单片机与 PC 间的串行通信系统。

AT89C51 间的串行通信接口的连接方式很方便，只要将它们的串口和地线按下列方式配对接起来便可。

TXD1——RXD2

RXD1——TXD2

GND1——GND2

因连线只有三根线，故称三线制连接方式。

2. 发送、接收寄存器 SBUF

单片机 SBUF 既是发送缓冲寄存器又是接收缓冲寄存器。其地址是 99H，可位寻址。

物理上，发送及接收各有一个 SBUF 缓冲寄存器。当对它执行写 SBUF 指令时，则将数据写入发送缓冲寄存器 SBUF 中发送出去；当执行读 SBUF 指令时，则从接收缓冲寄存器 SBUF 中读取数据。所以，发送、接收数据非常方便。

串行通信口接收到一个字节的数据后，置接收中断标志 RI，通知 CPU 到 SBUF 读取数据。同样，当一个字节的数据写入发送 SBUF 中，便可通过串行通信口将数据发送出去。发送完毕后，置发送中断标志 TI，通知 CPU 数据已发送，可继续发送下一个数据。

3. 串口的工作模式

模式 0：串行数据通过 RXD 进入、TXD 输出时钟。每次发送或接收的数据以 LSB

（最低位）为首位，每次 8 位。波特率固定为 MCU 时钟频率的 1/12。

模式 1：TXD 发送，RXD 接收。一帧数据为 10 位，一个起始位（0）、8 个数据位（LSB 在前）及一个停止位（1）。当接收数据时，停止位存于 SCON 的 RB8 内。波特率可变，由定时器 1 溢出率和 SMOD 共同决定。

数据发送由一条写 SBUF 指令开始。串口由硬件自动加入起始位和停止位，构成一个完整的帧格式，然后在移位脉冲的作用下，由 TXD 端串行输出。一个字符帧发送完后，使 TXD 输出线维持在"1"状态下，并将串行控制寄存器 SCON 中的 TI 置 1，通知 CPU 可以发送下一个字节。

接收数据时，REN 处于允许接收状态。在此前提下，串口采样 RXD 端，当采样到从 1 向 0 的状态跳变时，就认定为已接收到起始位。随后在移位脉冲的控制下，把接收到的数据移入接收缓冲器中，直到停止位到来之后，把停止位送入 RB8 中，并置位中断标志位 RI，通知 CPU 从 SBUF 取走接收到的数据。

模式 2：TXD 发送，RXD 接收。一帧数据为 11 位，一个起始位（0）、8 个数据位（LSB 为首位）、一个可编程第 9 位数据及一个停止位（1）。波特率可编程为单片机时钟频率的 1/32（SMOD = 1）或 1/64（SMOD = 0）。

模式 3：TXD 发送，RXD 接收。一帧数据为 11 位，一个起始位（0）、8 个数据位（LSB 为首位）、一个可编程的第 9 位数据及一个停止位（1）。事实上，模式 3 除了波特率外均与模式 2 相同，其波特率可变并由定时器 1 溢出率和 SMOD 共同决定。

多机通信：UART 模式 2 及模式 3 有一个专门的应用领域，即多机通信。本书不讲这一内容。

4. 串口控制寄存器 SCON

（1）SCON 的位地址

SCON 用于串行数据通信的控制，其地址为 98H，是一个可位寻址的专用寄存器，其中的每个位可单独操作。SCON 寄存器及位地址如表 10-1 所示。

表 10-1　SCON 寄存器及位地址

SM0	SM1	SM2	REN	TB8	RB8	TI	RI
SCON. 7	SCON. 6	SCON. 5	SCON. 4	SCON. 3	SCON. 2	SCON. 1	SCON. 0
9FH	9EH	9DH	9CH	9BH	9AH	99H	98H

（2）SCON 各位的功能

SM0、SM1：其功能如表 10-2 所示。

表 10-2　SM0、SM1 功能

SM0	SM1	工 作 方 式	功 能 说 明
0	0	0	同步移位寄存器输入/输出，波特率为 $f_{osc}/12$
0	1	1	8 位 UART，波特率可变（$2^{SMOD} \times$ 溢出率/32）
1	0	2	9 位 UART，波特率为 $2^{SMOD} \times f_{osc}/64$
1	1	3	9 位 UART，波特率可变（$2^{SMOD} \times$ 溢出率/32）

SM2：多机通信控制位。

REN：允许接收位。REN = 1，允许接收；REN = 0，禁止接收。它由软件置位、复位。

TB8：方式 2 或方式 3 中要发送的第 9 位数据。可以按需要由软件置位或清零。

RB8：方式 2 或方式 3 中要接收的第 9 位数据。在模式 1 中，当 SM2 = 0 时，RB8 是已接收的停止位。在模式 0 中 RB8 未用。

TI：发送中断标志。在方式 0 下，发送完第 8 位数据后，该位由硬件置位。在其他方式下，开始发送停止位时，由硬件置位。因此 TI = 1，表示一帧数据发送结束。可通过软件查询 TI 标志位，也可经中断系统请求中断。TI 位必须由软件清零。

RI：接收中断标志。在方式 0 下，接收完第 8 位数据后，该位由硬件置位。在其他方式下，当收到停止位或第 9 位时，该位由硬件置位。因此 RI = 1，表示一帧数据接收结束。可通过软件查询 RI 标志，也可经中断系统请求中断。RI 必须由软件清零。

5. 电源控制寄存器 PCON

PCON 的地址为 87H，其最高位 SMOD 是串口波特率的倍增位。当 SMOD = 1 时，串口波特率加倍；当 SMOD = 0 时，波特率不加倍。

6. 波特率

这里着重讲述工作方式 1 的波特率，它由定时器/计数器 1 的计数溢出率和 SMOD 位决定。

在此应用中，定时器 1 不能用作中断。定时器 1 可以工作在定时或计数方式和三种工作模式中的任何一个。在最典型的应用中，定时器 1 以定时器方式工作，并处于自动重装载模式（即定时方式 2）。设计数初值为 COUNT，单片机的机械周期为 T，则定时时间为 $(256 - COUNT) \times T$。从而在 1s 内发生溢出的次数（即溢出率）为

$$1 / \left[(256 - COUNT) \times T \right] = f_{osc} / \left[12 \times (256 - COUNT) \right]$$

其波特率为

$$2^{SMOD} / \left[32(256 - COUNT) \times T \right] = 2^{SMOD} \times f_{osc} / \left[32 \times 12 \times (256 - COUNT) \right]$$

例如，SMOD = 0，$T = 2\mu s$（即 6MHz 的晶振），COUNT = 243 = F3H。代入上式可得波特率为 1200bps。

可用定时器 1 的中断实现非常低的波特率，此时定时器 1 工作在方式 1，为 16 位定时器，在中断中要进行定时初值重装。表 10-3 列出了几个常用的波特率及重装值。

表 10-3　串口方式 1 常用的波特率及重装值

波特率（bps）	晶振频率 11.059MHz（重装值）	12MHz（重装值）	SMOD	定时模式
62.5k		FFH	1	2
19.2k	FDH		1	2
9.6k	FDH		0	2
4.8k	FAH		0	2

续表

波特率（bps）　　晶振频率	11.059MHz（重装值）	12MHz（重装值）	SMOD	定时模式
4.8k		F3H	1	2
2.4k	F4H	F3H	0	2
1.2k	E8H	E6H	0	2
600	D0H	CCH	0	2
300	A0H	98H	0	2
150	40H	30H	0	2
110	72H（6MHz）		0	2
110	FEEBH（12MHz）		0	1

10.1.2 "AT89C51 间通信接口装置"电路设计与程序设计

1. 电路设计

甲机与乙机采用半双工的串行通信方式。

AT89C51 间通信接口装置的电路原理图如图 10-1 所示（图中未画出复位电路和晶振电路），左下方为其使用元件列表。图中 R8 ～ R15 为上拉电阻，其值在 10kΩ 左右。

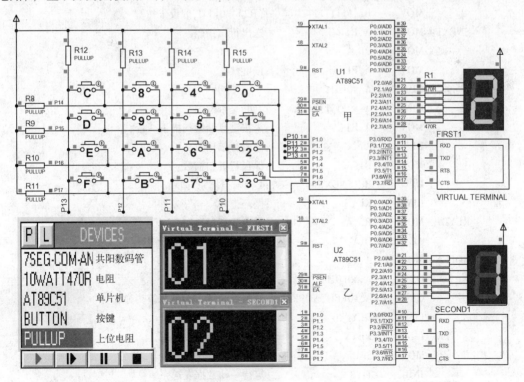

图 10-1　AT89C51 间串行通信接口装置的电路原理图及 PROTEUS 仿真片段

2. 汇编语言程序设计

程序功能：甲机发送键盘输入的键值（0~F），乙机接收甲机发来的数据并显示；接着乙机将刚接收到的数据加 1 再发送到甲机，甲机显示从乙机发送来的数据。

（1）甲机程序（键盘输入，发送数据，接收乙机发来数据，显示数据）

```
        ORG     00H
        SJMP    STAR
        ORG     30H
STAR:   MOV     SCON,#50H       ;设置串口方式1,允许接收
        MOV     TMOD,#20H       ;设计定时器1工作方式2
        MOV     PCON,#0H        ;波特率不加倍
        MOV     TH1,#0E6H       ;12MHz晶体,波特率为1200bps
        MOV     TL1,#0E6H
        SETB    TR1             ;启动定时器1
        CLR     ES              ;禁止串口中断
        MOV     SP,#5FH         ;设置堆栈指针
        MOV     P2,#0H          ;数码管显示"8"
                                ;P1.0~P1.3为列,P1.4~P1.7为行
KEYS:   MOV     R0,#4           ;键盘扫描和数码管显示子程序
        MOV     R1,#11101111B   ;行扫描,从0行开始扫描
        MOV     R2,#11111111B   ;(R2)=0FFH,假设未按键
SNEXT:  MOV     A,R1            ;送出行扫描码
        MOV     P1,A
        MOV     A,P1            ;读键状态
        ORL     A,#0F0H
        CJNE    A,#0FFH,KEYIN   ;判断是否按键
        MOV     A,R1            ;未按键盘继续扫描下一行
        RL      A               ;修改行扫描数
        MOV     R1,A            ;保存行键扫描数
        DJNZ    R0,SNEXT        ;4行未扫描完,循环
        LJMP    KEYS            ;循环查键
KEYIN:  MOV     R2,A            ;键盘状态保存在R2
        ACALL   DLY             ;除按键抖动并等待按键弹起
NOPEN:  MOV     A,P1            ;读入键盘状态
        ORL     A,#0F0H
        CJNE    A,#0FFH,NOPEN   ;键未弹起,转NOPEN等待弹起
        LCALL   DLY             ;延时消键弹起抖动
        LCALL   KEYV            ;将扫描码转成按键码
        MOV     SBUF,A          ;发送
        JNB     TI,$            ;等待一帧数据发送完毕
        CLR     TI              ;清发送中断标志
```

```
           CLR      RI                   ;清接收中断标志
           ACALL    DLY                  ;调用延时
           JNB      RI,$                 ;等待接收完一帧数据
           CLR      RI                   ;清接收中断标志
           MOV      A,SBUF               ;接收乙机的数据
           LCALL    SEG7                 ;乙机的数据转成显示码
           CPL      A                    ;取反为共阳段码
           MOV      P2,A                 ;显示按键值
           LJMP     KEYS                 ;重新扫描按键
DLY:       MOV      R7,#30               ;延时 15ms(12MHz 晶振时)
           MOV      R6,#0
S1:        DJNZ     R6,$
           DJNZ     R7,S1
           RET                           ;延时子程序返回
           ;求键值子程序 KEYV P1.0~P1.3 为列,P1.4~P1.7 为行
KEYV:      MOV      B,#0                 ;(B)=按键码,预设为 0
           MOV      A,R2                 ;判断目前是哪一列
C1:        RRC      A
           JNC      C2                   ;按键在当前列,转 C2
           INC      B                    ;按键不在本列,(B)+4,因为每一列按键码相差 4
           INC      B
           INC      B
           INC      B
           LJMP     C1                   ;返回继续判断按键在哪一列
C2:        MOV      A,R1                 ;(A)=(R1),行扫描码
           RR       A                    ;右移 4 位,将高 4 位移到低 4 位,以便后继的判断
           RR       A
           RR       A
           RR       A
C3:        RRC      A                    ;判断哪一行被按下
           JNC      C4                   ;在当前行,转 C4
           INC      B                    ;非当前行,键值+1(每一行每个按键差 1)
           LJMP     C3
C4:        MOV      A,B                  ;(A)=(B)按键码给 A
           RET                           ;键值判断子程序返回
SEG7:      INC      A                    ;将键值转换为共阴显示码
           MOVC     A,@A+PC
           RET
           DB  03FH,06H,5BH,4FH,66H,6DH,7DH,07H       ;共阴数码管显示码 0~7
           DB  7FH,6FH,77H,7CH,39H,5EH,79H,71H,03H    ;共阴数码管显示码 8~F,0
           END                                         ;程序结束
```

197

（2）乙机程序（接收甲机发来的数据并显示在数码管上，加1后再发送到甲机）

```
            ORG    00H
            SJMP   STAR
            ORG    23H
            LJMP   LOOP              ;通信中断服务程序入口
            ORG    30H
STAR：      MOV    R7,#50H
            MOV    SP,#5FH           ;设置堆栈指针
            MOV    P2,#0H            ;开始,显示"8"
            MOV    SCON,#50H         ;设置串口方式,REN=1 允许接收
            MOV    TMOD,#20H         ;定时器1工作方式2
            MOV    PCON,#0H          ;波特率不加倍
            MOV    TL1,#0E6H         ;12MHz 晶体,波特率为 1200bps 时的定时器重装值
            MOV    TH1,#0E6H
            SETB   TR1               ;启动定时器1
            SETB   EA                ;中断总允许
            SETB   ES                ;开串行中断
            SJMP   $
LOOP：      LCALL  S_R
            LCALL  S_T
            RETI
S_T：       CLR    TI                ;清发送中断标志
            MOV    SBUF,10H
            JNB    TI,$
            CLR    TI
            RET
S_R：       JNB    RI,$              ;等待接收完一帧数据
            CLR    RI                ;清接收中断标志
            MOV    A,SBUF            ;接收数据
            MOV    10H,A
            INC    10H               ;将接收到的数据加1后再回发到甲机
            ACALL  SEG7              ;调显示子程序
            CPL    A
            MOV    P2,A
            RET
SEG7：      INC    A
            MOVC   A,@A+PC
            RET
            DB   03FH,06H,5BH,4FH,66H,6DH,7DH,07H    ;共阴数码管显示码 0~7
            DB   7FH,6FH,77H,7CH,39H,5EH,79H,71H     ;共阴数码管显示码 8~F
            END                                      ;程序结束
```

10.1.3 "AT89C51 间通信接口装置"PROTEUS 设计、仿真、调试

1. PROTEUS 电路设计

根据图 10-1 所示原理图及其元件列表，在 PROTEUS ISIS 中进行电路设计。完成后的结果也如图 10-1 所示，以文件名 3P1012. DSN 存盘。

PROTEUS ISIS 电路仿真中，外接振动元件或外振动源电路、复位电路都可不设计。当然也可以设计。当进行 PCB 设计或实际制作时都要设计上。

2. PROTEUS 程序设计

PROTEUS 程序设计包括程序编辑、汇编、下载。

按 3.4 节叙述和 10.1.2 节的汇编语言程序，在 PROTEUS ISIS 中单击菜单选项"Source（源程序）"，进行添加程序文件、编写程序、汇编程序生成目标代码等操作。程序取名为 3P1012_1. ASM 和 3P1012_2. ASM，汇编生成目标代码文件 3P1012_1. HEX 和 3P1012_2. HEX。通过单片机属性设置，将它们分别下载到甲 AT89C51 和乙 AT89C51 模型中。

打开单片机属性设置对话框，在 Clock Frequency 栏中设定时钟频率，均为 12MHz。

3. PROTEUS 仿真、调试

上述各步操作正确完成后，则可单击仿真工具按钮中的按键 ▶ 进行仿真。仿真片段也如图 10-1 所示。单击与甲 AT89C51 相连的矩阵键盘中的某键，则键值数据发送到乙 AT89C51 中；乙 AT89C51 显示该数据，并加 1 后再发送回甲 AT89C51 中，甲机显示该数据。

为显示 AT89C51 间通信的情况，该仿真还使用了 PROTEUS 虚拟仪器"虚拟终端"。

单击 ISIS 的工具按钮，在对象选择器中选择"VIRTTUAL TERMINAL（虚拟终端）"，将它放置（方法类同放置元件）到编辑区期望位置，再进行连线，如图 10-1 所示。双击虚拟终端打开其属性设置对话框，如图 10-2 所示，设置波特率为 1200bps。为方便识别两个虚拟终端，可在最上面的元件编号栏写上编号，如 Component Reference: FIRST1 。

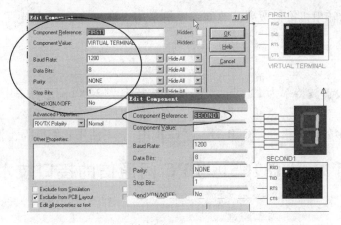

图 10-2 VIRTTUAL TERMINAL（虚拟终端）设置

详细内容参阅参考文献〔3〕。

仿真中两相应虚拟终端弹出图 10-1 中下部两相应图表。上表表示甲 AT89C51 发送的键值1；下表表示乙 AT89C51 将此值加 1 后回发给甲 AT89C51 的数据 2。

10.1.4 "AT89C51 间通信接口装置"实际制作、运行、思考

1. 制作

根据图 10-1 所示的电路原理图，在单片机课程教学实验板（或面包板、实验 PCB 等）上安装好电路，仔细检查安装是否正确，元件是否选对。按要求安装上复位电路和晶振电路。将已固化目标代码的两个 AT89C51 安装到电路板的对应插座上。

若单片机为 AT89S51/52、STC89C51/52，则可用 ISP 下载线固化目标代码到相应单片机中。

2. 运行

图 10-3 所示为 "AT89C51 间通信接口装置" 及其运行情况照片。右下方为 16 个输入键盘（0,1,2,…,E,F）。当按 7 并输送到甲机时，甲机（左）先控制左方数码管显示 "7"，再加 1 后转送给乙机，乙机控制右方数码管显示 "8"。

图 10-3 "AT89C51 间通信接口装置"及其运行情况照片（学生诸成成制作）

两机的显示随甲机按键改变而改变。甲机采用查询（查询 TI 的电平）方式，乙机采用中断方式。

3. 思考

① 本程序设置波特率为 1200bps。若设置波特率为 2400bps，可采用几种方法？如何实现？

② 程序中多处使用指令 "CLR TI"、"CLR RI"。不使用它们行吗？为什么？

10.2 项目 9：AT89C51 与 PC 间通信的接口技术

1. 项目目标

正确进行单片机与 PC 间的通信。用 VB 设计 PC 端的界面。PC 发送（"5" 或 "A"）

给通信接口装置，装置接收后将其 ASCII 码（35H 或 41H）送数码管显示并将数加 1 回送 PC，PC 接收后将其（"6" 或 "B"）显示在 PC 的 VB 通信界面的下方框中。

2. 项目要求

熟悉单片机接收、发送数据的通信接口设计、程序设计、仿真和实际制作，同时了解 PC 与单片机通信的 VB 程序设计。

10.2.1　基础知识

1. AT89C51 与 PC 通信的意义

AT89C51 的控制功能强，但运算能力较差，存放数据的 RAM 也有限。所以，对数据进行较复杂的处理时，往往要借助 PC 系统。因此，AT89C51 与 PC 间通信的接口技术是重要的实用技术，是实现信息相互传送、相互控制的通信通道接口技术。

2. RS-232C 总线标准

在实现 PC 与单片机之间的串行通信中，RS-232C 是由美国电子工业协会（EIA）公布的应用最广的串行通信标准总线，适用于短距离或带调制解调器的通信场合。后来公布的 RS-422、RS-423 和 RS-485 串行总线接口标准在传输速率和通信距离上有了很大的提高。

RS-232C 的逻辑电平与 CMOS 电平、单片机信号电平 TTL 完全不同。其逻辑 0 电平为 +5 ～ +15V，逻辑 1 电平为 -15 ～ -5V。所以采用 RS-232C 标准时，必须进行信号电平转换。MC1489、MC1488、MAX232 和 ICL232 是常用的电平转换芯片。本节采用 MAX232 芯片。

3. MAX232（或 ICL232）

MAX232 内部结构如图 10-4 所示。应用中的电容配置如表 10-4 所示。

表 10-4　MAX232 电容配置表

元　器　件	电容（μF）				
	C1	C2	C3	C4	C5
MAX220	4.7	4.7	10	10	4.7
MAX232	1.0	1.0	1.0	1.0	1.0
MAX232A	0.1	0.1	0.1	0.1	0.1

MAX232 内部有电压倍增电路和电压转换电路，4 个反相器，只需 +5V 的单一电源，便能实现 TTL/CMOS 电平与 RS-232 电平的转换。

4. RS-232C 标准信号定义

RS-232C 标准规定设备间使用带 D 型 25 针连接器的电缆通信，一般都使用 9 针 D 型连接器。在计算机串行通信中，RS-232C 连接器的主要信号如表 10-5 所示。

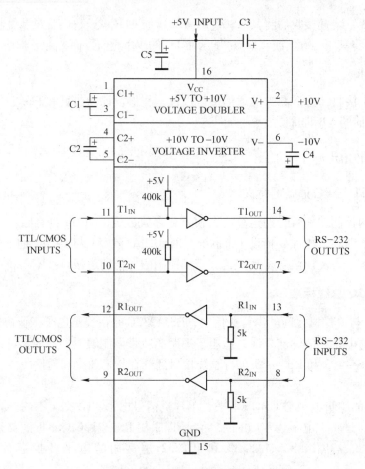

图 10-4　MAX232 内部结构图

表 10-5　RS-232C 连接器的主要信号

信　　　号	符　　　号	25 芯连接器引脚号	9 芯连接器引脚号
请求发送	RTS	4	7
清除发送	CTS	5	8
数据设置准备	DSR	6	6
数据载波探测	DCD	8	1
数据终端准备	DTR	20	4
发送数据	TXD	2	3
接收数据	RXD	3	2
接地	GND	7	5

5. RS-232C 标准的其他定义及特点

① 电压型负逻辑总线标准。

② 标准数据传送速率有 50bps、75bps、110bps、300bps、600bps、1200bps、2400bps、

4800bps、9600bps、19200bps。

③ 传输电压高，传输速率最高为 19.2kbps。在不增加其他设备的情况下，电缆长度最大为 15m，不适于接口两边设备间要求绝缘的情况。

10.2.2 "AT89C51 与 PC 间通信接口"电路设计和程序设计

1. 电路设计

（1）单片机与计算机通信

PC 通过用 VB（或 VC）设计的界面向串口发送数据，再由单片机接收。单片机的控制程序用汇编语言完成。晶振频率为 11.059MHz，波特率为 9600bps。

图 10-5 所示是单片机与计算机通过 VB 界面通信的示意图。

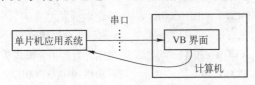

图 10-5　单片机与计算机通信示意图

（2）AT89C51 与 PC 间的通信接口电路原理图

如图 10-6 所示，左上方为其元件列表，使用时要通过通信电缆与 PC 串行通信口 1（COM1）接好。该电路对 MCS－51 系列及其兼容机也适用。该图中 P1 为串口模型（COMPIM），是电路元件。RECEIVE 和 SEND 是 PROTEUS 仿真调试中的虚拟终端（虚拟仪器），不是电路设计中的元件。左下方为 PC 通信界面。

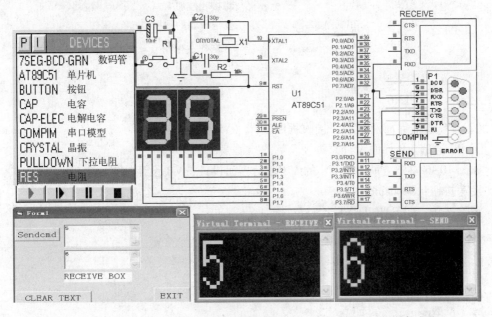

图 10-6　单片机与 PC 间的通信接口电路原理图、PC 通信界面及仿真片段

2. 程序设计

本节用 VB 语言设计 PC 与单片机通信程序，包括人机交流的界面和数据的发送、接收。AT89C51 中的通信程序用汇编语言设计；使用晶振频率为 11.059MHz，波特率为 9600bps。PC 先发，AT89C51 接收，接收后将接收数据以其 ASCII 码形式显示在数码管上，并将数加 1 后回送到 PC 并显示在 PC 通信界面接收框中。

（1）单片机接收、发送数据的汇编语言程序

```
        ORG    0
        SJMP   STAR
        ORG    30H
STAR：  MOV    SP,#60H
        MOV    SCON,#01010000B     ;设定串行方式：
                                   ;8 位异步允许接收
        MOV    TMOD,#20H           ;设定计数器 1 为模式 2
        ORL    PCON,#0             ;不加倍；#10000000B
        MOV    TH1,#0FDH           ;设定波特率为 9600
        MOV    TL1,#0FDH
        SETB   TR1                 ;计数器 1 开始计时
LOOP：  JNB    RI,$                ;等待接收完成
        MOV    A,SBUF              ;接收数据送缓冲区
        MOV    P1,A
        CLR    RI
        INC    A                   ;将接收数加 1
        MOV    SBUF,A              ;发送收到的数据
        JNB    TI,$                ;等待发送完成
        CLR    TI                  ;清发送标志
        SJMP   LOOP
        END
```

（2）PC 通信界面及发射、接收程序设计（VB 代码）

① PC 通信 VB 界面设计。

如图 10-6 左下方所示为 PC 的 VB 通信界面设计，VB 设计的界面上有：

发送按钮：Sendcmd。

清除按钮：CLEAR TEXT。

发送文本框：Text1。

接收文本框：Text2。

退出按钮：EXIT。

通信控件：MScomm1。

② VB 程序设计。

PC 中 VB 通信程序设计如图 10-7 所示。

图 10-7　VB 程序设计

10.2.3　"AT89C51 与 PC 间通信接口" PROTEUS 设计、仿真、调试

1. PROTEUS 电路设计

根据图 10-6 所示原理图及图中左上方所示的元件列表，在 PROTEUS ISIS 中进行电路设计。完成后的结果也如图 10-6 所示，以文件名 3P1022.DSN 存盘。

图 10-6 中未设计上芯片 MAX232（作用为电平转换），这对 PROTEUS 仿真无影响。但实际制作时必须安装上该芯片。

2. PROTEUS 程序设计

PROTEUS 程序设计包括程序编辑、汇编、下载。

按 3.4 节叙述和本项目的汇编语言程序，在 PROTEUS ISIS 中单击菜单选项"Source（源程序）"，进行添加程序文件、编写程序、汇编程序生成目标代码等操作。程序取名为 3P1022.ASM，汇编生成目标代码文件 3P1022.HEX。

PROTEUS 高版本汇编后会自动将最后的目标代码文件下载到单片机中；也可通过单片机属性设置，将其下载到单片机中。

打开单片机属性设置对话框，在 Clock Frequency 栏中设定时钟频率，本例为 11.059MHz。

3. PROTEUS 仿真

设置虚拟终端（串口仿真模型）COMPIM 的波特率为 9600bps，如图 10-8 所示。有关它的使用方法和属性设置方法，参阅参考文献 [3]。

连接上仿真调试虚拟仪器虚拟终端 RECEIVE 和 SEND，有关它们的连接方法和调试设置详细方法，参阅参考文献［3］。

注意： 图 10-6 中的串口模型（COMPIM）P1 的属性要根据通信波特率、自己计算机的串口编号等进行设置，如图 10-8 所示。串口模型的编号与 VB 通信程序中的串口号要成为一对。

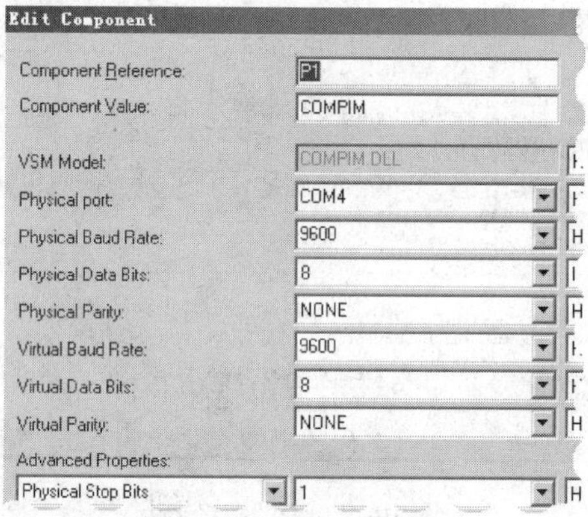

图 10-8　串口模型属性设置

上述各步操作正确完成后，则可单击仿真工具按钮中的按键 ▶ 进行仿真。同时运行 VB 程序；在通信界面的上方文本框中键入数据（如"5"），再单击"Sendcmd"按钮，则通过虚拟串口发送数据（如"5"），如图 10-6 下方所示。AT89C51 经串口模型接收数据；将接收的最后一个数送数码管显示（ASCII 码），并将数据加 1 发送到 PC。PC 接收后在通信界面的接收文本框中显示接收数据（如"6"）。VB 发送、AT89C51 接收数据的仿真片段也如图 10-6 所示。

10.2.4 "AT89C51 与 PC 间通信接口"实际制作、运行、思考

1. 制作

PROTEUS 设计与仿真通过后，根据图 10-6 所示的电路原理图及元件列表，在单片机课程教学实验板（或面包板、实验 PCB 等）上安装好电路。仔细检查安装是否有误，元件选择是否有误。将已固化目标代码的单片机安装到电路板的对应插座上。

若采用 AT89S51/52、STC89C51/52，可通过 ISP 下载线将目标代码固化到相应单片机中。

2. 运行

上电运行。在 PC 上运行 VB 程序，设在发送文本框中输入"A"字符，按发送按钮"Sendcmd"，AT89C51 接收处理后将其 ASCII 码（41）显示在数码管上，再加 1（为 B）回送到 PC，PC 接收后显示在接收文本框中（显示"B"）。通过以上通信运行，说明单片机系统与计算机串行通信成功，硬件与软件设计正确。

图 10-9 所示为制作完成后的"AT89C51 与 PC 间的通信接口"与 PC（笔记本电脑）联机通信运行情况照片。

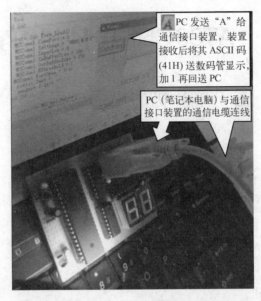

图 10-9　"AT89C51 与 PC 间的通信接口"与 PC 联机通信情况照片（学生李守帅制作）

3. 思考

（1）MAX232 在单片机与 PC 通信中的作用是什么？

（2）AT89C51 单片机串行接口有几种工作方式？如何选择？

第11章 AT89C51单片机的实际应用

11.1 项目10：基于单片机的简易电子琴

1. 项目目标

设计、仿真并制作一款"基于单片机的简易电子琴"（简称"简易电子琴"），它是以 AT89C51 为核心的能弹唱音乐的玩具电子琴。采用 12MHz 晶振。

2. 项目要求

掌握单片机控制发声原理；掌握单片机中断、定时器/计数器等资源的应用；熟悉单片机应用产品的电路设计、程序设计、仿真及制作技术。

11.1.1 功能与操作

1. 功能

可弹奏音乐，有 16 个音键，从 C 大调音符低音 5 到高音 5，0 按键预留扩充存储功能后作休止符用。各音符所对应的频率及对应半周期计数初值（十六进制）如表 11-1 所示。

表 11-1　C 大调音符对应频率及对应定时器/计数器半周期计数初值

音 符	频 率	计数初值	音 符	频 率	计 数 初 值
低音 5	392	FB03	中音 6	880	FDC7
低音 6	440	FB83	中音 7	988	FE05
低音 7	494	FC0B	高音 1	1046	FF21
中音 1	523	FC43	高音 2	1175	FE55
中音 2	587	FCAB	高音 3	1318	FE83
中音 3	659	FD08	高音 4	1397	FE99
中音 4	698	FD32	高音 5	1568	FEC0
中音 5	784	FD81	高音 6		

2. 操作

上电运行，则进入"弹唱"状态。弹什么键发什么音。

11.1.2 电路设计和程序设计

1. 电路设计

图 11-1 所示是该简易电子琴的电路原理图，其使用元件可参见图 11-1 左方元件列表。图中，弹唱/播放键、24C16B 是为扩充存储功能而设的，此项目不设计。

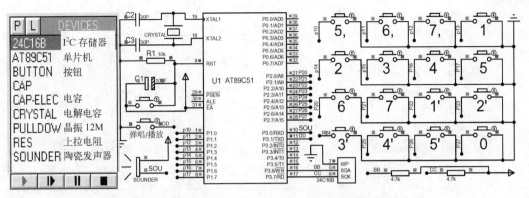

图 11-1　简易电子琴的电路原理图、元件列表及仿真片段

2. 汇编语言程序设计

```
        ORG   0
        SJMP  STAR
        ORG   0013H
        LJMP  INT11      ;转中断服务
        ORG   30H
STAR:   MOV   TMOD,#1    ;定时 0 方式 1
        MOV   IE,#84H    ;开 INT1 中断
PANJ:   MOV   P2,#0FFH;
        MOV   P1,#0FFH
        MOV   A,P1
        CPL   A
        JNZ   PAN
        MOV   A,P2
        CPL   A
        JNZ   PAN
        SETB  P3.3
        JMP   PANJ
PAN：   CLR   P3.3
        JMP   PANJ
INT11:                   ;中断服务
        JNB   P1.0,DSO   ;转发音低 SO
        JNB   P1.1,DNA   ;转发音低 NA
        JNB   P1.2,DXI   ;转发音低 XI
        JNB   P1.3,ZDO   ;转发音中 DO
        JNB   P1.4,ZRE   ;转发音中 RE
        JNB   P1.5,ZMI   ;转发音中 MI
        JNB   P1.6,ZFA   ;转发音中 FA
        JNB   P1.7,ZSO   ;转发音中 SO
```

```
        JNB   P2.0,ZNA   ;转发音中 NA
        JNB   P2.1,ZXI   ;转发音中 XI
        JNB   P2.2,GDO   ;转发音高 DO
        JNB   P2.3,GRE   ;转发音高 RE
        JNB   P2.4,GMI   ;转发音高 MI
        JNB   P2.5,GFA   ;转发音高 FA
        JNB   P2.6,GSO   ;转发音高 SO
INT12:  RETI             ;中断返回
DSO：   MOV   TH0,#0FBH
        MOV   TL0,#03H
        SJMP  YIN
DNA：   MOV   TH0,#0FBH
        MOV   TL0,#83H
        SJMP  YIN
DXI：   MOV   TH0,#0FCH
        MOV   TL0,#0BH
        JMP   YIN
ZDO：   MOV   TH0,#0FCH
        MOV   TL0,#43H
        SJMP  YIN
ZRE：   MOV   TH0,#0FCH
        MOV   TL0,#0ABH
        SJMP  YIN
ZMI：   MOV   TH0,#0FDH
        MOV   TL0,#08H
        SJMP  YIN
ZFA：   MOV   TH0,#0FDH
        MOV   TL0,#32H
```

```
              SJMP  YIN                          SJMP  YIN
ZSO：  MOV   TH0,#0FDH              GMI：  MOV   TH0,#0FEH
       MOV   TL0,#81H                      MOV   TL0,#83H
       SJMP  YIN                           SJMP  YIN
ZNA：  MOV   TH0,#0FDH              GFA：  MOV   TH0,#0FEH
       MOV   TL0,#0C7H                     MOV   TL0,#99H
       SJMP  YIN                           SJMP  YIN
ZXI：  MOV   TH0,#0FEH              GSO：  MOV   TH0,#0FEH
       MOV   TL0,#05H                      MOV   TL0,#0C0H
       JMP   YIN                    YIN：  SETB  TR0        ;启动定时器 0
GDO：  MOV   TH0,#0FEH                     JNB   TF0,$
       MOV   TL0,#21H                      CLR   TF0
       SJMP  YIN                           CPL   P3.0       ;发声
GRE：  MOV   TH0,#0FEH                     LJMP  INT12
       MOV   TL0,#55H                      END
```

11.1.3 技术要点

1. 定时器 0 应用

根据 C 大调音符频率表计算出对应各音符的单片机定时器/计数器 1 的半周期初值，应用正确的电路设计和程序设计使发声器发出对应简谱的音符琴音。

2. 外中断 1 应用

为及时响应按键音符信息和连续发声效果，外中断 1 采用电平触发方式，外中断信号及其撤除由编程实现。中断服务程序即发声程序。

11.1.4 PROTEUS 设计、仿真、调试

1. PROTEUS 电路设计

根据图 11-1 所示原理图，在 PROTEUS ISIS 中进行电路设计。完成后的结果也如图 11-1 所示，以文件名 3P1112. DSN 存盘。（注意：图中采用标号表示电路连接。）

由外接振动元件决定的时钟频率可通过单片机属性设置来设定，本例为 12MHz。

2. PROTEUS 程序设计

PROTEUS 程序设计包括程序编辑、汇编、下载。

按 3.4 节叙述和本项目汇编语言程序，在 PROTEUS ISIS 中单击菜单选项"Source（源程序）"，进行添加程序文件、编写程序、汇编程序生成目标代码等操作。程序取名为 3P1112. ASM，汇编生成目标代码文件 3P1112. HEX。

在 Keil 中，也可建立 3P1112. ASM 程序文件，编译生成目标代码文件 3P1112. HEX。

PROTEUS 高版本汇编后会自动将最后的目标代码文件下载到单片机模型中；也可通过单片机属性设置，将其下载到单片机模型中。

打开单片机属性设置对话框，在 Clock Frequency 栏中设定时钟频率，本例为 12MHz。

3. PROTEUS 仿真、调试

上述各步操作正确完成后，则可单击仿真工具按钮中的按键 ▶ 进行仿真。仿真片段也如图 11-1 所示。可按该图上的键号进行按键操作，实现弹奏音乐的功能。

11.1.5　实际制作

PROTEUS 电路设计、程序设计、仿真完成并通过后，则可根据图 11-1 所示的电路原理图，在单片机课程教学实验板（或面包板、实验 PCB）上安装好电路，再将目标代码通过编程器下载（固化）到单片机中。

若使用 AT89S51/52、STC89C51/52 单片机，则可通过 ISP 下载线将目标代码下载（固化）到相应单片机中。

仔细检查电路安装、使用元件、代码下载等项且无误后，通电运行。要求实际操作调试成功并达到项目设计目标。

图 11-2 所示是制作成功的"简易电子琴"及其运行情况照片。右下方为音乐键盘，依次为低 SO、NA、XI、中 DO、…、高 SO。若嫌声音不够响，可加驱动芯片（或三极管）驱动发声器。

图 11-2　"简易电子琴"及其运行
情况（学生李守帅制作）

11.2　项目 11：基于单片机和 DS1302 的电子时钟

1. 项目目标

设计、仿真并制作一款"基于单片机和 DS1302 的电子时钟"（简称"电子时钟"）。单片机为控制核心，DS1302 为应用广泛且走时准确的时钟芯片。可进行"时、分、秒"计时，能进行"时、分、秒"调整。

2. 项目要求

掌握单片机与 DS1302 三线制接口电路设计、接口程序设计、仿真和制作技术；熟悉应用单键多功能实现时、分、秒可调的处理技术；熟悉单片机应用产品的电路设计、程序设计、仿真及制作技术。

11.2.1　功能与操作

1. 功能

① 时钟功能：动态显示时、分、秒。
② 调时功能：可依据标准时钟调校时间。

③ 因 DS1302 接有辅助纽扣电池，即使电源断电也能准确计时数年。

2. 操作

① 上电后时钟开始计时并显示。

② 调时。按下"调时"按键，则进入调校时间状态，可依次调校时、分、秒。

调校时，显示屏中"时"显示闪烁，这时按"加一"按键，调校"时"，每按一次加一个小时；调好后再按"调时"按键，则"分"显示闪烁，这时可按"加一"按键，调校"分"，每按一次加一分钟；调好后再按"调时"按键，则"秒"显示闪烁，这时可按"加一"按键，调校"秒"，每按一次加一秒；调好后再按"调时"按键退出调时状态。

若 DS1302 接有纽扣电池，即使断电也将保持准确计时不停，只是停止显示。

11.2.2 电路设计和程序设计

1. 电路设计

图 11-3 所示是基于单片机和 DS1302 的电子时钟电路原理图，其使用元件如图 11-3 左方所示。显示屏为 6 只 LED 数码管，74LS47（兼容的 IC 有 7447 等）为 BCD－七段译码驱动器，4002 为四输入或非门。单片机晶振频率为 4MHz，DS1302 接频率为 32678Hz 的晶振。

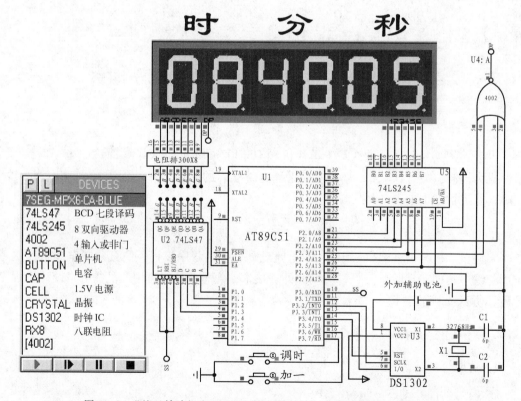

图 11-3　"基于单片机和 DS1302 的电子时钟"电路原理图及元件列表

2. 汇编语言程序设计

```
        SCLK        EQU     P3.2
        IO          EQU     P3.3
        RST         EQU     P3.4
        JIA1        EQU     P3.6        ;"加一"口
        TSH         EQU     P3.7        ;"调时间"口
        HOUR        DATA    62H
        MINTUE      DATA    61H
        SECOND      DATA    60H
        DS1302_ADDR DATA    32H
        DS1302_DATA DATA    31H
        ORG         0H
        MOV         SP,#70H
        LCALL       DELY1
        MOV         DS1302_ADDR,#8EH    ;允许写 1302
        MOV         DS1302_DATA,#00H
        LCALL       WRITE
        MOV         DS1302_ADDR,#81H    ;从 1302 读秒
        LCALL       READ
        ANL         A,#7FH              ;启动 1302 振荡器
        MOV         DS1302_ADDR,#80H
        MOV         DS1302_DATA,A
        LCALL       WRITE
        MOV         20H,#0              ;调整时标志单元
        MOV         21H,#0FH            ;调整时工作单元
MAIN1:  JNB         TSH,MAIN10          ;按调时键往转
        JMP         MAIN2               ;不按调时键转
MAIN10: MOV         DS1302_ADDR,#81H    ;从 1302 读秒
        LCALL       READ
        ORL         A,#80H              ;停 1302 振荡器
        MOV         DS1302_ADDR,#80H
        MOV         DS1302_DATA,A
        LCALL       WRITE
HOU:    LCALL       DISP                ;显示
        JNB         TSH,HOU             ;等待调键盘弹起
        MOV         20H,#8              ;设置调"时"标志
HOU3:   JNB         TSH,MIN             ;按调时键转调"分"
        LCALL       DISP                ;显示
        JB          JIA1,HOU3           ;按"加一"键往下执行
HOU2:   LCALL       DISP                ;显示
```

	JNB	JIA1,HOU2	;等待"加一"键弹起
	MOV	R7,HOUR	
	LCALL	JIAYI	;"时"加一
	MOV	HOUR,A	
	CJNE	A,#24H,HOU1	;不等于 24 时转
	MOV	HOUR,#0	;等于 24 时归零
HOU1：	MOV	DS1302_ADDR,#84H	;将"时"写入 1302
	MOV	DS1302_DATA,HOUR	
	LCALL	WRITE	
	MOV	R0,HOUR	;"时"分离
	LCALL	DIVIDE	
	MOV	44H,R1	
	MOV	45H,R2	
	SJMP	HOU3	
MIN：	NOP		;调"分"
	LCALL	DISP	;显示
	JNB	TSH,MIN	;等待调时键弹起
	MOV	20H,#4	;置调"分"标志
MIN3：	JNB	TSH,SEC	;按调时键转调"秒"
	LCALL	DISP	;显示
	JB	JIA1,MIN3	;若按"加一"键往下执行
MIN2：	LCALL	DISP	;显示
	JNB	JIA1,MIN2	;等待"加一"键弹起
	MOV	R7,MINTUE	
	LCALL	JIAYI	;"分"加一
	MOV	MINTUE,A	
	CJNE	A,#60H,MIN1	;不等于 60 转
	MOV	MINTUE,#0	;等于 60 则归零
MIN1：	MOV	DS1302_ADDR,#82H	;将"分"写入 1302
	MOV	DS1302_DATA,MINTUE	
	LCALL	WRITE	
	MOV	R0,MINTUE	
	LCALL	DIVIDE	;"分"分离
	MOV	42H,R1	
	MOV	43H,R2	
	SJMP	MIN3	
SEC：	LCALL	DISP	;显示
	JNB	TSH,SEC	;若按调时键则转调"秒"
	MOV	20H,#2	;置调"秒"标志
SEC3：	JNB	TSH,MAIN11	;按调时键退出调时
	LCALL	DISP	;显示

```
            JB        JIA1,SEC3              ;按"加一"键往下执行
SEC2:   LCALL     DISP                   ;显示
            JNB       JIA1,SEC2              ;等待"加一"键弹起
            MOV       R7,SECOND
            LCALL     JIAYI                  ;"秒"加一
            MOV       SECOND,A
            CJNE      A,#60H,SEC1           ;不等于 60 转
            MOV       SECOND,#0
SEC1:   ORL       SECOND,#80H
            MOV       DS1302_ADDR,#80H      ;写"秒"
            MOV       DS1302_DATA,SECOND
            LCALL     WRITE
            ANL       SECOND,#7FH
            MOV       R0,SECOND
            LCALL     DIVIDE                 ;"秒"分离
            MOV       40H,R1
            MOV       41H,R2
            SJMP      SEC3
MAIN11:LCALL     DISP                   ;显示
            JNB       TSH,MAIN11            ;等待调时键弹起
            MOV       20H,#0
            MOV       21H,#0FH
            MOV       DS1302_ADDR,#81H      ;读"秒"
            LCALL     READ
            ANL       A,#7FH                 ;启动 1302 振荡器
            MOV       DS1302_ADDR,#80H
            MOV       DS1302_DATA,A
            LCALL     WRITE
            LJMP      MAIN1
MAIN2:  MOV       P1,#0                  ;读时分秒并显示
            MOV       DS1302_ADDR,#85H      ;读"时"
            LCALL     READ
            MOV       HOUR,DS1302_DATA
            MOV       R0,HOUR                ;"时"分离
            LCALL     DIVIDE
            MOV       44H,R1
            MOV       45H,R2
            MOV       DS1302_ADDR,#83H      ;读"分"
            LCALL     READ
            MOV       MINTUE,DS1302_DATA
            MOV       R0,MINTUE              ;"分"分离
```

```
        LCALL       DIVIDE
        MOV         42H,R1
        MOV         43H,R2
        MOV         DS1302_ADDR,#81H        ;读"秒"
        LCALL       READ
        MOV         SECOND,DS1302_DATA
        MOV         R0,SECOND               ;"秒"分离
        LCALL       DIVIDE
        MOV         40H,R1
        MOV         41H,R2
        LCALL       DISP                    ;显示时分秒
        LJMP        MAIN1
DISP：  NOP
        MOV         P1,40H                  ;显示"秒"低位
        JNB         01H,XSECL
        MOV         A,21H
        RL          A
        MOV         21H,A
        CJNE        A,#78H,XSEC1
XSEC1： JC          XSECL
        CLR         P2.4
        CLR         P2.5
        SJMP        XMIN
XSECL： SETB        P2.5
        LCALL       DELY1
        CLR         P2.5
        LCALL       DELY2
        MOV         P1,41H                  ;显示"秒"高位
        SETB        P2.4
        LCALL       DELY1
        CLR         P2.4
        LCALL       DELY2
XMIN：  MOV         P1,42H                  ;显示"分"低位
        JNB         02H,XMINL
        MOV         A,21H
        RL          A
        MOV         21H,A
        CJNE        A,#78H,XMIN1
XMIN1： JC          XMINL
        CLR         P2.2
        CLR         P2.3
```

```
           SJMP      SHI
XMINL: SETB      P2.3
           LCALL     DELY1
           CLR       P2.3
           LCALL     DELY2
           MOV       P1,43H              ;显示"分"高位
           SETB      P2.2
           LCALL     DELY1
           CLR       P2.2
           LCALL     DELY2
SHI:       MOV       P1,44H              ;显示"时"低位
           JNB       03H,SHIL
           MOV       A,21H
           RL        A
           MOV       21H,A
           CJNE      A,#78H,SHI1
SHI1:      JC        SHIL
           CLR       P2.0
           CLR       P2.1
           SJMP      HMS
SHIL:      SETB      P2.1
           LCALL     DELY1
           CLR       P2.1
           LCALL     DELY2
           MOV       P1,45H              ;显示"时"高位
           SETB      P2.0
           LCALL     DELY1
           CLR       P2.0
           LCALL     DELY2
HMS:       RET
DELY1:     MOV       R7,#5              ;晶振4MHz,延时7.74ms
DELY11:    MOV       R6,#0
           DJNZ      R6,$
           DJNZ      R7,DELY11
           RET
DELY2:     MOV       R7,#1              ;晶振4MHz,延时1.56ms
DELY21:    MOV       R6,#0
           DJNZ      R6,$
           DJNZ      R7,DELY21
           RET
JIAYI:     MOV       A,R7
```

```
            ADD       A,#1
            DA        A
            RET
DIVIDE: MOV       A,R0                       ;分离子程序
            ANL       A,#0FH
            MOV       R1,A
            MOV       A,R0
            SWAP      A
            ANL       A,#0FH
            MOV       R2,A
            RET
WRITE:  CLR       SCLK                      ;1302 写子程序
            SETB      RST
            MOV       A,DS1302_ADDR
            MOV       R4,#8
WRITE1:RRC       A
            CLR       SCLK
            MOV       IO,C
            SETB      SCLK
            DJNZ      R4,WRITE1
            CLR       SCLK
            MOV       A,DS1302_DATA
            MOV       R4,#8
WRITE2:RRC       A
            CLR       SCLK
            MOV       IO,C
            SETB      SCLK
            DJNZ      R4,WRITE2
            CLR       RST
            RET
READ:   CLR       SCLK                      ;1302 读子程序
            SETB      RST
            MOV       A,DS1302_ADDR
            MOV       R4,#8
READ1:  RRC       A
            NOP
            MOV       IO,C
            CLR       SCLK
            SETB      SCLK
            DJNZ      R4,READ1
            MOV       R4,#8
```

```
READ2： CLR        SCLK
        MOV        C,IO
        RRC        A
        SETB       SCLK
        DJNZ       R4,READ2
        MOV        DS1302_DATA,A
        CLR        RST
        RET
        END
```

11.2.3　技术要点

1.　时钟芯片 DS1302 的应用

这里只对 DS1302 做简单介绍。

① DS1302 是高性能低功耗时钟芯片。可实时对秒、分、时、日、周、月、年等进行计时处理，能与单片机进行三线式（SCLK、I/O、RST）串行通信，完成命令、数据的传送。在主电源关断的情况下，DS1302 可通过外加辅助纽扣电池维持芯片的计时处理等工作，并可延续数年，是目前应用广泛的实时时钟芯片。

② DS1302 与 AT89C51 的典型连接电路如图 11-4 所示。

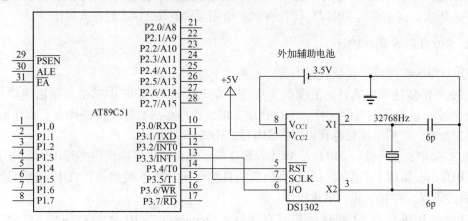

图 11-4　DS1302 与 AT89C51 的典型连接电路

③ 本项目所示的程序中标出了 DS1302 的基本读/写子程序。子程序中的 NOP 是为适应三线串行通信的时序要求而设的延时。本项目单片机晶振频率为 4MHz，若单片机使用的晶振频率不同，对 NOP 的数量也要做适当的调整。

2.　应用中要注意的几个问题

① 频率为 32768Hz 的晶振是计时准确的基本保证，要选用正品。要加 DS1302 所要求的负载电容（6pF），必要时可通过实验对所加电容进行调整。否则，计时可能产生偏移。

② 子程序必须满足三线通信的时序要求。单片机晶振频率不同，相应的子程序中的延时也要调整。否则，运行结果可能出现错误。上述应用程序中的 DS1302 读/写子程序是在单片机晶振频率为 4MHz 情况下设计的。若单片机采用 12MHz 的晶振频率，则可在子程序中的合适位置增加适当数量的 NOP，进行延时调整。

③ 注意 LED 数码管动态扫描显示程序的设计及单片机晶振频率的选择。否则，会因 LED 数码管数量多而导致显示闪烁或不正确。所以在程序设计中，应使动态扫描频率略大于人的视觉暂留频率（16Hz），要考虑避免出现串显现象。

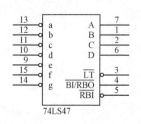

图 11-5　74LS47 的逻辑符号

读者若要补上年、月、周、日显示，则建议选择频率高的晶振，还要对 DS1302 子程序中的延时做相应的调整。

④ 较大的数码管要求的驱动电流也大，可在 74LS47 的输出端加合适的驱动器。74LS47 为 BCD - 七段译码驱动器（BCD 输入，开路输出，$I_{OL} = 24mA$），其逻辑符号如图 11-5 所示。

11.2.4　PROTEUS 设计、仿真、调试

1. PROTEUS 电路设计

根据图 11-3 所示原理图，在 PROTEUS ISIS 中进行电路设计。完成后的结果也如图 11-3 所示，以文件名 3P1122.DSN 存盘。所用元件在图 11-3 的左方列出。

2. PROTEUS 程序设计

PROTEUS 程序设计包括程序编辑、汇编、下载。

按 3.4 节叙述和本项目的汇编语言程序，在 PROTEUS ISIS 中单击菜单选项"Source（源程序）"，进行添加程序文件、编写程序、汇编程序生成目标代码等操作。程序取名为 3P1122.ASM，汇编生成目标代码文件 3P1122.HEX。

在 Keil 中，也可建立 3P1122.ASM 程序文件，编译生成目标代码文件 3P1122.HEX。

PROTEUS 高版本汇编后会自动将最后的目标代码文件下载到单片机中；也可通过单片机属性设置，将其下载到单片机中。

打开单片机属性设置对话框，在 Clock Frequency 栏中设定时钟频率，本项目为 4MHz。

3. PROTEUS 仿真、调试

上述各步操作正确完成后，则可单击仿真工具按钮中的按键 ▶ 进行仿真。仿真片段也如图 11-3 所示。可以看到时间实时显示。若要调整时间可用鼠标单击"调时"按钮，再按"加一"键进行调整。

11.2.5　实际制作

PROTEUS 电路设计、程序设计、仿真完成并通过后，则可根据图 11-3 所示的电路原

理图，在面包板或实验 PCB 上安装好电路（注意安装上时钟电路和复位电路），再将目标代码通过编程器下载（固化）到单片机中。

若使用 AT89S51/52、STC89C51/52 单片机，则可通过 ISP 下载线将目标代码下载（固化）到相应单片机中。

仔细检查电路安装、使用元件、代码下载等项且无误后，通电运行。要求实际操作调试成功并达到项目设计目标。

图 11-6 所示是制作成功的"电子时钟"及其运行情况照片，显示时间 6 时 4 分 10 秒。

图 11-6　"电子时钟"及其运行情况照片（学生陈敏杰制作）

11.3　项目 12：单片机控制 LED 点阵显示屏

1. 项目目标

设计、仿真并制作一款简单"单片机控制 LED 点阵显示屏"（简称"简单 LED 点阵显示屏"），能循环显示 16×16 点阵的汉字"信"和"息"。

2. 项目要求

掌握 LED 点阵动态扫描显示技术；熟悉单片机应用产品的电路设计、程序设计、仿真及制作技术。

11.3.1　功能与操作

1. 功能

循环显示 16×16 点阵的汉字"信"和"息"。

2. 操作

上电则可运行。

11.3.2　电路设计和程序设计

1. 电路设计

如图 11-7（a）所示为简单 LED 点阵显示屏电路原理图（复位及振荡电路未画出），

其采用元件如图 11-7（b）左方所列。本点阵屏由单片机控制 4 块 8×8 点阵，显示一个 16×16 点阵的汉字。需要 32 根信号线，其中行扫描线（低电平有效）16 根，列数据线 16 根，分两个字节。行扫描线由 P1.0 ~ P1.3 经 4 - 16 译码器 74LS154 译码后产生标号为 D0 ~ D15 的 16 控制行线。列数据由 P0、P2 分别提供高 8 位和低 8 位。这里 P0 口作普通 I/O 口用，所以要另加上拉电阻 RESPAK - 8（排阻）。为增大单片机 P0 口和 P2 口的驱动能力，共用了两个 74LS245 芯片。

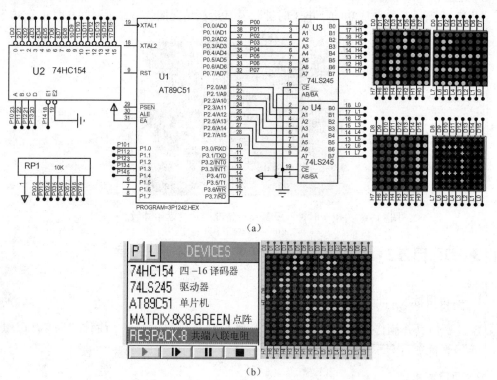

图 11-7 "简单 LED 点阵显示屏"电路原理图、元件列表及点阵并合后的仿真效果

原理图中各元件间采用了标号连接方法。

2. 汇编语言程序设计

```
        ORG     00H
LN1：   MOV     20H,#00H          ;初始化
        MOV     DPTR,#TAB
LN2：   MOV     R1,#32H
LN3：   MOV     R6,#10H
        MOV     R4,#00H          ;从零行开始
        MOV     R0,20H
LN4：   MOV     A,R4             ;行扫描
        MOV     P1,A
        INC     R4
```

```
        MOV     A,R0
        MOV     CA,@ A + DPTR        ;查表读显示数据
        MOV     P0,A
        INC     R0
        MOV     A,R0
        MOV     CA,@ A + DPTR        ;查表读显示数据
        MOV     P2,A
        INC     R0
        MOV     R3,#02H              ;延时 1ms(12MHz 晶振)
LN5：   MOV     R5,#0F8H
        DJNZ    R5,$
        DJNZ    R3,ln5
        MOV     P0,#0
        MOV     P2,#0
        DJNZ    R6,ln4               ;一字 32 码
        DJNZ    R1,ln3               ;一个汉字循环显示的 50 次
        MOV     20H,R0
        CJNE    R0,#64,LN2
        LJMP    LN1
TAB：   ;"信"(16×16,宋体)
        DB 08H,80H,0CH,60H,18H,40H,17H,0FEH,30H,00H,33H,0F8H,50H,00H,93H,0F8H
        DB 10H,00H,13H,0F8H,12H,08H,12H,08H,12H,08H,13H,0F8H,12H,08H,00H,00H
        ;"息"(16×16,宋体)
        DB 01H,00H,02H,00H,1FH,0F0H,10H,10H,1FH,0F0H,10H,10H,1FH,0F0H,10H,10H
        DB 1FH,0F0H,00H,00H,09H,00H,28H,84H,28H,92H,68H,12H,07H,0F0H,00H,00H
        END
```

11.3.3　技术要点

1. LED 点阵工作原理

8×8 点阵的外形及内部结构如图 11-8 所示。同一行的 LED 共阳，而阴极独立；同一列的 LED 共阴，而阳极独立。所以宜采用动态扫描驱动方式工作。由于 LED 管芯大多为高亮度型，因此某行或某列的单体 LED 驱动电流可选用窄脉冲，但其平均电流多应限制在 20mA 以内。多数点阵显示器的单体 LED 的正向压降约在 2V，但大亮点的点阵显示器单体 LED 的正向压降约为 6V。

2. 动态扫描工作方式

LED 显示点阵屏面对大量 LED 的受控显示，用静态显示就需要很多 I/O 引脚。单片机所能提供的 I/O 口引脚非常有限，所以控制 LED 点阵显示必须要用动态扫描工作方式。图 11-7 中用 74154（74LS154、74HC154）实现 16×16 点阵（由 4 个 8×8 点阵组成）的

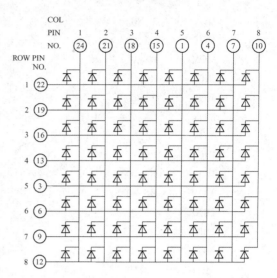

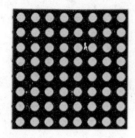

图 11-8 8×8 LED 点阵外形及内部结构

行动态扫描，即在任一时刻只有一行中的 LED 可以点亮，每间隔相等时间扫描到相继的下一行显示。为保证能正确、稳定、无闪烁且亮度高地显示，"每间隔相等时间"的选取非常重要，要兼顾人眼的暂留效应和 LED 的显示亮度。

3. 74LS154 逻辑符号图

74LS154 的逻辑符号如图 11-9 所示。

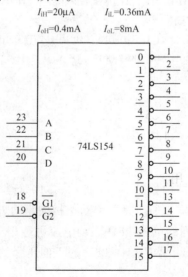

图 11-9 74LS154 的逻辑符号图

11.3.4 PROTEUS 设计、仿真、调试

1. PROTEUS 电路设计

根据图 11-7 所示的原理图及元件列表，在 PROTEUS ISIS 中进行电路设计。完成后

的结果如图 11-7（a）所示，以文件名 3P1132. DSN 存盘。

PROTEUS ISIS 电路设计中，仿真时复位电路、外接振动元件或外振动源电路都可不设计。由外接振动元件或外振动源决定的时钟频率可通过单片机属性设置来设定。但在实际电路中必须安装复位电路、振荡电路。当要通过 PROTEUS 进行 PCB 设计时一定都要设计上。

2. PROTEUS 程序设计

PROTEUS 程序设计包括程序编辑、汇编、下载。

按 3.4 节叙述和本项目汇编语言程序，在 PROTEUS ISIS 中单击菜单选项"Source（源程序）"，进行添加程序文件、编写程序、汇编程序生成目标代码等操作。程序取名为 3P1132. ASM，汇编生成目标代码文件 3P1132. HEX。

在 Keil 中，也可建立 3P1132. ASM 程序文件，编译生成目标代码文件 3P1132. HEX。

PROTEUS 高版本汇编后会自动将最后的目标代码文件下载到单片机中；也可通过单片机属性设置，将其下载到单片机中。

打开单片机属性设置对话框，在 Clock Frequency 栏中设定时钟频率，本例为 12MHz。

3. PROTEUS 仿真、调试

上述各步操作正确完成后，则可单击仿真工具按钮中的按键 ▶ 进行全速仿真。仿真效果也如图 11-7 所示，依次稳定显示"信"、"息"两字，且循环显示。

11.3.5　实际制作

PROTEUS 电路设计、程序设计、仿真完成并通过后，则可根据图 11-7 所示的电路原理图，在面包板或实验 PCB 上安装好电路。再将目标代码通过编程器下载（固化）到单片机中。

若使用 AT89S51/52、STC89C51/52 单片机，则可通过 ISP 下载线将目标代码下载（固化）到相应单片机中。

仔细检查电路安装、使用元件、代码下载等项目无误后，通电运行。实际操作调试成功并达到项目设计目标。

图 11-10 所示是制作成功的"简单 LED 点阵显示屏"及其运行情况照片。

图 11-10　"简单 LED 点阵显示屏"及其运行情况照片（学生吴世敏制作）

附录 A AT89S51 相对 AT89C51 增加的功能

AT89S51 相对 AT89C51 增加的功能主要有：

◇ 看门狗 Watchdog Timer

◇ 双数据指针

◇ 灵活的 ISP（In – System Programming）编程（字节或页方式）

A.1 AT89S51 单片机内部结构、引脚图和特殊功能寄存器

1. AT89S51 内部结构和增加的功能部件

附录图 A–1 所示为 AT89S51 的内部结构框图。从图可知，它比 AT89C51 增加了看门狗、数据指针和 ISP（在系统编程）功能部件。这些部分在图中用加重黑框标出。

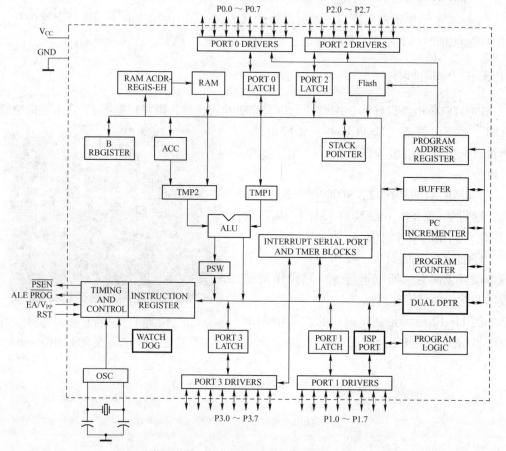

附录图 A–1 AT89S51 的内部结构框图

2. AT89S51 引脚图和增加的引脚功能

附录图 A-2 所示为 AT89S51 的 PDIP 封装引脚图。从图可以看出，引脚安排与 AT89C51 相同，但有些引脚增加了功能。为配合 ISP 功能，P1.5、P1.6、P1.7 拥有了第二功能。

P1.5/MOSI：输入。

P1.6/MISO：输出。

P1.7/SCK：时钟。

最高串行时钟频率不超过振荡频率的 1/16，当振荡频率为 33MHz 时，最大的 SCK 频率为 2MHz。

3. AT89S51 的特殊功能寄存器

AT89S51 的特殊功能寄存器，除与 AT89C51 相同的外，还增加了与增加功能相关的特殊功能寄存器。附录表 A-1 列出了它增加的特殊功能寄存器。

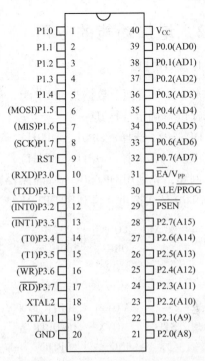

附录图 A-2　AT89S51 单片机引脚图

附录表 A-1　AT89S51 增加的特殊功能寄存器

特殊功能寄存器 符号及名称	字节 地址	位地址、位标志							
		D7	D6	D5	D4	D3	D2	D1	D0
SFR：名称	地址	说明							
WDTRST：看门狗寄存器	A6	看门狗使能操作：依次将 1EH、E1H 送入 WDTRST							
AUXR1：辅助寄存器 1	A2	—	—	—	—	—	—	—	DPS
		DPS＝0：选择 DPTR0；DPS＝1：选择 DPTR1							
AUXR：辅助寄存器	8E	—	—	—	WDIDLE	DISRT0	—	—	DISALE
DPIH：数据指针 1 高 8 位	85	不可位寻址							
DPIL：数据指针 1 低 8 位	84	不可位寻址							

注：AUXR 辅助寄存器中几个控制位的含义如下。
DISALE：ALE 使能。
　　　＝0：ALE 输出 1/6 振荡频率的脉冲。
　　　＝1：ALE 仅在执行 MOVX、MOVC 指令时有效。
DISRTO：看门狗溢出复位使能。
　　　＝0：看门狗溢出后复位脚 RST 致高电平。
　　　＝1：RST 只作为输入。
WDIDLE：空闲模式下看门狗使能。
　　　＝0：在空闲模式下看门狗继续计数。
　　　＝1：在空闲模式下看门狗停止计数。
要使看门狗复位，必须是其溢出或是硬件复位。当其溢出时，它将对 RST 输出一个含有 98 个机器周期的复位脉冲

A.2 增加功能的应用

1. 双 DPTR

AT89S51 有两个数据指针 DPTR，由辅助寄存器 1（AUXR1）的最低位 DPS（数据指针选择位）确定选择其一。

DPS = 0 选择（DP0L、DP0H）

DPS = 1 选择（DP1L、DP1H）

例如，先利用 DPTR0，在片外 RAM 的 1000H～1004H 单元中写入数据 33H，然后利用 DPTR0 依次读出，再利用 DPTR1 依次写入片外 RAM 的 1010H～1014H 单元中。

```
        AUXR1  EQU    0A2H              ;特殊功能寄存器定义
               ORG    00H
               MOV    R2,#5             ;数据长度 5 赋值给 R2
               MOV    A,#33H            ;要写入的数据赋值给 A
               MOV    DPTR,#1000H       ;DPTR0 = 1000H
        ST1:   MOVX   @DPTR,A           ;对片外 RAM 写数据
               INC    DPTR              ;数据地址 + 1
               DJNZ   R2,ST1            ;5 个数没写完,转 ST1 循环
               MOV    AUXR1,#1          ;转换到 DPTR1
               MOV    DPTR,#1010H       ;给 DPTR1 赋值 1010H
               MOV    R2,#5             ;数据长度 5 赋值给 R2
               MOV    AUXR1,#0          ;转换到 DPTR0
               MOV    DPTR,#1000H       ;DPTR0 = 1000H
        ST2:   MOV    AUXR1,#0
               MOVX   A,@DPTR           ;从 DPTR0 读数到 A
               INC    DPTR              ;DPTR0 + 1
               MOV    AUXR1,#1          ;转换到 DPTR1
               MOVX   @DPTR,A           ;数据写入 DPTR1 所指的地址中
               INC    DPTR              ;DPTR1 + 1
               DJNZ   R2,ST2            ;5 个数没读/写完,转 ST2 循环
               SJMP   $                 ;数据读/写完后,原地循环
               END                      ;程序结束
```

2. 看门狗定时器（WDT）

看门狗定时器缩写为 WDT。

WDT 为 CPU 遭遇软件混乱时的恢复方法。由一个 14 位的计数器和看门狗复位 SFR（WDTRST）构成。当退出复位后，WDT 默认为关闭状态。要打开 WDT，需依次将 01EH、0E1H 写入 WDTRST（地址为 A6H）中。当开启了 WDT，它会随晶体振荡器在每个机器周期计数，除硬件复位或 WDT 溢出复位外，没有其他方法关闭 WDT，当 WDT 溢

出，将使 RST 引脚输出高电平的复位脉冲。

启用看门狗定时器时，为避免因其溢出而复位，在其溢出前（计数 < 16384）应将 01EH、0E1H 写入到 WDTRST，称为喂狗。在合适的程序代码时间段，需要周期性地喂狗，以防溢出而复位。

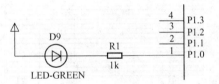

附录图 A-3 WDT 实验电路图

例如，复位后，P1.0 输出口的发光管闪亮一下后熄灭。实验电路如附录图 A-3 所示，其他复位及振荡电路未画出。启动看门狗后，程序原地循环，等看门狗溢出使系统复位，发光管又闪亮一下，如此循环。

```
WDT       EQU  0A6H              ;看门狗位置定义
          ORG  00H
          CLR  P1.0              ;P1.0 输出 0
          ACALL DLY              ;调用延时
          SETB P1.0              ;P1.0 输出 1
          MOV  WDT,#1EH          ;启动看门狗
          MOV  WDT,#0E1H
          SJMP $                 ;死循环
DLY:      MOV  R2,#200           ;延时程序,外层循环变量 R2 = 200
D1:       MOV  R3,#250           ;内层循环变量 R2 = 250
          DJNZ R3,$
          MOV  WDT,#1EH          ;延时中间喂狗
          MOV  WDT,#0E1H
          DJNZ R2,D1             ;外层循环判断
          RET                    ;子程序返回
          END                    ;程序结束
```

3. ISP 在系统编程介绍

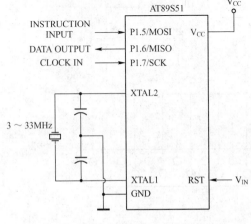

附录图 A-4 ISP 串行下载信号接入

有了 ISP 在系统编程功能，就不用把单片机从电路中取下来再固化代码。只要在单片机的 P1.5、P1.6、P1.7 口及 RST 引脚上加载 ISP 要求的信号，如附录图 A-4 所示，就可以对电路板中的单片机进行直接编程。使用了 ISP 在系统编程后，程序及电路调试很方便，明显地缩短了单片机的学习和开发周期，提高了效率。

要提供 ISP 所需的信号，还需要在计算机中运行下载软件和驱动硬件电路。

ISP 下载软件是共享软件 Easy51pro V2。

ISP 下载线驱动电路如附录图 A-5 所示。

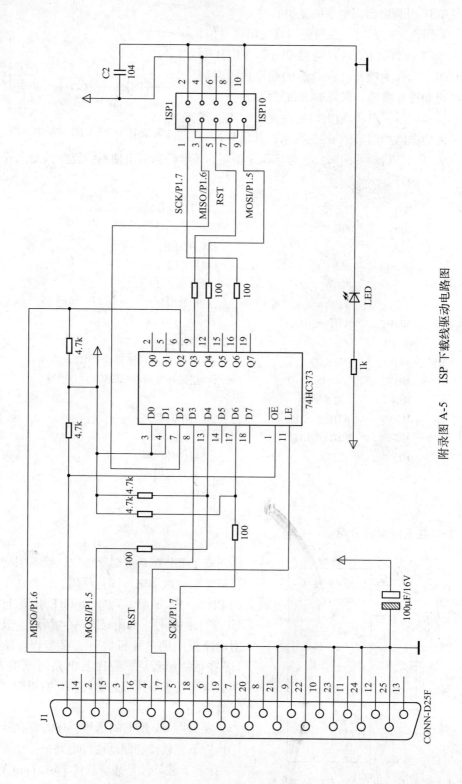

附录图 A-5　ISP 下载线驱动电路图

4. ISP 下载软件应用

ISP 在线编程软件是无需安装的绿色软件，只要把软件复制到硬盘上，单击 Easy 51pro. exe 即可运行该软件。

（1）选择编程器类型

Easy 51Pro 软件界面如附录图 A-6 所示。打开 Easy 51Pro. exe 后，在其界面底部单击"设置"按钮，在界面右上半部的"编程器"栏的"编程器类型"右侧单击，在其下拉列表中选择"使用 Easy ISP 下载线"。

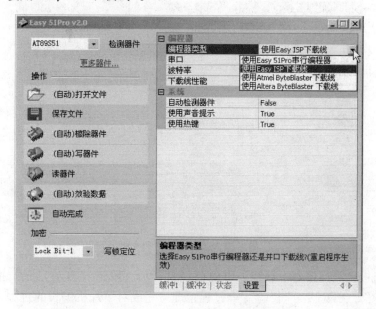

附录图 A-6　Easy 51Pro 主界面

（2）下载线性能设置

"编程器"栏下其他的各项，如"串口"和"波特率"与目前的设计无关，不用设置。"下载线性能"选"一般"，如附录图 A-7 所示。如果在编程过程中，发现状态比较稳定，可以尝试选择"快速"。

附录图 A-7　下载线性能设置

（3）选择单片机芯片

如附录图 A-8 所示选择单片机型号，单击界面左上角的组合框右边的倒三角，弹出下拉菜单，选择 AT89S51。

（4）编程操作

准备好目标代码后，如附录图 A-9 所示，选择代码文件。单击"打开文件"，在弹出的对话框中"文件类型"一栏中选择"＊. bin"或"＊. hex"，再找出相应类型的代码文件，单击"打开"，将代码载入 ISP 下载软件。此处选择 zhen. hex。程序代码显示在"缓冲1"窗口中。

附录图 A-8　选择单片机型号

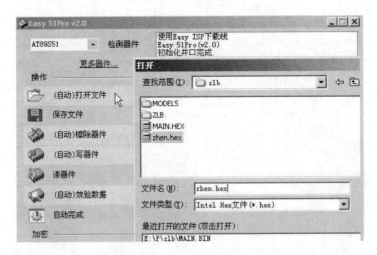

附录图 A-9　选择代码文件

　　确保电路板已经连接好下载线、电源已经打开后，单击"自动完成"按钮，软件就会完成"擦除"、"编程"、"校验"等过程，即可完成对单片机编程的过程，随后目标代码就可在电路板上运行。

附录 B　BCD 码和 ASCII 码

B.1　8421 BCD 码

BCD 码（Binary – Coded Decimal）是用二进制编码表示十进制码。这种编码方式的特点是保留了十进制的权，数字则用二进制数表示。其中最常用的是 8421BCD 码。

8421BCD 码就是用 4 位二进制数 0000H ~ 1001H 表示十进制 0 ~ 9 这 10 个数码。BCD 码与十进制数的对应关系如附录表 B-1 所示。

附录表 B-1　BCD 码与十进制数的对应关系

十进制数	BCD 码	十进制数	BCD 码
0	0000	5	0101
1	0001	6	0110
2	0010	7	0111
3	0011	8	1000
4	0100	9	1001

B.2　BCD 码运算

1. BCD 码的加法运算

BCD 数表示的是十进制数，逢 10 进一，数码用 0 ~ 9 这 10 个数字表示，所以 BCD 码运算是十进制运算。而 4 位二进制运算是逢 16 进一。4 位二进制数中除 BCD 码数外，余下的 6 个编码舍去不用。因此，进行 BCD 码运算可以先根据二进制规则计算，通过加 6 修正把 4 位二进制的逢 16 进一，修正为逢 10 进一。4 位二进制相加，和大于 1001 或产生进位时，都要加 6 修正。

BCD 码相加可分两步进行：

① 将每组 BCD 码按二进制规则相加。

② 如果某组 4 位二进制相加和大于 1001B 或有进位，则需要对该组进行加 6 修正。在单片机指令系统中，有十进制调整指令，当进行 BCD 相加时，将调整指令用在加法指令之后。这一过程由调整指令自动完成。BCD 码加法举例如附录表 B-2 所示。

附录表 B-2　BCD 码加法举例

十进制加法	BCD 码加法	
	按二进制相加	十进制调整（加 6 调整）
58 + 34 92	0101　1000 +　0011　0100 1000　1100 大于 9	1000　1100 +　0000　0110 1001　0010
29 + 48 77	0011　1001 +　0100　1000 0111　0001 有进位	0111　0001 +　0000　0110 0111　0111
92 + 89 181	1001　0010 +　1000　1001 10001　1011 有进位 大于 9	10001　1011 +　0110　0110 11000　0001
42 + 33 75	0100　0010 +　0011　0011 0111　0101	不需要加 6 调整

2. BCD 码的减法运算

BCD 码进行减法运算时，同理也会出现需要修正的现象。BCD 码减法修正的条件和方法是：某组 4 位二进制数出现大于 1001B 或向高位有借位时，该组 4 位二进制数进行减 6 修正。即低 4 位向高 4 位借位，或低 4 位 >9，低 4 位减 6 修正；高 4 位 >9 或向更高位借位，高 4 位减 6 修正。

B.3　ASCII 码

ASCII：American National Standard Code for Information Interchange。

在计算机中除了处理数字信息外，还必须处理用字母和符号表示的信息。这些字母和符号统称为字符，在计算机中字符按特定的规则用二进制编码表示。

ASCII 码是美国国家标准信息交换代码，是计算机中最通用的字符信息编码。ASCII 码通常是 7 位编码，第 8 位常作为奇偶校验位。7 位编码包括 26 个英文大小写字母、0 ~ 9 十进制数码及其他一些专用字符和控制字符等，共 128 种，如附录表 B-3 所示。

附录表 B-3　ASCII 码表

高位 MSD 低位 LSD		0	1	2	3	4	5	6	7
		000	001	010	011	100	101	110	111
0	0000	NUL	DLE	（SP，空格）	0	@	P	`	p
1	0001	SOH	DC1	!	1	A	Q	a	q

续表

低位 LSD	高位 MSD	0	1	2	3	4	5	6	7
		000	001	010	011	100	101	110	111
2	0010	STX	DC2	"	2	B	R	b	r
3	0011	ETX	DC3	#	3	C	S	c	s
4	0100	EOT	DC4	$	4	D	T	d	t
5	0101	ENQ	NAK	%	5	E	U	e	u
6	0110	ACK	SYN	&	6	F	V	f	v
7	0111	BEL	ETB	'	7	G	W	g	w
8	1000	BS	CAN	(	8	H	X	h	x
9	1001	HT	EM	)	9	I	Y	i	y
A	1010	LF	SUB	*	:	J	Z	j	z
B	1011	VT	ESC	+	;	K	[	k	{
C	1100	FF	FS	,	<	L	\	l	|
D	1101	CR	GS	−	=	M	]	m	}
E	1110	SO	RS	.	>	N	Ω	n	~
F	1111	SI	US	/	?	O	_	o	DEL

附录 C　AT89C 系列单片机指令表

指令格式	功能说明	代　码	指令字节	机器周期
数　据　传　送　类　指　令				
MOV　A,Rn	寄存器送累加器	E8 ~ EF	1	1
MOV　Rn,A	累加器送寄存器	F8 ~ FF	1	1
MOV　A,@Ri	内部 RAM 单元送累加器	E6 ~ E7	1	1
MOV　@Ri,A	累加器送内部 RAM 单元	F6 ~ F7	1	1
MOV　A,#data	立即数送累加器	74 data	2	1
MOV　A,direct	直接寻址单元送累加器	E5 direct	2	1
MOV　direct,A	累加器送直接寻址单元	F5 direct	2	1
MOV　Rn,#data	立即数送寄存器	78 ~ 7F data	2	1
MOV　direct,#data	立即数送直接寻址单元	75　direct data	3	2
MOV　@Ri,#data	立即数送内部 RAM 单元	76 ~ 77 data	2	1
MOV　direct,Rn	寄存器送直接寻址单元	88 ~ 8F direct	2	2
MOV　Rn,direct	直接寻址单元送寄存器	A8 ~ AF direct	2	2
MOV　direct,@Ri	内部 RAM 单元送直接寻址单元	86 ~ 87 direct	2	2
MOV　@Ri,direct	直接寻址单元送内部 RAM 单元	A6 ~ A7 direct	2	2
MOV　direct2,direct1	直接寻址单元送直接寻址单元	85 direct1 direct2	3	2
MOV　DPTR,#data16	16 位立即数送数据指针	90 data15 ~ 8 data7 ~ 0	3	2
MOVX　A,@Ri	外部 RAM 单元送累加器(8 位地址)	E2 ~ E3	1	2
MOVX　@Ri,A	累加器送外部 RAM 单元(8 位地址)	F2 ~ F3	1	2
MOVX　A,@DPTR	外部 RAM 单元送累加器(16 位地址)	E0	1	2
MOVX　@DPTR,A	累加器送外部 RAM 单元(16 位地址)	F0	1	2
MOVC　A,@A + DPTR	查表数据送累加器(DPTR 为基址)	93	1	2
MOVC　A,@A + PC	查表数据送累加器(PC 为基址)	83	1	2
XCH　A,Rn	累加器与寄存器交换	C8 ~ CF	1	1
XCH　A,@Ri	累加器与内部 RAM 单元交换	C6 ~ C7	1	1
XCH　A,direct	累加器与直接寻址单元交换	C5 direct	2	1
XCHD　A,@Ri	累加器与内部 RAM 单元低 4 位交换	D6 ~ D7	1	1
SWAP　A	累加器高 4 位与低 4 位交换	C4	1	1
POP　direct	栈顶弹出指令直接寻址单元	D0 direct	2	2
PUSH　direct	直接寻址单元压入栈顶	C0 direct	2	2

续表

指令格式	功能说明	代　码	指令字节	机器周期
算　术　运　算　类　指　令				
ADD　A,Rn	累加器加寄存器	28～2F	1	1
ADD　A,@Ri	累加器加内部 RAM 单元	26～27	1	1
ADD　A,direct	累加器加直接寻址单元	25　direct	2	1
ADD　A,#data	累加器加立即数	24　data	2	1
ADDC　A,Rn	累加器加寄存器和进位标志	38～3F	1	1
ADDC　A,@Ri	累加器加内部 RAM 单元和进位标志	36～37	1	1
ADDC　A,#data	累加器加立即数和进位标志	34　data	2	1
ADDC　A,direct	累加器加直接寻址单元和进位标志	35　direct	2	1
INC　A	累加器加 1	04	1	1
INC　Rn	寄存器加 1	08～0F	1	1
INC　direct	直接寻址单元加 1	05　direct	2	1
INC　@Ri	内部 RAM 单元加 1	06～07	1	1
INC　DPTR	数据指针加 1	A3	1	2
DA　A	十进制调整	D4	1	1
SUBB　A,Rn	累加器减寄存器和进位标志	98～9F	1	1
SUBB　A,@Ri	累加器减内部 RAM 单元和进位标志	96～97	1	1
SUBB　A,#data	累加器减立即数和进位标志	94　data	2	1
SUBB　A,direct	累加器减直接寻址单元和进位标志	95　direct	2	1
DEC　A	累加器减 1	14	1	1
DEC　Rn	寄存器减 1	18～1F	1	1
DEC　@Ri	内部 RAM 单元减 1	16～17	1	1
DEC　direct	直接寻址单元减 1	15　direct	2	1
MUL　AB	累加器乘寄存器 B	A4	1	4
DIV　AB	累加器除以寄存器 B	84	1	4
逻　辑　运　算　类　指　令				
ANL　A,Rn	累加器与寄存器	58～5F	1	1
ANL　A,@Ri	累加器与内部 RAM 单元	56～57	1	1
ANL　A,#data	累加器与立即数	54 data	2	1
ANL　A,direct	累加器与直接寻址单元	55 direct	2	1
ANL　direct,A	直接寻址单元与累加器	52 direct	2	1
ANL　direct,#data	直接寻址单元与立即数	53 direct data	3	2
ORL　A,Rn	累加器或寄存器	48～4F	1	1
ORL　A,@Ri	累加器或内部 RAM 单元	46～47	1	1
ORL　A,#data	累加器或立即数	44 data	2	1

续表

指令格式	功能说明	代　码	指令字节	机器周期
逻 辑 运 算 类 指 令				
ORL　A，direct	累加器或直接寻址单元	45 direct	2	1
ORL　direct，A	直接寻址单元或累加器	42 direct	2	1
ORL　direct，#data	直接寻址单元或立即数	43　direct　data	3	2
XRL　A，Rn	累加器异或寄存器	68 ~ 6F	1	1
XRL　A，@ Ri	累加器异或内部 RAM 单元	66 ~ 67	1	1
XRL　A，#data	累加器异或立即数	64　data	2	1
XRL　A，direct	累加器异或直接寻址单元	65　direct	2	1
XRL　direct，A	直接寻址单元异或累加器	62　direct	2	1
XRL　direct，#data	直接寻址单元异或立即数	63　direct　data	3	2
RL　A	累加器左循环移位	23	1	1
RLC　A	累加器连进位标志左循环移位	33	1	1
RR　A	累加器右循环移位	03	1	1
RRC　A	累加器连进位标志右循环移位	13	1	1
CPL　A	累加器取反	F4	1	1
CLR　A	累加器清零	E4	1	1
控 制 转 移 类 指 令				
AJMP　Addr11	2KB 范围内绝对转移	$a_{10} a_9 a_8 00001$ Addr7 ~ 0	2	2
ACALL　Addr11	2KB 范围内绝对调用	$a_{10} a_9 a_8 10001$ Addr7 ~ 0	2	2
LCALL　Addr16	64KB 范围内长调用	12Addr15 ~ 8 Addr7 ~ 0	3	2
LJMP　Addr16	64KB 范围内长转移	02Addr15 ~ 8 Addr7 ~ 0	3	2
SJMP　rel	相对短转移	80　rel	2	2
JMP　@ A + DPTR	相对长转移	73	1	2
RET	子程序返回	22	1	2
RET1	中断返回	32	1	2
JZ　rel	累加器为零转移	60 rel	2	2
JNZ　rel	累加器非零转移	70 rel	2	2
CJNE　A，#data，rel	累加器与立即数不等转移	B4　data rel	3	2
CJNE　A，direct，rel	累加器与直接寻址单元不等转移	B5　direct　rel	3	2
CJNE　Rn，#data，rel	寄存器与立即数不等转移	B8 ~ BF data　rel	3	2
CJNE　@ Ri，#data，rel	RAM 单元与立即数不等转移	B6 ~ B7 data　rel	3	2
DJNZ　Rn，rel	寄存器减 1 不为零转移	D8 ~ DF　rel	2	2
DJNZ　direct，rel	直接寻址单元减 1 不为零转移	D5　direct rel	3	2

续表

指令格式	功能说明	代　码	指令字节	机器周期
控　制　转　移　类　指　令				
NOP	空操作	00	1	1
位　操　作　类　指　令				
MOV　C,bit	直接寻址位送 C	A2　bit	2	1
MOV　bit,C	C 送直接寻址位	92　bit	2	1
CLR　C	C 清零	C3	1	1
CLR　bit	直接寻址位清零	C2 bit	2	1
CPL　C	C 取反	B3	1	1
CPL　bit	直接寻址位取反	B2 bit	2	1
SETB　C	C 置位	D3	1	1
SETB　bit	直接寻址位置位	D2 bit	2	1
ANL　C,bit	C 逻辑与直接寻址位	82　bit	2	2
ANL　C,/bit	C 逻辑与直接寻址位的反	B0　bit	2	2
ORL　C,bit	C 逻辑或直接寻址位	72　bit	2	2
ORL　C,/bit	C 逻辑或直接寻址位的反	A0　bit	2	2
JC　rel	C 为 1 转移	40　rel	2	2
JNC　rel	C 为零转移	50　rel	2	2
JB　bit,rel	直接寻址位为 1 转移	20　bit　rel	3	2
JNB　bit,rel	直接寻址为 0 转移	30　bit　rel	3	2
JBC　bit,rel	直接寻址位为 1 转移并清该位	10　bit　rel	3	2

附录 D　编程器使用初步

以 WH–500_800 编程器为例介绍编程器的使用初步。其外形如附录图 D–1 所示。

若 WH–500_800 编程器的使用软件已装入计算机，则桌面上有如附录图 D–1 所示的 WH–500_800 编程器快捷使用方式图标。单击图标，则进入编程器。出现附录图 D–2 所示的操作窗口。窗口中第 2 栏为"菜单栏"，第 3 栏为常用"功能按钮栏"，第 4 栏为"芯片说明栏和状态指示"。接下

附录图 D–1　WH–500_800
编程器快捷使用方式图标

来就是"编辑区"，可以用二进制（BIN）或十六进制（HEX）进行编辑，编辑区的左上角标明了数的进制（本窗口标明的是"HEX"）。左列（000000、000010 等为十六进制数的高 6 位地址）和最上一行（00、01 等为十六进制数最低位的地址）共同表示 ROM 的地址。例如，地址 00002A，对应左列中显示 000020，对应行中的 0A。

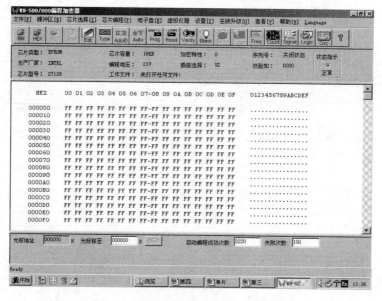

附录图 D–2　WH–500_800 编程器工作界面

WH–500_800 编程器可对单片机、EPROM、E^2PROM 等 9 类芯片进行读、写等操作。操作时，首先要单击第 3 栏的"TYPE"按钮 进入"芯片选择"状态，出现如附录图 D–3 所示的操作窗口。在"芯片类型"栏中单击"单片机"，再在"生产厂家"栏中选择"ATMEL"，然后在"芯片型号"中选择"AT89C51"，检查无误后单击"OK"按钮，即进入附录图 D–4 所示的编辑状态下的窗口。在第 4 栏中有关于芯片类型、芯片型号、

芯片容量、编程电压、插座选择等说明。如果计算机中已有汇编好的应用程序的 BIN 文件或 HEX 文件，则可单击第 3 栏的"BIN"或"HEX"按钮调出。例如，若要调出 3.4.3 节的跑马灯的目标代码文件 Z342_1.HEX，先单击"HEX"按钮，弹出"打开文件选项"窗口，如附录图 D-5 所示。单击第 1 项"文件路径"行右边的图标，弹出"打开"窗口，如附录图 D-6 所示，选出目标代码文件 Z342_1.HEX，单击"打开"按钮，则返回到"打开文件选项"窗口，这时目标文件名出现在"文件路径"行中，栏中其余三项一般选默认值，依次为"0、0、正常"。单击"OK"按钮，则将目标代码装入 WH-500_800 编程器的编辑窗口中，如附录图 D-7 所示。

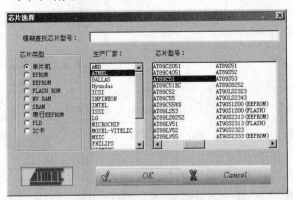

附录图 D-3 芯片选择操作窗口

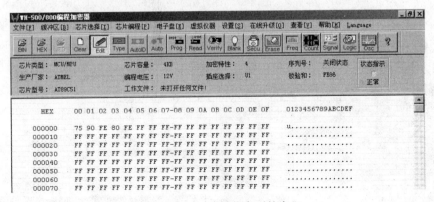

附录图 D-4 编辑状态下的窗口

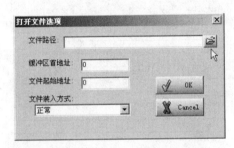

附录图 D-5 "打开文件选项"窗口

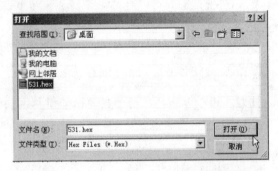

附录图 D-6 在"打开"栏中选出目标代码文件

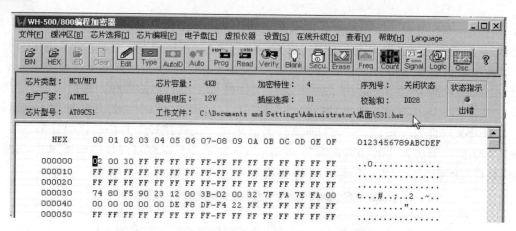

附录图 D-7　目标代码装入 WH-500_800 编程器编辑窗口中

　　若要直接在编辑区编写程序指令代码，则可输入十六进制数。但要单击第 3 栏中的"EDIT"按钮。单击"EDIT"按钮后，则出现如附录图 D-4 所示的窗口，可在编辑区中编辑数据，在窗口中的 000000 ~ 000004 地址单元中输入机器码 75、90、FE、80、FE。

　　最后在编程器的 40 脚插座 U1 中插好 AT89C51 芯片（注意不要插反）。单击第 3 栏中的"AUTO"按钮，即可进入 PROG 窗口，进行擦除、全空检查、固化、校验等操作，如附录图 D-8 所示。单击"确认"按钮，稍后听到"得"的一声，表示芯片固化成功。再单击附录图 D-8 中的"取消"按钮，退出窗口。若系统弹出如附录图 D-9 所示的窗口，则表示芯片固化失败，并指出两边不一致的数据所在地址，如附录图 D-9 中所显示地址"0"缓冲区数据与芯片数据不一致。

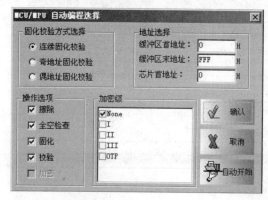

附录图 D-8　PROG 窗口

附录图 D-9　固化失败窗口

　　注意：由于各个芯片的编程电压不同，一旦芯片选择错误，有可能烧坏芯片。

参 考 文 献

[1] 教育部职业教育与成人教育司．高等职业学校专业教学标准（电子信息类．试行）[M]．北京：中央广播电视大学出版社，2012.11（P208～P210）．

[2] 张靖武，周灵彬．单片机原理、应用与 PROTEUS 仿真．2 版．北京：电子工业出版社，2011.12.

[3] 张靖武，周灵彬．单片机系统的 PROTEUS 设计与仿真 [M]．北京：电子工业出版社，2007.

[4] 周灵彬，任开杰．基于 PROTEUS 的电路与 PCB 设计 [M]．北京：电子工业出版社，2010.

[5] 何立民．现代计算机产业革命的 20 年 [J]．单片机与嵌入式系统应用，2007（12）．

[6] 周灵彬，匡载华，张靖武．基于 PROTEUS 的电子产品仿真设计 [J]．电子技术应用，2010（9）．

[7] 张靖武，周灵彬．高职仿真教学研究与实践 [J]．中国职业技术教育，2009（8）．

[8] 匡载华，邓小鹏．电子类学科专业 PROTEUS 实验室建设 [J]．实验技术与管理，2009（1）．

[9] 周灵彬，张靖武．基于仿真技术的电子产品设计变革 [J]．系统仿真技术，2009（2）．

[10] 周灵彬，张靖武．创建 Proteus 原理图仿真模型的制作技术 [J]．现代电子技术，2008（8）．

[11] 周灵彬，张靖武．创建 Proteus 动态器件仿真模型的技术 [J]．现代电子技术，2009（14）．

[12] 周灵彬，方曙光，卢家桥，孙维根．基于 PROTEUS 的嵌入式系统仿真中的源码调试 [J]．现代电子技术，2009（22）．

[13] 周灵彬，张靖武．PROTEUS 单片机仿真教学与应用仿真 [J]．单片机与嵌入式系统应用，2008（1）．

[14] 周灵彬，张靖武．单片机应用产品的 PROTEUS 设计与仿真 [J]．今日电子，2008（1）．

[15] 周灵彬．PROTEUS 在"电子技术"教学中的应用 [J]．中北大学学报，2007（12）．

［16］周灵彬，张靖武．单片机产品的 PROTEUS 设计与仿真 ［J］．今日电子，2008 （1）．

［17］赵海兰．智能温度传感器 DS18B20 ［J］．电子世界，2003 （7）．

［18］周灵彬．用 PIC16C5X 单片机实现音乐的原理和方法 ［J］．华北工学院学报，2002 （3）：173～176.

［19］AT89C51 数据手册．Rev. 0265G － 02/00.

［20］屠明亮，周灵彬．基于 PROTEUS 的仿真应用实例 ［J］．文理学院学报，2011 （3）．

［21］周灵彬．用 PIC16C5X 单片机实现音乐的原理和方法 ［J］．华北工学院学报，2002 （3）．

反侵权盗版声明

　　电子工业出版社依法对本作品享有专有出版权。任何未经权利人书面许可，复制、销售或通过信息网络传播本作品的行为；歪曲、篡改、剽窃本作品的行为，均违反《中华人民共和国著作权法》，其行为人应承担相应的民事责任和行政责任，构成犯罪的，将被依法追究刑事责任。

　　为了维护市场秩序，保护权利人的合法权益，本社将依法查处和打击侵权盗版的单位和个人。欢迎社会各界人士积极举报侵权盗版行为，本社将奖励举报有功人员，并保证举报人的信息不被泄露。

举报电话：(010) 88254396；(010) 88258888

传　　真：(010) 88254397

E - mail： dbqq@ phei. com. cn

通信地址：北京市海淀区万寿路 173 信箱
　　　　　电子工业出版社总编办公室

邮　　编：100036